高等教育安全科学与工程类系列教材

建筑安全技术与管理

第 2 版

王新泉　武明霞　付宗运　编著
顾勇新　主审

机械工业出版社

本书在第 1 版基础上修订而成。全书围绕《建设工程安全生产管理条例》，以工程建设参与各方主体的安全生产责任为主线，详细地讲述了我国建设工程安全生产法律法规体系、管理体制和机制，以及参与工程建设活动的各方主体在安全生产管理方面的具体工作内容；以建筑施工安全技术与安全生产管理为全书阐述的重点，详细地讲述了建设工程安全生产管理、建筑施工安全技术、建筑工程施工现场危险源辨识与控制、建筑施工安全生产检查与安全生产评价、建筑施工安全生产应急管理、建筑施工生产安全事故分析与处理，使"技术"与"管理"有机结合。本书从理论上阐述了建筑施工生产安全事故的发生类型、原因，并对施工过程中经常发生的典型事故案例应用 ETA 图与 FTA 图进行了详细深入分析，使本书更具有指导性。

为适应和满足教学需要，本书配备有课件等辅助教学资源，为授课教师提高课程教学质量提供支撑。

本书主要作为安全工程、消防工程专业的本科教材，也可作为土木工程类相关专业本科生"建筑安全"类课程教材或教学参考书，同时可供建设工程领域安全技术与管理人员学习参考。

图书在版编目（CIP）数据

建筑安全技术与管理/王新泉，武明霞，付宗运编著. —2 版. —北京：机械工业出版社，2023.1（2024.2 重印）
高等教育安全科学与工程类系列教材
ISBN 978-7-111-72205-2

Ⅰ.①建…　Ⅱ.①王…②武…③付…　Ⅲ.①建筑工程–安全技术–高等学校–教材②建筑工程–安全管理–高等学校–教材　Ⅳ.①TU714

中国版本图书馆 CIP 数据核字（2022）第 231935 号

机械工业出版社（北京市百万庄大街 22 号　邮政编码 100037）
策划编辑：冷　彬　　　　　　责任编辑：冷　彬
责任校对：贾海霞　张　薇　　封面设计：张　静
责任印制：李　昂
北京捷迅佳彩印刷有限公司印刷
2024 年 2 月第 2 版第 2 次印刷
184mm×260mm · 17 印张 · 387 千字
标准书号：ISBN 978-7-111-72205-2
定价：49.80 元

电话服务　　　　　　　　　网络服务
客服电话：010-88361066　　机 工 官 网：www.cmpbook.com
　　　　　010-88379833　　机 工 官 博：weibo.com/cmp1952
　　　　　010-68326294　　金 书 网：www.golden-book.com
封底无防伪标均为盗版　机工教育服务网：www.cmpedu.com

安全工程专业教材
编审委员会

主 任 委 员： 冯长根

副主任委员： 王新泉　吴　超　蒋军成

秘 书 长： 冷　彬

委　　　员：（排名不分先后）

冯长根　王新泉　吴　超　蒋军成　沈斐敏　钮英建

霍　然　孙　熙　王保国　王述洋　刘英学　金龙哲

张俭让　司　鹄　王凯全　董文庚　景国勋　柴建设

周长春　冷　彬

序

　　"安全工程"本科专业是在 1958 年建立的"工业安全技术""工业卫生技术"和 1983 年建立的"矿山通风与安全"本科专业基础上发展起来的。1984 年，国家教委将"安全工程"专业作为试办专业列入普通高等学校本科专业目录之中。1998 年 7 月 6 日，教育部发文颁布《普通高等学校本科专业目录》，"安全工程"本科专业（代号：081002）属于工学门类的"环境与安全类"（代号：0810）学科下的两个专业之一[⊖]。据高等学校安全工程学科教学指导委员会 1997 年的调查结果显示，1958 年至 1996 年年底，全国各高校累计培养安全工程专业本科生 8130 人。到 2005 年年底，在教育部备案的设有安全工程本科专业的高校已达 75 所，2005 年全国安全工程专业本科招生人数近 3900 名[⊜]。

　　按照《普通高等学校本科专业目录》的要求，以及院校招生和专业发展的需要，原来已设有与"安全工程"专业相近但专业名称有所差异的高校，现也大都更名为"安全工程"专业。专业名称统一后的"安全工程"专业，专业覆盖面大大拓宽[⊜]。同时，随着经济社会发展对安全工程专业人才要求的更新，安全工程专业的内涵也发生了很大变化，相应的专业培养目标、培养要求、主干学科、主要课程、主要实践性教学环节等都有了不同程度的变化，学生毕业后的执业身份是注册安全工程师。但是，安全工程专业的教材建设与专业的发展出现了不适应的新情况，无法满足和适应高等教育培养人才的需要。为此，组织编写、出版一套新的安全工程专业系列教材已成为众多院校的翘首之盼。

　　机械工业出版社是有着悠久历史的国家级优秀出版社，在高等学校安全工程学科教学指导委员会的指导和支持下，根据当前安全工程专业教育的发展现状，本着"大安全"的教育思想，进行了大量的调查研究工作，聘请了安全科学与工程领域一批学术造诣深、实践经验丰富的教授、专家，组织成立了安全工程专业教材编审委员会（以下简

⊖　按《普通高等学校本科专业目录》（2012 版），"安全工程"本科专业（专业代码：082901）属于工学学科的"安全科学与工程类"（专业代码：0829）下的专业。

⊜　这是安全工程本科专业发展过程中的一个历史数据，没有变更为当前数据是考虑到该专业每年的全国招生数量是变数，读者欲加了解，可在具有权威性的相关官方网站查得。

称"编审委"），决定组织编写"高等教育安全工程系列'十一五'教材"⊖。编审委先后于 2004 年 8 月（衡阳）、2005 年 8 月（葫芦岛）、2005 年 12 月（北京）、2006 年 4 月（福州）组织召开了一系列安全工程专业本科教材建设研讨会，就安全工程专业本科教育的课程体系、课程教学内容、教材建设等问题反复进行了研讨，在总结以往教学改革、教材编写经验的基础上，以推动安全工程专业教学改革和教材建设为宗旨，进行顶层设计，制订总体规划、出版进度和编写原则，计划分期分批出版 30 余门课程的教材，以尽快满足全国众多院校的教学需要，以后再根据专业方向的需要逐步增补。

由安全学原理、安全系统工程、安全人机工程学、安全管理学等课程构成的学科基础平台课程，已被安全科学与工程领域学者认可并达成共识。本套系列教材编写、出版的基本思路是，在学科基础平台上，构建支撑安全工程专业的工程学原理与由关键性的主体技术组成的专业技术平台课程体系，编写、出版系列教材来支撑这个体系。

本套系列教材体系设计的原则是，重基本理论，重学科发展，理论联系实际，结合学生现状，体现人才培养要求。为保证教材的编写质量，本着"主编负责，主审把关"的原则，编审委组织专家分别对各门课程教材的编写大纲进行认真仔细的评审。教材初稿完成后又组织同行专家对书稿进行研讨，编者数易其稿，经反复推敲定稿后才最终进入出版流程。

作为一套全新的安全工程专业系列教材，其"新"主要体现在以下几点：

体系新。本套系列教材从"大安全"的专业要求出发，从整体上考虑、构建支撑安全工程学科专业技术平台的课程体系和各门课程的内容安排，按照教学改革方向要求的学时，统一协调与整合，形成一个完整的、各门课程之间有机联系的系列教材体系。

内容新。本套系列教材的突出特点是内容体系上的创新。它既注重知识的系统性、完整性，又特别注意各门学科基础平台课之间的关联，更注意后续的各门专业技术课与先修的学科基础平台课的衔接，充分考虑了安全工程学科知识体系的连贯性和各门课程教材间知识点的衔接、交叉和融合问题，努力消除相互关联课程中内容重复的现象，突出安全工程学科的工程学原理与关键性的主体技术，有利于学生的知识和技能的发展，有利于教学改革。

知识新。本套系列教材的主编大多由长期从事安全工程专业本科教学的教授担任，他们一直处于教学和科研的第一线，学术造诣深厚，教学经验丰富。在编写教材时，他们十分重视理论联系实际，注重引入新理论、新知识、新技术、新方法、

⊖ 自 2012 年更名为"高等教育安全科学与工程类系列教材"。

新材料、新装备、新法规等理论研究、工程技术实践成果和各校教学改革的阶段性成果，充实与更新了知识点，增加了部分学科前沿方面的内容，充分体现了教材的先进性和前瞻性，以适应时代对安全工程高级专业技术人才的培育要求。本套系列教材中凡涉及安全生产的法律法规、技术标准、行业规范，全部采用最新颁布的版本。

安全是人类最重要和最基本的需求，是人民生命与健康的基本保障。一切生活、生产活动都源于生命的存在。如果人们失去了生命，一切都无从谈起。全世界平均每天发生约68.5万起事故，造成约2200人死亡的事实，使我们确认，安全不是别的什么，安全就是生命。安全生产是社会文明和进步的重要标志，是经济社会发展的综合反映，是落实以人为本的科学发展观的重要实践，是构建和谐社会的有力保障，是全面建成小康社会、统筹经济社会全面发展的重要内容，是实施可持续发展战略的组成部分，是各级政府履行市场监管和社会管理职能的基本任务，是企业生存、发展的基本要求。国内外实践证明，安全生产具有全局性、社会性、长期性、复杂性、科学性和规律性的特点，随着社会的不断进步，工业化进程的加快，安全生产工作的内涵发生了重大变化。它突破了时间和空间的限制，存在于人们日常生活和生产活动的全过程中，成为一个复杂多变的社会问题在安全领域的集中反映。安全问题不仅对生命个体非常重要，而且对社会稳定和经济发展产生重要影响。党的十六届五中全会提出"安全发展"的重要战略理念。安全发展是科学发展观理论体系的重要组成部分，安全发展与构建和谐社会有着密切的内在联系，以人为本，首先就是要以人的生命为本。"安全·生命·稳定·发展"是一个良性循环。安全科技工作者在促进、保证这一良性循环中起着重要作用。安全科技人才匮乏是我国安全生产形势严峻的重要原因之一。加快培养安全科技人才也是解开安全难题的钥匙之一。

高等院校安全工程专业是培养现代安全科学技术人才的基地。我深信，本套系列教材的出版，将对我国安全工程本科教育的发展和高级安全工程专业人才的培养起到十分积极的推进作用，同时，也为安全生产领域众多实际工作者提高专业理论水平提供学习资料。当然，由于这是第一套基于专业技术平台课程体系的教材，尽管我们的编审者、出版者夙兴夜寐，尽心竭力，但由于安全工程学科具有在理论上的综合性与应用上的广泛性相交叉的特性，开办安全工程专业的高等院校所依托的行业类型又涉及军工、航空、化工、石油、矿业、土木、交通、能源、环境、经济等诸多领域，安全科学与工程的应用也涉及人类生产、生活和生存的各个方面，因此，本套系列教材依然会存在这样和那样的缺点、不足，难免挂一漏万，诚恳地希望得到有关专家、学者的关心与支持，希望选用本套系列教材的广大师生在使用过程中给我们多提意见和建议。谨祝本套系列教材在编者、出版者、授课教师和学生的共同努力下，通过教学实践，获得进一步的完善和提高。

"嘤其鸣矣，求其友声"，高等院校安全工程专业正面临着前所未有的发展机遇，在此我们祝愿各个高校的安全工程专业越办越好，办出特色，为我国安全生产战线输送更多的优秀人才。让我们共同努力，为我国安全工程教育事业的发展做出贡献。

中国科学技术协会书记处书记[⊖]

中国职业安全健康协会副理事长

中国灾害防御协会副会长

亚洲安全工程学会主席

高等学校安全工程学科教学指导委员会副主任

安全工程专业教材编审委员会主任

北京理工大学教授、博士生导师

冯长根

2006 年 5 月

⊖ 曾任中国科学技术协会副主席。

第 2 版前言

时节如流。武明霞主编的《建筑安全技术与管理》于 2006 年出版，16 年来重印 13 次，被诸多高校选作教材，其中不乏一流名校，从使用反馈信息获知，本书还是颇受非建筑专业师生欢迎的，对教学质量的维系及教学效果的提升贡献了些微之力。

为了进一步全面提升本书质量，作者自 2009 年起即着手修订计划，彼时，还收到不少选用本书的教师反馈的宝贵修改意见，例如河北科技大学苏昭桂教授在 2009 年 1 月 7 日就发来详尽的修订意见。然而，修订工作总被琐事杂务羁绊而一再拖延，后终于定心，闭门不厌百看，反复推敲，补偏救弊，校勘是非。历时 1 年多，现束册，付之梨枣。

第 2 版与第 1 版相比，总体量虽相差不大，但对全书知识体系、内容体系、结构体系做了全面调整，主要体现在以下三方面。

1. 增补了新的内容。本次修订，除新增"第 6 章 建筑施工安全生产应急管理"外，还在某些章节新增了更能凸显安全工程专业特色的内容。如在 7.1.3 节"建筑业生产安全事故多发原因分析"中，以 9 幅 FTA[⊖] 分析图对建筑施工现场生产安全事故中常见的高处坠落、施工坍塌、物体打击、机械伤害和触电等类型生产安全事故发生的原因，从理论上做了深入分析，还在 7.7 节"建筑施工生产安全事故案例分析"中，用 40 幅 ETA[⊜] 图与 FTA 图对 22 种建筑施工现场生产安全事故进行了分析，活化了安全工程专业学生在技术基础课（如"安全系统工程学"）所学的基础理论知识。此外，给每章增编了习题，全书共计 128 道习题。作者认为，习题是教材的重要组成部分之一，具有补充相关知识的作用。例如，第 3 章习题 43，就是把与本课程知识构成有关，但教材正文中又没有写，却又是本专业其他必修课的主要内容的相关知识，编写成一道研讨性综合题作为习题，学有余力的学生可将其作为路线导引图，去研习探究某类知识。实际上，这就有意识地在引导学生运用已知探索未知，进而激活了学生已有知识，也激活了教材，激活了课程，激活了教学。授课教师对教材特点的把控、学生对教材内容的理解往往是通过对教材中的例题与习题的深度研习而实现的。所以，编者主张教材不要把任何问题都写得清清楚楚，要留有让学生刨根问底的问题，正所谓"教是为了不教"（叶圣陶）。

⊖ FTA 是 Fault Tree Analysis 缩写。
⊜ ETA 是 Event Tree Analysis 缩写。

2. 删除、精简、合并了部分内容。主要是七部分：①删除第 1 版"绪论"中"国外建筑领域安全生产情况"根据最新资料改写了"建筑施工安全生产基本情况""建筑施工领域安全生产科技工作"2 节。②删除第 1 版"第 1 章　建筑工程基本知识"，仅将阅读本书所需具备的建筑工程基本知识，以知识点的形式在"绪论"中予以提示。③删除第 1 版"第 2 章　建设工程安全生产管理体制"中的"部分国家建设工程安全生产管理体制及法律法规体系"1 节。④删除第 1 版"第 7 章　施工现场安全生产保证体系与保证计划"，将原 7.5 节、7.6 节内容精简、整合成为第 2 版 2.6 节"建筑施工现场安全生产保证体系与保证计划"。⑤删除第 1 版"第 10 章　建设工程施工事故案例分析"，将相关内容在第 2 版 7.7 节"建筑施工生产安全事故案例分析"中阐述。⑥删除第 1 版"第 6 章　拆除工程施工安全技术与管理"，将其主要内容精简、整合成为第 2 版 3.11 节"拆除工程施工安全技术与管理"。⑦删除第 1 版引用的部分规范、标准中的条文。作者认为，作为教材，首先，重在讲清楚基本概念、知识体系架构及其相互之间的逻辑关系，而非具体的工程技术措施；其次，把某些规范、标准中具体条文"搬"到教材中，增加了教材的体量却并非必要，因为教师在讲解某部分内容认为有必要详细介绍相关规范或标准时，自然会加以补充。

3. 补偏救弊。限于篇幅，恕不一一例举。

在此，有必要对本书涉及的"建设工程"与"建筑工程"的概念做出说明。

根据《中华人民共和国建筑法》（简称《建筑法》）规定，"建筑活动"是指各类房屋建筑及其附属设施的建造和与其配套的线路、管道、设备的安装活动。这就界定了建筑活动的工程领域。因此，土木工程所涵盖的道路桥梁、城市基础设施、水电工程等诸多其他工程领域的建筑活动自然不在其内。而根据《建设工程安全生产管理条例》规定，"建设工程"是指土木工程、建筑工程、线路管道和设备安装工程及装修工程。可见两者界定的范围有出入。

当今，国际上还有"狭义建筑业"与"广义建筑业"的概念。实际上，工业发达国家在国民经济核算和统计时，采用狭义建筑业的概念，而在行业管理中又采用了广义建筑业的概念。广义建筑业涵盖了建筑产品以及与建筑业生产活动有关的所有的服务活动，同时涉及第二产业和第三产业的内容，在 WTO《服务贸易总协定》（GATS）中包含了建筑服务贸易的内容。本书"建筑工程施工"的含义，采取《建筑法》中"建筑活动"的规定含义，其涵盖范围也基本符合该含义。我国建筑业在国民经济中所占比重仅次于工业和农业，而高于商业、运输业、服务业等行业，是国民经济的支柱产业。我国建筑业的发展，吸纳了大量的劳动力，带动、促进了国民经济其他部门的发展，为我国国民经济增长发挥了重要作用。

本书第 2 版围绕《建设工程安全生产管理条例》，以工程建设参与各方主体的安全生产责任为主线，详细地讲述了我国建设工程安全生产法律法规体系、管理体制和机制，以及参与工程建设活动的各方主体在安全生产管理方面的具体工作内容；以建筑施工安全技术与安全生产管理为全书阐述的重点,详细讲述了建筑施工安全生产管理、建筑施工安全技术、建筑施工现场危险源辨识与控制、建筑施工安全生产检查与安全生产评价、建筑施工安全生产应急管理,建筑施工生产安全事故分析与处理,使"技术"与"管理"有机结合。本书从理论上阐述了建筑施工生产安全事故的发生类型、原因,并对施工过程中经常发生的典型事故案例应用 ETA 图与 FTA 图进行了详细深入分析,使本书更具有指导性。

本书第2版是王新泉以武明霞主编的第1版为基础精心修订完成的,付宗运编写了部分内容。在修订过程中,贾炳、刘卫、李振明、万祥云、张圆(按姓名汉语拼音音序排)给予不少支持与帮助,在此谨致谢忱。

本书第2版由中国建筑学会监事(原副秘书长)、西南交通大学兼职教授顾勇新主审。顾先生具有35年工程建设行业管理、工程实践及科研经历,他在百忙中对本书修订大纲和第2版书稿进行了认真仔细的审读,并提出了许多很有见地的意见与建议,对本书质量的提高起到了重要作用。在此,向顾先生致以最诚挚的谢意。

本书第1版主编武明霞、第2版编著者王新泉都毕业于同济大学,都是在"同舟共济"的团结精神熏陶下,"严谨求实"的科学精神滋润下成长的。百年学府的厚重和博大,营造了每个同济人的精神家园。本书是同济人秉承同济精神和荣辱与共的"血缘亲情",携手共进的见证。谨以此书献给同济!

本书编写时参阅了一些文献,在此向文献作者们表示衷心感谢。

借本书修订再版之际,谨向使用本书第1版并提出使用建议、意见的(按校名汉语拼音音序排)北京建筑大学邹越,成都理工大学程锦发,东南大学王晓,广东工业大学张慧珍,桂林航天工业学院陈洪杰,河南工业大学金立兵,黑龙江八一农垦大学薛辉,华北水利水电大学陈贡联,华南理工大学李琼,江西理工大学秦艳华,兰州交通大学曾发翠,辽宁科技大学高振星,南京工程学院何培玲、贾彩虹,南京工业大学鹿世化,山西大学徐清浩,天津工业大学宋佳钫,武汉工程大学周朝霞,武汉商学院黄文,西安科技大学董丁稳,西南交通大学杨玉容、周密,新疆建设职业技术学院依巴丹、沙拉木,延边大学李珍淑,中国人民解放军火箭军工程大学刘顺波,中南大学饶政华,中原工学院高龙等老师表示诚挚的谢意。

本书基本概念精准明确、深度广度适中、内容多元丰富、知识体系合理有新意、知识点布局得当,这一特色经修订后得到了进一步彰显,适合作为高校安全工程、消防工程专业及土木工程类相关专业本科生学习"建筑安全"类课程的教材,也适合建设工程领域安全技术与管理人员学习参考。然经纬万端,罅漏难免,期望大家,不吝斥谬,以匡不逮。

为适应和满足教学需要,本书配备有课件等辅助教学资源,为授课教师提高课程教学质量提供支撑。

王新泉

第1版前言

《建筑安全技术与管理》是为了适应正蓬勃发展的安全科学与工程学科及高等院校安全工程专业本科教学需要，由"高等教育安全工程系列'十一五'规划教材"编审委员会组织编写的。

本书共分11章。在绪论中论述了建筑安全生产的意义及存在的问题，并介绍了国内外建筑领域安全生产现状、各国（地区）政府建设主管部门设置与分工、各国（地区）政府建设主管部门的行政执法权限。在简要介绍了建筑及其基本要素、民用与工业建筑的基本构造、建筑材料、基本建设程序和建筑施工过程（第1章）的基础上，围绕《建设工程安全生产管理条例》，以工程建设参与各方主体的安全生产责任为主线，介绍了我国建设工程安全生产管理体制、法律法规体系，对工程建设参与各方的主体和建设行政监督管理部门在建设工程安全生产管理方面的具体工作内容做了详细的讲述，并介绍了部分国家建设工程安全生产管理体制及法律法规体系（第2章）；以建筑施工单位的施工安全技术与安全生产管理为全书阐述的重点，紧密结合建筑施工安全技术要点，详细讲述建设工程安全生产管理（第3章）、建设工程施工危险源辨识与控制（第4章）、建筑施工安全技术（第5章）、拆除工程施工安全技术与管理（第6章）、施工现场安全生产保证体系与保证计划（第7章）、建筑施工安全检查与安全评价（第8章）、建筑施工事故分析与处理（第9章），并对施工过程中经常发生的6类典型事故案例进行了深入细致的分析（第10章），使"技术"与"管理"有机结合。

本书充分考虑了大多数院校安全工程专业（本科）的课程设置和衔接，弥补了安全工程专业（本科）所设置的先修课程对本课程相关知识支撑不够的缺陷，内容基本涵盖安全科学与工程学科涉及"建筑安全"各个主要方面的基本知识，是一部新颖的独具特色的"建筑安全"类课程的教材，适合安全工程专业本科生学习、使用。

本书是在给安全工程专业本科生讲授"建筑安全技术"课程的讲稿的基础上修改编写的。本书由中原工学院武明霞拟订编写大纲，并承担了绪论、第3章、第4章、第7~10章的编写和全书统稿、定稿工作；本书第1章及第5章的第5.1~5.4节由南华大学石建军编写，第5章的第5.5~5.10节由江苏大学王明贤编写，第2章由浙江工业大学李振明编写，第6章由中原工学院高洪亮编写。

本书由江西理工大学环境与建筑工程学院院长唐敏康教授主审。唐教授在百忙中对本书编写大纲和书稿进行了认真仔细的审读，并提出了许多很有见地的宝贵意见与建议，他的意见与建议对本书质量的提高起到了重要作用。在此，向唐教授致以最诚挚的谢意。本书编写时参阅了许多文献，在此向文献作者们表示衷心感谢。

本书在编写和统稿过程中，得到安全科学与工程领域专家王新泉教授的极大帮助，在此向王新泉教授致以诚挚的谢意。

在本书的编写过程中，"高等教育安全工程系列'十一五'规划教材"编审委员会积极组织专家对本书的编写大纲和书稿进行了数次审纲和审稿工作，在此，对编审委和有关专家的工作表示诚挚的谢意。

有关"建筑安全"的书，国内已有很多版本，而本书在体系、结构、内容等方面都做了新的尝试，因而可批可点可评之处很多，为利修改、完善，恳望专家、学者、读者不吝赐教，作者将不胜感激。

为了适应和满足"建筑安全技术与管理"课程的教学需要，本书配备有课件等辅助教学资源，为授课教师提高课程教学质量提供资源支撑。

武明霞

目　录

绪　论

1. 建筑施工安全生产的意义

建筑业是我国国民经济中重要支柱产业之一。建筑业属于第二产业，在国民经济各行业中所占比重仅次于工业和农业，而高于商业、运输业、服务业等行业。

建筑业作为劳动密集型行业，为社会提供了大量的就业机会，带动和促进了国民经济其他部门的发展，为我国经济增长起到了重要作用。建筑施工企业面临着激烈的市场竞争，建筑施工企业自身安全生产能力与水平，已经成为建筑施工企业市场竞争力的重点。

建筑工程具有投资数额大、建设规模大、从业人员多的特点，这使得建筑施工安全生产工作变得十分重要。建筑施工安全生产作为保护和发展社会生产力、促进社会和经济持续健康发展的一个必不可少的基本条件，是社会文明与进步的重要标志和全面建设小康社会的本质内涵，也是提高国家综合国力和国际声誉的具体体现。

我国社会经济发展要求建筑施工企业在为社会提供质量高、工期短、造价低的建筑产品的同时，对其安全生产状况也提出了很高的要求。因此，国家加强了建设工程安全生产法律法规和技术标准体系的建设，陆续颁布一系列有关工程建设的法律法规、部门规章和技术标准、规范，依法落实参加工程建设活动的各方主体的安全生产责任。这一系列措施在促进工程建设领域安全生产状况的实践中，发挥了很好的作用。

安全生产关系人民群众生命和财产安全，牢固树立安全生产"责任重于泰山"的意识，树立抓安全就是促发展、抓安全就是保稳定、抓安全就是为社会主义经济建设保驾护航的大安全观，增强抓好工程建设系统安全生产工作的责任感和紧迫感，做好工程建设领域安全生产工作，建立工程建设安全生产长效机制，是建筑施工企业安全生产工作的必经之路。按照安全生产和科技发展的客观规律，全面提升建筑施工企业的安全生产能力与水平，对促进建筑施工领域安全生产工作健康持续发展、促进经济社会健康持续发展具有重大意义。

2. 建筑施工安全生产基本情况

建筑业具有土地垄断性和不可移动性等特点，建设工程产品的生产具有单件性、流动性、地域性、生产周期长和生产方式多样性、不均衡性及受外部约束多等特点。随着建设工程项目的类型和特征的复杂化，建筑产品的精益化，工程服务方式的多样化、市场化的进程加快，建筑企业对建设项目管理的精益程度要求也越来越高。但建筑施工多是室外露天高处作业，生产条件、生活环境艰苦，从业人员素质相对较低，流动性大，安全生产水平较低，属工伤事故多发频发、时有重大事故发生的行业。每年由于生产安全事故造成从业人员的丧生与直接经济损失是不容忽视的。

建筑施工安全生产领域中面临的一些基础性、素质性、结构性、体制性矛盾和问题仍然十分突出，主要表现在以下几方面：

一是建筑市场分割，管理体制未理顺。部分工程未按规定进入建筑市场，没有办理相关手续，给安全生产留下重大隐患。

二是安全生产监管体系不够完善。建筑施工领域的安全生产监管力量不足、监管手段落后，不能适应社会经济发展的客观需要。

三是安全生产基础薄弱。建筑施工领域安全生产经费投入不足，建筑施工企业安全生产管理水平落后。

四是重大危险源和重大事故隐患分布广泛。建筑施工领域重大事故预防控制体系尚需进一步完善，重大事故隐患尚需进一步进行有效治理。

五是安全生产科技水平尚不能为安全生产提供足够的技术支撑和保障。

六是全行业安全生产意识、安全生产法制观念尚待进一步提升。

我国经济建设正处于一个快速发展的时期，工程建设规模不断扩大，建设项目结构形式越来越复杂，技术含量、施工难度也越来越大，建筑安全管理面临着严峻的挑战。

3. 建筑施工领域安全生产科技工作

建筑工程事故除了造成人员伤亡以外，还会导致巨大的直接和间接的经济损失。建筑安全科学技术发展缓慢，使得我国建筑安全生产科学技术水平较低，严重滞后于国民经济和社会发展，尚不能为建筑安全生产提供足够的技术支撑和保障。

目前，建筑安全科学技术工作中存在的主要问题如下：

1）建筑安全科技基础理论研究滞后。安全科研投入长期不足，造成了安全管理理论滞后，安全管理方法、手段和体系落后的局面，严重制约了安全生产的可持续发展。从安全生产管理角度看，最突出的问题是技术基础工作较差，如安全技术标准数量少、指标落后，安全管理水平特别是中小企业安全管理水平远远落后于国际水平。

2）建筑安全科学技术水平整体不高。建筑安全科研机构与科研人员的装备水平和创新能力尚不能适应当今需要，一些关系到建筑施工重特大事故发生的安全技术基础工作薄弱，涉及重大事故隐患的一些关键技术长期没有得到有效解决，建筑安全科技开发和新技术推广应用还没有形成产业化的系统与机制。对事故的隐情、预测预报、诱发机制及相应的防治措施等没有进行系统而全面的调查研究，从而导致我国建筑安全生产方面缺乏强有力的技术支持。与发达的国家相比，我国建筑行业安全生产能力与水平较低，技术落后，效率低。

3）安全科技人才和科研机构短缺，应用基础研究薄弱。无论是高等院校还是科研、设计、设备制造等企业的科学技术研究和人才培养工作，与建筑施工企业实际需求脱节，造成建筑施工领域安全科技人才短缺，进而导致建筑施工领域有关安全生产科技的基础研究匮乏。这是我国建筑施工领域一些典型的、突出的重大安全生产问题难以解决的基本原因之一。

我国建筑施工领域安全生产科技工作存在的问题已引起广泛关注。

4. 建筑工程基本知识

大多数开设安全工程专业（本科）的普通高等学校，在制定安全工程专业（本科）培养方案时，没有给建筑施工安全技术或管理类专业技术性课程安排先修课（如建筑概论）与之衔接，致使学生因缺乏本课程赖以支撑的建筑方面的知识而产生学习困难。为此，编者列出学习阅读本书必须具备的建筑工程基本知识相关要点，其内容基本涵盖安全科学与工程学科涉及的建筑施工安全技术与管理各个主要方面的基本知识点[⊖]。

（1）建筑方针

我国在 2016 年提出了"适用、经济、绿色、美观"的建筑方针，为我国建筑事业的发展指明了方向。

（2）人类活动与建筑

研究表明，人类的活动通常可以划分为必要性活动、自发性活动和社会性活动三种基本类型。必要性活动是指人类为了生存和繁衍所必须进行的活动。例如饮食、睡眠、家务、育儿、上学、工作（生产）、购物等。人类从事必要性活动所在的空间大多属于生活环境与工作（生产）环境。自发性活动是指人类出于兴趣和自愿所进行的活动。例如娱乐、游玩、休闲、旅游、文艺欣赏（观剧）等，进行这种自发性活动所在的环境多为生活环境或公共环境。社会性活动是指有赖于其他社会成员共同参与的各种活动。例如交友、体育活动、庆典活动、宴会等，社会性活动多数在公共环境中进行。进一步研究还表明，人类的大部分时间是在居住空间（居室）或生产工作空间（办公室）中度过的，图 0-1 表示一个普通成年人（29~35 岁）每天从事各类活动的时间分布情况。

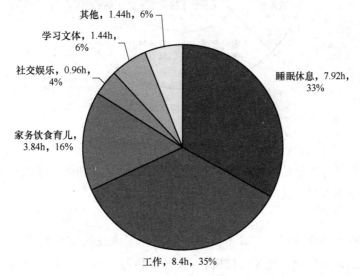

图 0-1　普通成年人每天从事各类活动的时间分布

建筑最早是人类为挡风雨、避寒暑、御兽袭，用树枝、石块等天然材料构筑的栖身场

⊖　更为详细内容可参阅《建筑概论》（第 2 版）（ISBN：978-7-111-61102-8），王新泉主编，机械工业出版社 2019 年出版，"十三五"国家重点出版物出版规划项目"面向可持续发展的土建类工程教育丛书"之一。

所，因此，建筑的基本功能是给人们提供生活、工作及休息等的活动空间。随着社会进步，建筑成为人类运用一定的物质材料和工程技术手段，依据科学规律和美学原则，为了满足一定功能要求，能够为人类提供从事各种活动而创建的相对稳定的人造空间。具体说，建筑物是供人们进行生产、生活或其他活动的房屋或场所，如住宅、医院、学校、商店等；人们不能直接在其内进行生产、生活的建筑称为构筑物，如水塔、烟囱、桥梁、堤坝、纪念碑等。建筑是建筑物和构筑物的通称。

随着科学技术的发展，人们的物质生活水平提高和精神生活需求增多，人类对建筑环境的要求也越来越高。例如，当今人们会从居住环境的安全性、防御性、私密性、舒适性、健康性、方便性、耐久性、美观性多个方面提出要求（图0-2）。因此，建筑除了应满足人类最基本的防御功能和生活空间的需要之外，现代人还希望房间宽敞、明亮、使用方便、舒适、色彩宜人、充满生活情趣等。

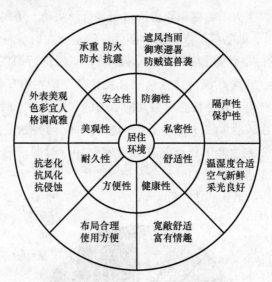

图 0-2　现代人对居住环境的要求

（3）建筑构成要素

建筑构成要素是多方面的，但从根本上看，建筑是由建筑功能、建筑技术和建筑形象是构成建筑的三个基本要素，又称建筑三要素。

（4）建筑及其结构

建筑及其结构主要应具有以下基本概念与知识：①建筑的基本组成（地基与基础、墙体及其类型、楼地面与屋顶、楼梯、门窗）；②建筑物的分类、分等与分级；③建筑模数协调与构件尺寸；④民用建筑与工业建筑；⑤民用建筑平面组合、层数与层高；⑥墙体承重结构体系（砌体墙承重结构体系、钢筋混凝土墙承重结构体系、框剪和框筒结构体系）；⑦墙体承重结构的构造要求；⑧民用建筑的采光与通风；⑨工业建筑的构造组成（构件）、柱网的概念和规定；⑩生产工艺和工业建筑平面形式选择及其与剖面的关系；⑪工业建筑框架结构体系、单层刚架和排架结构体系；⑫轻型钢结构工业厂房承重结构系统；⑬工业建筑采光与通风；⑭高层建筑的核心体概念；⑮高层建筑的基础、结构类型、结构体系与垂直交通系统；⑯智能建筑；⑰城市地下空间开发；⑱装配式建筑与建筑工业化。

（5）建筑物抗震与防火

建筑物抗震与防火主要应具有以下基本概念与知识：①建筑物耐火等级；②工业厂房的防火分区；③民用建筑的防火分区；④高层民用建筑的防火分区；⑤防烟分区的面积；⑥建筑防爆；⑦防火间距；⑧安全疏散；⑨三条"缝"（伸缩缝、沉降缝、防震缝）。

5. 基本建设程序

一栋房屋由开始拟定建设计划到建成投入使用所必须遵循的建设过程，称为建筑的基本建设程序。建筑的基本建设程序是由建筑工程项目自身所具有的固定性，建筑产品生产过程的连续性和不可间断性及建设周期长、资源占用多、建设过程工作量大、涉及面广、内外协作关系复杂等技术经济特点决定的。建筑生命周期与工程建设活动的关系如图 0-3 所示。

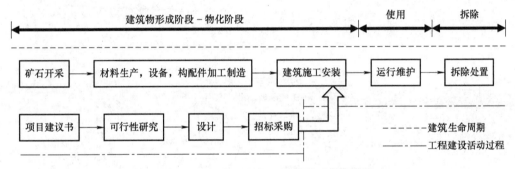

图 0-3　建筑生命周期与工程建设活动的关系

建筑的基本建设程序是人们在认识工程建设客观规律的基础上总结提炼的，是建筑工程项目建设过程的客观规律的体现。人们可以认识和利用这一客观规律来为工程建设服务，但是不能随心所欲地改变它、废除它、违反它、颠倒它。如果违反了它，其经济上的损失和资源的浪费，将是不可估量的。

建筑的基本建设程序是随着我国工程建设的进行，随着人们对工程建设工作认识的日益深化而逐步建立、发展起来的，并将随着我国经济体制改革的深入而进一步完善。

建筑的基本建设程序总体上包括建筑工程项目的规划、设计、施工三大阶段，如图 0-4 所示。

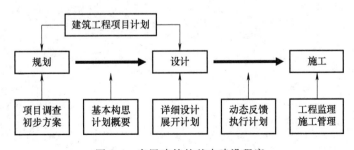

图 0-4　房屋建筑的基本建设程序

　　具体的程序主要有计划书（即设计任务书）的编制上报和审批、城镇规划管理部门同意拨地、招标投标工作、房屋的设计、房屋的施工与设备安装以及工程验收和交付使用后的回访总结等环节。

　　建筑工程项目的每个阶段都有具体的工作内容和规定，更为详细内容可参阅《建筑概论》。

第1章
建设工程安全生产管理体制

1.1 建设工程安全生产法律法规体系

建设工程安全生产法律法规体系是指国家为改善建设工程劳动条件，实现安全生产，保护劳动者在建筑施工生产过程中的安全和健康而制定的各种法律、法规、规章和规范性文件的总和，是必须执行的法律规范；具有强制性的建设工程安全技术标准（规范）是建设工程安全生产法律法规体系的组成部分。建设工程安全生产法律法规体系如图 1-1 所示。

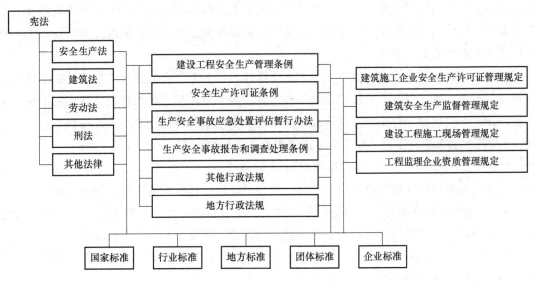

图 1-1　建设工程安全生产法律法规体系

建设工程法律是指全国人民代表大会及其常务委员会通过的规范建设工程活动的法律，以国家主席签署主席令的形式予以公布，如《中华人民共和国建筑法》《中华人民共和国安全生产法》《中华人民共和国劳动法》等。

建设工程行政法规是由国务院根据宪法和法律制定的规范建设工程活动的各项法规，以国务院总理签署国务院令的形式予以公布，如《建设工程安全生产管理条例》《安全生产许可证条例》等。

建设工程主管部门规章是指工程建设领域的国家行政主管部门按照国务院规定的职权范围，独立或与国务院其他相关部门联合，根据法律和国务院行政法规，制定的规范建设工程活动的各项规章，以国家行政主管部门领导签署行政主管部门令的形式予以公布，如《建筑安全生产监督管理规定》《建设工程施工现场管理规定》《建筑施工企业安全生产许可证管理规定》《工程监理企业资质管理规定》等。

1.2 《建设工程安全生产管理条例》概要

1.2.1 概述

《建设工程安全生产管理条例》（简称《条例》）是根据《中华人民共和国建筑法》（简称《建筑法》）和《中华人民共和国安全生产法》（简称《安全生产法》）制定的国家法规，目的是加强建设工程安全生产监督管理，保障人民群众生命和财产安全。经2003年11月12日国务院第28次常务会议通过，于2003年11月24日发布，自2004年2月1日起施行。

1.《条例》颁布实行的意义

《条例》是我国第一部有关建设工程安全生产管理的行政法规，也是第一部全面规范建设工程安全生产的专门法规。安全生产关系人民群众生命和财产安全，关系改革发展和社会稳定大局。《条例》的颁布实施对提高工程建设领域安全生产水平，促进经济发展，维护社会稳定具有十分重要的意义。

建筑业是我国重要支柱产业之一，国家陆续颁布了一系列有关建设工程的法律法规、部门规章和技术标准、规范，加强了建设工程安全法规和技术标准体系建设，在实践中发挥了很好的作用。但建设工程生产安全事故是人民群众多年来关注的社会热点之一。

《条例》颁布前，建设工程安全生产管理存在的主要问题：

1）安全责任不明确。工程建设项目涉及的建设单位、勘察单位、设计单位、施工单位、工程监理单位及其他如设备租赁单位、拆装单位等主体的安全责任，缺乏明确规定。

2）安全生产投入不足。一些建设单位和施工单位挤占安全生产费用，在工程投入安全生产的资金过少，不能保证正常安全生产措施的需要，导致生产安全事故不断发生。

3）安全生产监督管理制度不健全。建设工程安全生产监督管理多为突击性的安全大检查，缺少日常的具体监督管理制度和措施。

4）生产安全事故的应急救援制度不健全。一些施工单位没有制定生产安全事故应急救援预案，发生事故后得不到及时救助和处理。

《条例》对建设工程安全生产管理提出了原则要求，它的颁布实施对规范建设工程安全生产管理，促进经济发展，维护社会稳定具有重要作用。

2.《条例》的立法目的和立法依据

《条例》立法目的，一是加强对建设工程安全生产的监督管理，政府通过一系列的管理制度和管理措施，对建设工程的安全生产活动进行规范和约束，实施政府对市场的监督管理职能。二是保障人民群众生命和财产安全。安全生产关系到人民群众的生命和财产安全，加强对安全生产监督管理，提高安全生产的水平，就是保障了人民群众的生命和财产安全。

《条例》立法依据，一是《建筑法》，二是《安全生产法》。《条例》结合建设工程安全生产特点和实际情况，将两部法律中有关制度进一步加以细化，对建设工程活动中涉及安全生产的各方面，都做出了具体规定。

3.《条例》的指导方针和调整范围

《条例》指导方针紧密结合建设工程安全生产特点和实际，围绕"安全第一、预防为主、综合治理"的安全生产方针，确立了一系列建设工程安全生产管理制度。《条例》的调整范围包括四个方面：

1）各类建设工程活动，包括土木工程、建筑工程、线路管道、设备安装工程和装修工程等。

2）各种建设工程活动，包括新建、扩建、改建和拆除等。

3）参与建设工程活动的各相关主体，包括建设、勘察、设计、施工、工程监理、设备材料供应、设备机具租赁等单位；

4）参与建设工程活动的政府有关监督管理单位和部门。

4.《条例》的主要内容

《条例》共八章71条，其中第一章总则，共 5 条；第二章建设单位的安全责任，共 6 条；第三章勘察、设计、工程监理及其他有关单位的安全责任，共 8 条；第四章施工单位的安全责任，共 19 条；第五章监督管理，共 8 条；第六章生产安全事故的应急救援和调查处理，共 6 条；第七章法律责任，共 16 条；第八章附则，共 3 条。

《条例》维护了建筑工人安全与健康的合法权益，规定了参与建设工程活动的各相关主体方的安全生产责任及违法行为的法律责任，确立了建设工程安全生产的基本管理制度，明确了建设工程安全生产监督管理体制与生产安全事故应急救援预案制度。

1.2.2　安全生产责任

1. 建设单位的安全生产责任

建设单位在建设工程活动中居主导地位，对建设工程的安全生产负有重要责任。《条例》规定建设单位在编制工程概算时应确定安全作业环境并提供安全施工措施费用；不得对勘察、设计、监理、施工企业提出不符合国家法律法规和强制性标准规定的要求，不得任意压缩合同约定的工期；有义务向施工单位提供工程所需的有关资料，有责任将安全施工措施报送有关主管部门备案，应当将拆除工程发包给有施工资质的单位等。建设单位安全管理制度见表1-1。

表1-1　建设单位安全管理制度表

条例序号	安全管理制度
第七条	执行法律法规与标准制度
第七条	履行合同约定工期制度
第八条	提供安全生产费用制度
第十条	保证安全施工措施的施工许可证制度
第十条	保证安全施工措施的开工报告备案制度
第十一条	拆除工程发包制度
第十一条	保证安全施工措施的拆除工程备案制度

2. 勘察设计单位的安全生产责任

《条例》规定勘察单位应当按照法律、法规和工程建设强制性标准进行勘察，提供的勘察文件应当真实、准确，满足建设工程安全生产的需要；在勘察作业时，应当严格执行操作规程，采取措施保证各类管线、设施和周边建筑物、构筑物的安全。

《条例》规定设计单位应当按照法律、法规和工程建设强制性标准进行设计；应当考虑施工安全操作和防护的需要，对涉及施工安全的重点部位和环节在设计文件中注明，并对防范生产安全事故提出指导意见。对采用新结构、新材料、新工艺的建设工程和特殊结构的建设工程，设计单位应当在设计中提出保障施工作业人员安全和预防生产安全事故的措施建议。同时，设计单位和注册建筑师等注册执业人员应当对其设计负责。勘察设计单位安全管理制度见表1-2。

表1-2　勘察设计单位安全管理制度表

单位	条例序号	安全管理制度
勘察单位	第十二条	勘察文件满足安全生产需要的制度
设计单位	第十三条	执行法律法规与标准设计的制度
	第十四条	新结构、新材料等安全措施建议的制度

3. 工程监理单位的安全生产责任

工程监理单位是建设工程安全生产的重要保障。《条例》规定工程监理单位应审查施工组织设计中的安全技术措施或专项施工方案是否符合工程建设强制性标准，发现存在安全事故隐患时应当要求施工单位整改或暂停施工并报告建设单位。施工单位拒不整改或不停止施工的，工程监理单位应当及时向有关主管部门报告。工程监理单位和监理工程师应当按照法律、法规和工程建设强制性标准实施监理，并对建设工程安全生产承担监理责任。《条例》明确规定了工程监理单位的安全管理制度，即安全技术措施审查制度、专项施工方案审查制度、安全隐患处理制度、严重安全隐患报告制度及执行法律法规与标准监理制度。工程监理单位安全管理制度见表1-3。

工程监理单位受建设单位的委托，根据国家批准的工程项目建设文件，依照法律、法规和建设工程监理规范的规定，对工程建设实施监督管理。作为公正的第三方承担监理责任，工程监理单位不仅要对建设单位负责，而且应承担国家法律、法规和建设工程监理规范所要求的责任。工程监理单位承担建设工程安全生产责任，也有利于控制和减少生产安全事故。

表 1-3 工程监理单位安全管理制度表

条例序号	安全管理制度
第十四条	安全技术措施审查制度
第十四条	专项施工方案审查制度
第十四条	安全隐患处理制度
第十四条	严重安全隐患报告制度
第十四条	执行法律法规与标准监理制度

4. 施工单位的安全生产责任

施工单位是建设工程安全生产的责任主体，处于核心地位。《条例》对施工单位的安全责任做了全面、具体的规定，包括施工单位主要负责人和项目负责人的安全责任、施工总承包和分包单位的安全生产责任等。同时，《条例》规定施工单位必须建立企业安全生产管理机构和配备专职安全管理人员，应当在施工前向作业班组和人员做出安全施工技术要求的详细说明，应当对因施工可能造成损害的毗邻建筑物、构筑物和地下管线采取专项防护措施，应当向作业人员提供安全防护用具和安全防护服装并书面告知危险岗位操作规程。《条例》还对施工现场安全警示标志使用、作业和生活环境标准等做了明确规定。施工单位应建立的安全管理制度详见本书第 2 章。

5. 其他参与单位的安全生产责任

（1）提供机械设备和配件的单位的安全生产责任

《条例》规定提供机械设备和配件的单位应当按照安全施工的要求配备齐全有效的保险、限位等安全设施和装置。

（2）出租单位的安全生产责任

《条例》规定出租的机械设备和施工机具及配件应当具有生产（制造）许可证、产品合格证；出租单位应当对出租的机械设备和施工机具及配件的安全性能进行检测，在签订租赁协议时，应当出具检测合格证明；禁止出租检测不合格的机械设备和施工机具及配件。

（3）拆装单位的安全生产责任

《条例》规定拆装单位在施工现场安装、拆卸施工起重机械和整体提升脚手架、模板等自升式架设设施必须具有相应等级的资质。

安装、拆卸施工起重机械和整体提升脚手架、模板等自升式架设设施，拆装单位应当编制拆装方案、制定安全施工措施，并由专业技术人员现场监督。

施工起重机械和整体提升脚手架、模板等自升式架设设施安装完毕后，安装单位应当自检，出具自检合格证明，并向施工单位进行安全使用说明，办理签字验收手续。

（4）检验检测单位的安全生产责任

《条例》规定检验检测机构对检测合格的施工起重机械和整体提升脚手架、模板等自升式架设设施，应当出具安全合格证明文件，并对检测结果负责。

其他参与单位安全管理制度见表1-4。

表1-4 其他参与单位安全管理制度表

单位	条例序号	安全管理制度
提供单位	第十五条	安全设施和装置齐全有效制度
出租单位	第十六条	安全性能检测制度
拆装单位	第十七条	安全技术措施制度
	第十七条	现场监督制度
	第十七条	自检制度
	第十七条	验收移交制度
检测单位	第十九条	检测结果负责制度

1.2.3 建设工程生产安全事故的应急救援和调查处理

1. 建设行政部门应急救援预案

《安全生产法》规定，县级以上地方人民政府建设行政主管部门制定本行政区域内建设工程特大生产安全事故应急救援预案时，应当考虑和本行政区域内的应急救援体系衔接。

2. 施工企业和施工现场应急救援预案

施工单位应当制定本单位的生产安全事故应急救援预案，应当建立应急救援组织或配备应急救援人员，配备必要的应急救援器材、设备。突发生产安全事故，应急救援组织应能够迅速、有效地投入抢救工作，防止事故进一步扩大，最大限度地减少人员伤亡和财产损失。应急救援组织应当对应急救援人员进行培训和必要的演练，使其了解本行业安全生产方针、政策、有关法律、法规以及安全救护规程；熟悉应急救援组织的任务和职责，掌握救援行动的方法、技能和注意事项；掌握应急救援器材、设备的性能、使用方法、常见故障处理和维护保养的要求。

施工单位应当制定施工现场生产安全事故应急救援预案，在紧急情况下或事故出现控制措施失效时采取补充措施，针对可能发生的事故采取抢救行动。在项目开工前，应当对施工过程的安全风险方面进行策划，认真分析可能出现的危险源，特别注意对一些可能出现的重大危险源进行分析、研究，在此基础上制定消除危险源或减弱危险源或控制危险源的安全技术方案和措施。

实行施工总承包的，总承包单位应当负责统一编制应急救援预案，工程总承包单位和分包单位按照应急救援预案，各自建立应急救援组织或者配备应急救援人员，配备救援器材、设备，并定期组织演练。

施工单位对配备的救援器材、设备，要定期维护保养，并定期组织培训演练，以达到预防安全事故，并在出现事故时及时处理的目的。

3. 生产安全事故的现场保护和报告调查处理

建筑施工单位发生生产安全事故后，应立即采取措施防止事故扩大，保护事故现场。当需要移动现场物品时，应当做出标记和书面记录，妥善保管有关证物。

《生产安全事故报告和调查处理条例》对生产安全事故的调查处理做出了规定。施工单位发生安全事故，应当按照国家有关伤亡事故报告和调查处理的规定，及时、如实地向负责安全生产监督管理部门、建设行政主管部门或其他有关部门报告；特种设备发生事故的，还应当同时向特种设备安全监督管理部门报告。实行施工总承包的建设工程，由总承包单位负责上报事故。

1.2.4　法律责任

《条例》加大了对违法行为的处罚力度。《条例》有关条款与刑法衔接。对建设、勘察、设计、施工、工程监理等单位和相关责任人，构成犯罪的，依法追究刑事责任，体现了从严惩处的精神。《条例》有关条款中增加了民事责任，如对建设单位将拆除工程发包给不具有相应资质等级的施工单位，施工单位挪用安全生产作业环境及安全施工措施所需要费用等，给他人造成损失的，除了应承担行政或刑事责任外，还要进行相应的经济赔偿；如建设单位将拆除工程发包给不具相应资质等级的施工单位、监理单位违反安全生产行为、施工单位违反安全生产行为等，都要处以罚款，加大了行政处罚力度。

《条例》规定了对注册执业人员的处罚。注册执业人员未执行法律、法规和工程建设强制性标准的，责令停止执业 3 个月以上 1 年以下；情节严重的，吊销执业资格证书，5 年内不予注册；造成重大生产安全事故的，终身不予注册；构成犯罪的，依照刑法有关规定追究刑事责任。

《条例》对参与建设工程活动的各相关主体方应当承担的法律责任做了明确规定，参与建设工程活动的各相关主体方，即建设单位、施工单位、工程监理单位、勘察设计单位、设备材料供应单位、机械设备租赁单位、起重机械和整体提升脚手架、模板的安装、拆卸单位等其他有关单位，应当承担在建设工程活动中的违法行为的法律责任。

1.3 建设工程安全生产监督管理体制及其内容

1.3.1　建设工程安全生产监督管理体制

《条例》明确了建设工程安全生产的监督管理体制，即国务院负责安全生产监督管理部门依照《安全生产法》的规定，对全国建设工程安全生产工作实施综合监督管理，其综合监督管理职责主要体现在对安全生产工作的指导、协调和监督上。

国务院建设行政主管部门对全国的建设工程安全生产实施监督管理，国务院铁路、交通、水利等有关部门按照国务院规定的职责分工，负责有关专业建设工程安全生产的监督管理，其监督管理主要体现在结合全行业特点制定相关的规章制度和标准并实施行政监管。

各单位形成统一管理与分级管理、综合管理与专门管理相结合的管理体制，分工负责、各司其职、相互配合，共同做好安全生产监督管理工作。

1.3.2　建设工程安全生产监督管理的主要内容

1. 安全生产责任体系

建立健全建设系统安全生产责任体系，即明确和落实各级建设行政领导干部的安全生产责任制，各部门的安全生产责任制，各企事业单位法定代表人的安全责任制和工作岗位负责人的安全责任制。

制定完善各级建设行政主管部门、各企事业单位安全生产目标责任的考核评价办法，促进安全生产责任制和安全生产措施的落实。依法严格事故责任追究，对存在失职、渎职行为，或对事故发生负有领导责任的有关管理部门、企业领导人，要依照有关法律法规严肃查处。

2. 安全生产管理体系

建立健全安全生产管理体系，即建立健全建设行政主管部门安全生产监督管理机构，组建建设工程安全生产监督机构，建立健全各企事业单位安全生产管理机构和安全管理制度，落实各建设工程项目的安全生产管理负责人。

3. 安全生产执法监督体系

建立安全生产执法监督体系，即落实安全生产监督管理机构人员、经费、职能和责任的"四落实"，组建安全生产监督队伍，加大安全生产执法监察力度，加大社会和新闻媒体的监督，建立起覆盖全行业、全城乡、全过程的建设工程安全生产执法监督网络体系。加强对执法监督人员安全生产法律法规和执法业务的培训，逐步建立考核合格后持证上岗制度，切实提高执法监督人员服务意识和依法行政水平。

4. 建设系统安全生产法规体系

根据《建筑法》《安全生产法》《建设工程安全生产管理条例》和《安全生产许可证条例》，修订完善部门规章，包括《建筑安全生产监督管理规定》（建设部令第13号）和《建设工程施工现场管理规定》（建设部令第15号）等，制定完善相关部门规章，包括建筑企业安全生产许可、建筑起重机械设备使用安全监督管理、建筑施工企业三类人员安全生产考核等，制定或修订国家、行业标准，包括施工企业安全管理规范、建筑施工安全技术管理规范、建筑施工现场环境与卫生标准、建筑施工安全通用规范等。

各地建设行政主管部门应结合本地实际，制定和完善地方建设系统安全生产法规规章，及时调整和修改与现行有关法律法规相抵触的内容，并根据实际情况制定地方有关技术标准和规范，以形成国家和地方、行政管理和技术标准互相响应、互为补充、比较完善的建设系统安全生产法规体系。

5. 安全生产应急救援体系

依照《安全生产法》的规定与 GB/T 29639《生产经营单位安全生产事故应急预案编制导则》的要求，各级建设行政主管部门应加快建设系统生产安全事故应急救援体系建设，制定建设系统生产安全事故应急救援预案编制的指导意见和方案。各地要根据地方人民政府的要求，制定本地区建设系统特大生产安全事故应急救援预案，提高建设系统生产安全事故的抢险救援能力。施工企业要制定本企业和施工现场生产安全事故的应急救援预案，建立应急救援组织或配备应急救援人员，配备必要的应急救援器材、设备，并定期组织演练。

6. 建设工程安全生产监督管理对象及制度

建立健全建设工程安全生产监督制度，包括"三类人员"（施工单位的主要负责人、项目负责人和专职安全生产管理人员）考核任职制度、安全生产许可证制度、拆除工程备案制度、安全事故报告制度、施工许可证制度、资质管理制度等（又称"六项制度"）。

7. 建设工程安全生产监督管理的日常工作

加强建设工程日常安全生产监督管理，要改变单一的、运动式的安全监督检查方式，要从重点监督检查企业施工过程实体安全，转变为重点监督检查企业安全生产责任制的建立与实施状况及安全生产法律法规和标准规范的落实和执行情况；要从以告知性的检查为主，转变为随机抽查暗访为主的"四不两直"式检查（不发通知、不打招呼、不听汇报、不用陪同接待、直奔基层、直插现场）。同时，加大对小型建筑施工企业、村镇建设工程等安全生产薄弱环节的监督管理力度。

8. 建设工程安全生产监督管理的基础工作

抓好建设工程安全生产基础工作，包括落实建设活动各方主体的安全责任、企业安全生产责任制度、安全生产费用的投入、安全生产专项整治、安全生产教育培训等，着力构建风险分级管控和隐患排查治理双重预防机制。

9. 建设工程生产安全事故查处原则及责任追究

事故查处应遵照实事求是、尊重科学的原则，坚持"四不放过"（事故原因未查清不放过、责任人员未处理不放过、整改措施未落实不放过、有关人员未受到教育不放过）。同时，强化责任追究，不仅要追究事故直接责任人责任，还要追究有关负责人的领导责任，尤其要追究工程项目负责人、业务分管领导主体责任和行政领导的责任、分管安全生产的负责人的监督责任。

习　题

1. 简述建设工程安全生产法律法规体系。

2. 简述建设工程施工安全管理与安全控制的区别与联系。

3. 建设工程施工安全管理的要素有哪些？

4. 参与工程建设活动的建设单位、施工单位、勘察设计单位、工程监理单位及其他相关单位的安全生产责任各是什么？应由哪些法律法规制定哪些安全生产管理制度？

5. 参与工程建设活动的建设单位、施工单位、勘察设计单位、工程监理单位及其他相关单位的各级负责人（领导人）中，谁应该对各自单位的安全生产工作全面负责？

6. 我国对于建设工程安全生产监督管理的政府监督管理体制是怎样的？

7. 政府建设行业行政主管部门对建设工程进行安全生产监督管理的内容有哪些？

8. 相关法律法规对建筑施工企业从业资质有哪些规定？

9. 法律法规对建筑施工企业安全生产许可证的管理规定有哪些？如何颁发和管理建筑施工企业的安全生产许可证？

10. 建筑施工企业取得安全生产许可证应当具备哪些安全生产条件？

11. 建筑施工企业发生什么情况可暂扣、吊销安全生产许可证？由谁来实施？

第2章
建设工程安全生产管理

2.1 概述

2.1.1 建设工程施工和施工安全生产的特点

建设工程施工、施工安全生产和一般工业生产不同，每一项建设工程的施工方法及施工中的每道工序都有自己的特点。尽管有的过程具有一定的规律性，但受施工要求、施工时间、施工场地等多种因素的影响，建设工程施工过程变化很大，建设产品的多样性和施工生产工艺的复杂性、多变性，增加了施工安全生产管理难度，给施工安全生产带来了不少事故隐患。建设工程施工和施工安全生产特点见表2-1。

表 2-1 建设工程施工和施工安全生产特点

序号	建设工程施工的特点	建设工程施工安全生产的特点
1	建设产品固定性，施工周期长	产品的固定性导致作业环境局限性
2	大部分在露天空旷的场地上完成	露天作业导致作业条件恶劣性，易发伤亡事故
3	施工场地窄小	施工场地窄小带来了多工种立体交叉性，致使机械伤害、物体打击事故增多
4	体积庞大、高处作业多，受气候影响大	体积庞大带来了施工作业高处性，易发生高处坠落的伤亡事故
5	流动性大，员工素质整体较低	流动性大，员工素质低增加了安全管理难度
6	手工操作多，体力消耗大，劳动强度高	手工操作多、体力消耗大、强度高带来了个体劳动保护的艰巨性
7	产品的多样性和施工工艺复杂性、多变性	产品多样性、施工工艺复杂性、多变性要求安全技术措施和安全管理的可靠性

2.1.2 建设工程安全生产管理体系的建立

现代安全管理强调在生产中要做好预知预防工作，尽可能将事故消灭在萌芽阶段。建设工程安全生产管理要处理好安全与危险并存、安全与生产统一、安全与速度互促、安全与效益兼顾的关系；要做到六个坚持，即坚持管生产同时管安全，坚持目标管理，坚持预防为主的方针，坚持动态安全管理，坚持过程控制，坚持持续改进。在工程建设活动中，应根据工程建设的特点，通过建立安全生产管理体系，对不同的生产要素采取相应的安全技术措施和安全生产管理措施，有效地控制不安全因素的发展和扩大，以保证生产活动中人的安全与健康。

1. 建立建设工程安全生产管理体系

（1）建立建设工程安全生产管理体系的原则

1）贯彻安全第一、预防为主、综合治理的安全生产方针，建立并健全全员安全生产责任制和群防群治制度等，通过风险预控，隐患排查、前端治理，确保工程项目施工过程的人身和财产安全，遏制较大甚至更大的事故发生，减少一般事故的发生。

2）依据《建筑法》《建设工程安全生产管理条例》《劳动保护法》《环境保护法》及国家有关安全生产的法律法规和规程标准编制安全生产管理体系。

3）必须包含安全生产管理体系的基本要求和内容，并结合工程项目实际情况和特点加以充实，完善安全生产管理体系，确保工程项目的施工安全。

4）具有针对性，要适用于建设工程施工全过程的安全管理和安全控制。

5）持续改进的原则，施工企业应加强对建设工程施工的安全管理，指导、帮助项目经理部建立、实施并持续改进安全生产管理体系。

（2）建立安全生产管理体系的基本要求

1）管理职责。包括以下两方面：

① 安全管理目标。项目经理为工程项目安全生产第一负责人，对安全生产应负全面的领导责任，对建设单位和社会要求的承诺应符合国家安全生产法律法规和建设行业安全行政法规、规章、规程；为实现重大伤亡事故为零的目标，应配置有适合于工程项目规模、特点的应用性安全技术；形成能够使全体员工所理解的文件，并保证实施。

② 安全管理组织。工程项目对从事与安全有关的管理、操作和检查人员，特别是要对行使权力开展工作的人员，应规定其职责、权限和相互关系，并形成文件。

2）安全生产管理体系。安全生产管理体系应符合建筑业企业和本工程项目施工生产管理现状及特点，符合安全生产法规的要求。

3）采购控制。项目经理部应对自行采购的安全设施所需的材料、设备及防护用品进行控制，确保符合安全规定的要求。

4）分承包方控制。项目经理部应明确对分包单位进行控制的负责人、主管部门和相关部门，并规定相应的职权。

5）施工过程控制。项目经理部应对施工过程中可能影响安全生产的因素进行控制，确保工程项目按安全生产的规章制度、操作规程和程序要求进行施工。

6）安全检查、检验和标识。项目经理部应定期对施工过程、行为及设施进行检查、校验或验证，以确保符合安全要求；对检查、校验或验证的状态进行记录和标识；对安全设施所需的材料、设备及防护用品进行进货检验。

7）事故隐患控制。项目经理部应对存在隐患的安全设施、过程和行为进行控制，确保不合格设施不使用、不合格物资不放行、不合格过程不通过、不安全行为不放过。

8）纠正和预防措施。项目经理部应对已经发生或潜在的安全事故隐患进行分析并针对存在的问题的原因，采取纠正和预防措施。

9）安全生产教育培训。安全生产教育培训应贯彻施工生产的全过程，覆盖工程项目的所有人员，确保未经过安全生产教育培训的员工不得上岗作业。安全生产教育培训的重点是管理人员的安全生产知识和安全管理水平，操作者遵章守纪、自我保护和防范事故的能力。

10）内部审核。建筑业企业应组织审核项目经理的安全活动是否符合安全管理体系文件有关规定的要求，并确定安全生产管理体系运行的有效性。

11）安全记录。项目经理部应建立证明安全生产管理体系必要的安全记录，其中包括台账、报表、原始记录等，应对安全记录进行标识、编卷和立卷，并符合国家、行业、地方和企业有关规定。

2. 采取预防事故的安全技术措施

（1）采取预防事故的安全技术措施基本原则

1）约束人的不安全行为。

2）消除物的不安全状态。

3）同时约束人的不安全行为，消除物的不安全状态。

4）采取隔离防护措施，使人的不安全行为与物的不安全状态不相遇。

（2）预防事故的安全技术措施

1）约束人的不安全行为的技术措施与管理制度。

① 安全生产责任制度。

② 安全生产教育制度。

③ 特种作业技术措施与管理制度。

2）消除物的不安全状态的技术措施与管理制度。

① 安全防护技术措施与管理制度。

② 机械安全技术措施与管理制度。

③ 临时用电安全技术措施与管理制度。

④ 其他安全技术措施与管理制度。

3）起隔离防护作用的技术措施与管理制度。

① 安全生产组织管理制度。

② 劳动保护技术措施与管理制度。

③ 安全性评价制度。

4）其他技术措施与管理制度（事故报告、统计、安全生产资料管理制度等）。

2.2 施工单位的施工安全管理

2.2.1 施工安全管理概述

施工安全是指现场施工过程中不发生导致伤亡、职业病、设备或财产损失的生产和生活环境。施工安全管理就是在现场施工过程中，通过采用现代管理和科学技术，来实现以防止危险、事故、损失为安全目标而要求的管辖、控制和处理。

1. 施工安全管理基本术语

1）工程施工组织设计。施工组织设计是组织建设工程施工的纲领性文件，是全面指导施工准备和组织施工的规范性的技术、经济文件。施工组织设计必须在施工准备阶段完成。

2）施工安全技术措施。安全技术措施是指为防止工伤事故和职业危害，从技术上采取的措施。在工程施工中，是指针对工程特点、环境条件、劳动力组织、作业方法、施工机械、供电设施等制定的确保安全施工的技术措施。安全技术措施是建设工程项目管理实施规划或施工组织设计的重要组成部分。

3）施工安全技术交底。安全技术交底是落实安全技术措施及安全管理事项的重要手段之一。安全技术交底是施工单位的上一级机构的技术负责人就某项工程施工工程中的重大安全技术措施、重要部位的安全技术问题及施工现场应注意的安全事项由向下一级机构的技术负责人（直至施工作业班组、作业人员）所做出的详细的书面说明材料和口头解释，安全技术交底的书面说明材料须经双方签字认可。安全技术交底与施工技术交底一般同时进行。

2. 施工安全管理的要求和任务

（1）施工安全管理的原则要求

1）有效控制，科学管理，便利施工。按国家和地方有关安全生产、劳动保护、环境卫生及消防等的法规、标准和要求，对施工现场的工地围挡、道路、临时用电、排水、供水设施、构件材料堆放及场地、工棚、库房、办公生活等临时设施，各类施工机械、设备，安全宣传图牌标志，安全防护装置设施和其他临时工程的设施及使用进行有效控制、管理，做到合理有序，便利施工。

2）全过程动态安全管理。坚持动态安全管理的原则，施工安全生产从始至终贯穿现场的生产和生活的所有时间，贯穿施工的每一项施工工艺、每一项分部分项作业、每一个工种、每一位成员的生产活动，涉及全过程、全方位、全员、全天候的动态安全管理。

（2）施工安全管理的任务

1）正确贯彻执行国家和地方的安全生产、劳动保护和环境卫生的法律法规、方针政策和技术标准、技术规范，使施工现场安全生产工作做到目标明确，组织、制度、措施落实，以保障施工安全。

2）建立完善施工现场的安全生产管理制度，制定本项目的安全技术操作规程，编制有针对性的安全技术措施。

3）组织安全教育，提高职工安全生产素质，促使职工掌握生产技术知识，遵章守纪地进行施工生产。

4）运用现代管理和科学技术，选择并实施实现安全目标的具体方案，对本项目的安全目标的实现进行控制。

5）按"四不放过"的原则对事故进行处理并向政府有关安全管理部门汇报。

3. 施工安全管理主要内容

1）建立健全安全生产管理机构和配备安全生产管理人员。

2）建立健全安全生产管理体系和安全生产责任制。

3）编制安全生产资金计划。

4）编制和实施施工组织设计和专项施工方案的安全技术措施。

5）抓好安全教育培训工作。

6）安全检查。

7）伤亡事故的调查和处理。

8）施工现场的安全管理，即施工现场作业、设施设备和作业环境安全管理等。

2.2.2　建筑施工单位的安全生产管理制度

1. 施工单位的安全责任

施工单位在建设工程安全生产中处于核心地位，《建筑法》第四十五条明确规定了建筑施工企业负责施工现场安全，实行施工总承包的，由工程总承包单位负责。《条例》进一步对施工单位的安全责任做了全面、具体的规定，包括施工单位主要负责人和项目负责人的安全责任、施工总承包和分包单位的安全生产责任等。同时，《条例》规定施工单位必须建立企业安全生产管理机构和配备专职安全管理人员，应当在施工前向作业班组和人员做出安全施工技术要求的详细说明，应当对可能因施工造成损害的毗邻建筑物、构筑物和地下管线采取专项防护措施，应当向作业人员提供安全防护用具和安全防护服装，并书面告知危险岗位的操作规程。《条例》还对施工现场安全警示标志的使用、作业和生活环境标准等进行明确规定。

2. 施工单位的安全管理制度

（1）安全生产许可证制度

《条例》规定施工单位应当具备安全生产条件。同时，《安全生产许可证条例》进一步明确规定，国家对矿山企业、建筑施工企业和危险化学品、烟花爆竹、民用爆破器材生产企业实行安全生产许可证制度，上述企业未取得安全生产许可证的，不得从事生产活动。国务院建设主管部门负责中央管理的建筑施工企业安全生产许可证的颁发和管理，省、自治区、直辖市人民政府建设主管部门负责上述规定以外的建筑施工企业安全生产许可证的颁发和管理，并接受国务院建设主管部门的指导和监督。

（2）安全生产责任制度

安全生产责任制度是指企业中各级领导、各个部门、各类人员依据"管业务必须管安全"的要求,在他们各自职责范围内对安全生产应负业务主体责任的制度。其内容应充分体现责、权、利相统一的原则。建立以安全生产责任制为中心的各项安全管理制度,是保障安全生产的重要手段。安全生产责任制应根据"管生产必须管安全""安全生产,人人有责"的原则,明确各级领导、各职能部门和各类人员在施工生产活动中的安全责任。

(3) 安全生产教育培训制度

安全生产教育培训制度是指对从业人员进行安全生产意识的教育和安全生产技能的培训,并将这种教育和培训制度化、规范化,以提高全体人员的安全意识和安全生产的管理水平,减少、防止生产安全事故的发生。安全教育主要包括安全生产思想教育、安全知识教育、安全技能教育、安全法制教育等,其中对新职工的三级安全教育,是安全生产的基本教育制度。培训制度主要包括对施工单位的管理人员和作业人员的定期培训,特别是在采用新技术、新工艺、新设备、新材料时,对作业人员的培训。

(4) 安全生产费用保障制度

安全生产费用是指建设单位在编制建设工程概算时,为保障安全施工确定的费用,建设单位根据工程项目的特点和实际需要,在工程概算中要确定安全生产费用,并全部、及时地将这笔费用划转给施工单位。安全生产费用保障制度是指施工单位的安全生产费用必须用于施工安全防护用具及设施的采购和更新、安全施工措施的落实、安全生产条件的改善等方面。

(5) 安全生产管理机构和专职人员制度

安全生产管理机构是指施工单位内设的专门负责安全生产管理的独立机构。它与公司的监察、审计部门同属于监督序列,其人员即为专职人员。管理机构的职责是负责落实国家有关安全生产的法律法规和工程建设强制性标准,监督安全生产措施的落实,组织施工单位进行内部的安全生产检查活动,及时整改各种安全事故隐患及日常的安全生产检查。

专职安全生产管理人员是指施工单位专门负责安全生产管理的人员,是国家法律法规、标准在本单位实施的具体执行者,其职责是负责对安全生产进行现场监督检查,发现安全事故隐患,应当及时向项目负责人和安全生产管理机构报告,对于违章指挥、违章操作的情况,应当立即制止。

(6) 特种人员持证上岗制度

特种作业人员是指从事特殊岗位作业的人员。不同于一般的施工作业人员,特种作业人员所从事的岗位,有较大的危险性,容易发生人员伤亡事故,对操作者本人、他人及周围设施的安全有重大危害。特种作业人员必须按照国家有关规定经过专门的安全作业培训,并取得特种作业操作资格证书后,方可上岗作业。

(7) 安全技术措施制度

安全技术措施制度包括为了防火、防毒、防爆、防洪、防尘、防雷击、防触电、防坍塌、防物体打击、防机械伤害、防溜车、防高处坠落、防交通事故、防寒、防暑、防疫、防环境污染等而制定的管理规范(或企业标准)。

（8）专项施工方案专家论证审查制度

对于结构复杂、危险性较大、特性较多的特殊工程，如深基坑工程，即开挖深度超过5m的基坑（槽），或深度未超过5m但地质情况和周围环境较复杂的基坑（槽）；地下暗挖工程，即不扰动上部覆盖层面修建地下工程的一种施工方法；高大模板工程，即模板支撑系统高度超过8m，或者跨度超过18m，或者施工总荷载大于10kN/m²，或集中线荷载大于15kN/m²的模板支撑系统等，要求必须编制专项施工方案，并附具安全验算结果，经施工单位技术负责人、总监理工程师签字后，还应当组织专家进行论证审查，经审查同意后，方可施工。受施工环境因素影响，专项施工方案适用的边界条件发生变化时，需要重新编制、论证、审批。

（9）施工前详细说明制度

施工前详细说明制度即安全技术交底制度，是指在施工前，施工单位技术负责人将工程概况、施工方法、安全技术措施等情况向作业工长、作业班组、作业人员进行详细的讲解和说明。施工前详细说明制主要内容：本施工项目的施工作业特点和危险点，针对危险点的具体预防措施，应注意的安全事项，相应的安全操作规程和标准，发生事故后应及时采取的避难和急救措施。

（10）消防安全责任制度

消防安全责任制度是指施工单位确定消防安全责任人，制定用火、用电、使用易燃易爆材料等各项消防安全管理制度和操作规程，施工现场设置消防通道、消防水源，配备消防设施和灭火器材，并在施工现场入口处设置明显标志。

（11）防护用品及设备管理制度

防护用品及设备管理制度是指施工单位采购、租赁的安全防护用具、机械设备、施工机具及配件，应当具有生产（制造）许可证、产品合格证，并在进入现场前进行查验。同时，做好防护用品和设备的维修、保养、报废和资料档案管理。

（12）起重机械和设备设施验收登记制度

施工单位在使用施工起重机械和整体提升脚手架、模板等自升式架设设施前，应按《特种设备安全监察条例》的规定，组织有关单位进行验收，也可以委托具有相应资质的检验检测机构进行检验；使用承租的机械设备和施工机具及配件的，应由施工总承包单位、分包单位、出租单位和安装单位共同进行验收。验收合格后方可使用。施工单位应自验收合格之日起30日内，向建设行政主管部门或其他有关部门登记。

（13）三类人员考核任职制度

在验收前应当经有相应资质的部门检验三类人员（施工单位的主要负责人、项目负责人和安全生产管理人员）。施工单位的主要负责人对本单位的安全生产工作全面负责，项目负责人对所承包的项目安全生产工作全面负责，安全生产管理人员直接、具体承担本单位日常的安全生产管理工作。三类人员在施工安全方面的知识水平和管理能力直接关系本单位、本项目的安全生产管理水平。三类人员必须经建设行政主管部门对其安全知识和管理能力考核合格后方可任职。

（14）意外伤害保险制度

意外伤害保险是法定的强制性保险，由施工单位作为投保人与保险公司订立保险合同，支付保险费，以本单位从事危险作业的人员作为被保险人，当被保险人在施工作业发生意外伤害事故时，由保险公司依照合同约定向被保险人或者受益人支付保险金。该项保险是施工单位必须办理的，以维护施工现场从事危险作业人员的利益。

（15）生产安全事故应急救援制度

施工单位应当制定本单位生产安全事故应急救援预案，建立应急救援组织或配备应急救援人员，配备必要的应急救援器材、设备，定期组织演练。同时，施工单位应制定施工现场生产安全事故应急救援预案，并根据建设工程施工的特点、范围，对施工现场易发生重大事故的部位、环节进行监控。实行施工总承包的，由总承包单位统一组织编制建设工程生产安全事故应急救援预案，工程总承包单位和分包单位按照应急救援预案，各自建立应急救援组织或配备应急救援人员，配备救援器材、设备，并定期组织演练。

（16）生产安全事故报告制度

施工单位按照国家有关伤亡事故报告和调查处理的规定，及时、如实地向负责安全生产监督管理部门、建设行政主管部门或者其他有关部门报告。特种设备发生事故的，还应当同时向特种设备安全监督管理部门报告。实行施工总承包的建设工程，由总承包单位负责上报事故。施工单位应建立健全建设工程安全管理制度，详见表2-2。

表 2-2　施工单位的安全管理制度

依据条款	安全生产管理制度
第二十条	安全生产条件（安全生产许可证制度）
第二十一条	安全生产责任制度、安全生产教育培训制度
第二十二条	安全生产费用保障制度
第二十三条	安全生产管理机构和专职人员制度
第二十五条	特种人员持证上岗制度
第二十六条	安全技术措施制度、专项施工方案专家论证审查制度
第二十七条	施工前详细说明制度（安全技术交底制度）
第三十一条	消防安全责任制度
第三十四条	防护用品及设备管理制度
第三十五条	起重机械和设备设施验收登记制度
第三十六条	三类人员考核任职制度
第三十八条	意外伤害保险制度
第四十八、四十九条	生产安全事故应急救援制度
第五十条	生产安全事故报告制度

3. 施工单位的法律责任

1）依据《条例》第六十二条规定，施工单位有下列违法行为之一的，责令施工单位限期改正；逾期未改正的，责令停业整顿，依照《安全生产法》的有关规定处以罚款；造成重大安全事故，构成犯罪的，对直接责任人员依照刑法有关规定追究刑事责任。

① 未设立安全生产管理机构、配备专职安全生产管理人员或者分部分项工程施工时无专职安全生产管理人员现场监督的。

② 施工单位的主要负责人、项目负责人、专职安全生产管理人员、作业人员或者特种作业人员，未经安全教育培训或者经考核不合格即从事相关工作的。

③ 未在施工现场的危险部位设置明显的安全警示标志，或者未按照国家有关规定在施工现场设置消防通道、消防水源、配备消防设施和灭火器材的。

④ 未向作业人员提供安全防护用具和安全防护服装的。

⑤ 未按照规定在施工起重机械和整体提升脚手架、模板等自升式架设设施验收合格后登记的。

⑥ 使用国家明令淘汰、禁止使用的危及施工安全的工艺、设备、材料的。

2）施工单位挪用列入建设工程概算的安全生产作业环境及安全施工措施所需费用的，依据《条例》第六十三条规定，责令施工单位限期改正，并处以挪用费用20%以上50%以下的罚款；造成损失的，依法承担赔偿责任。

3）依据《条例》第六十四条规定，施工单位有下列违法行为之一的，责令施工单位限期改正；逾期未改正的，责令停业整顿，并处5万元以上10万元以下罚款；造成重大安全事故，构成犯罪的，对直接责任人员，依照刑法有关规定追究刑事责任；施工单位有《条例》第六十二条第4、5项行为，造成损失的，依法承担赔偿责任。

① 施工前未对有关安全施工的技术要求做出详细说明的。

② 未根据不同施工阶段和周围环境及季节、气候的变化，在施工现场采取相应的安全施工措施，或者在城市市区内的建设工程的施工现场未实行封闭围挡的。

③ 在尚未竣工的建筑物内设置员工集体宿舍的。

④ 施工现场临时搭建的建筑物不符合安全使用要求的。

⑤ 未对因建设工程施工可能造成损害的毗邻建筑物、构筑物和地下管线等采取专项防护措施的。

4）依据《条例》第六十五条规定，施工单位有下列违法行为之一的，责令施工单位限期改正；逾期未改正的，责令停业整顿，并处10万元以上30万元以下的罚款；情节严重的，降低资质等级，直至吊销资质证书；造成重大安全事故，构成犯罪的，对直接责任人员，依照刑法有关规定追究刑事责任；造成损失的，依法承担赔偿责任。

① 安全防护用具、机械设备、施工机具及配件在进入施工现场前未经查验或者验收不合格即投入使用的。

② 使用未经验收或者验收不合格的施工起重机械和整体提升脚手架、模板等自升式架设设施的。

③ 委托不具有相应资质的单位进行施工现场安装、拆卸施工起重机械和整体提升脚手架、模板等自升式架设设施的。

④ 在施工组织设计中未编制安全技术措施、施工现场临时用电方案或者专项施工方案的。

5）施工单位的主要负责人、项目负责人未履行安全生产管理职责的，依据《条例》第六十六条规定，责令其限期改正；逾期未改正的，责令施工单位停业整顿；造成重大安全事故、重大伤亡事故或者其他严重后果，构成犯罪的，依照刑法有关规定追究刑事责任。

作业人员不服从管理、违反规章制度和操作规程冒险作业造成重大伤亡事故或者其他严重后果，构成犯罪的，依照刑法有关规定追究刑事责任。

施工单位的主要负责人、项目负责人有前款违法行为，尚不够刑事处罚的，处 2 万元以上 20 万元以下的罚款或者按照管理权限给予撤职处分；自刑法执行完毕或者受处分之日起，5 年内不得担任任何施工单位的主要负责人、项目负责人。

6）施工单位取得资质证书后，降低安全生产条件的，依据《条例》第六十七条规定，责令施工单位限期改正；经整改仍未达到与其资质等级相适应的安全生产条件的，责令停业整顿，降低其资质等级直至吊销资质证书。

7）依据《条例》第六十八条规定的行政处罚，由建设行政主管部门或者其他有关部门依照法定职权决定。违反消防安全管理规定的行为，由公安消防机构依法处罚。有关法律、行政法规对建设工程安全生产违法行为，行政处罚决定机关另有规定的，从其规定。

2.2.3　施工安全管理策划

建设工程施工安全管理策划是指通过识别和评价建设工程施工中的危险源和环境因素，确定安全目标，并规定必要的抑制措施、资源、生产要素配置和活动顺序要求，编制和实施安全生产保证计划，以实现安全目标的活动。

1. 施工安全管理策划原则和基本内容

（1）施工安全管理策划的原则

1）目标导向原则。施工安全管理策划应坚持目标导向的原则，通过对危险源和环境因素识别、评价，法律法规要求，技术、经济、运行和经营的要求等，制订安全目标，实施施工安全控制，努力去实现该目标。坚持目标导向原则，体现了现代安全管理思想。

2）预知预控原则。施工安全管理策划必须坚持"安全第一，预防为主，综合治理"的原则，体现安全管理、控制的预知、预控作用，针对建设工程项目的施工全过程制定预控措施，体现主动控制、事前控制。

3）全过程、全方位原则。施工安全管理策划要覆盖建筑施工生产的全过程和全部内容，使安全措施贯穿于施工生产的全过程，并对工程所有工作内容进行安全控制，以实现系统的安全。

4）系统控制原则。建设工程施工安全控制是与投资、进度、质量控制同时进行的，因此，施工安全管理策划必须遵循系统控制原则，协调好安全控制与投资控制、进度控制和质量控制的关系，在确保安全目标的前提下，应满足建设工程投资、进度、质量目标的要求，做到"四大"目标控制的有机配合和相互平衡，力求实现整个目标系统最优。

5）动态控制原则。施工安全管理策划必须遵循动态控制的原则，施工生产的全过程中不安全因素是变化的、动态的，必须对建筑施工安全生产实施动态控制。

6）可操作性和针对性原则。施工安全管理策划应尊重实际情况，坚持实事求是的原则，制定的安全控制方案应具有可操作性，安全技术措施应具有针对性。

7）实效最优化原则。施工安全管理策划应遵循实效最优化的原则，在确保安全目标的前提下，在经济投入、人力投入和物资投入上坚持最优化的原则。

8）持续改进原则。施工安全生产是一种动态的生产活动，施工安全管理策划必须坚持持续改进的原则，以适应变化的生产活动，不断提高安全管理、控制的水平。

（2）施工安全管理策划的依据

1）国家和地方安全生产、劳动保护、环保、消防等方面的法律法规和方针政策。

2）国家和地方建设工程安全法律法规和方针政策。

3）采用的主要技术规范、规程、标准和其他依据。

（3）施工安全管理策划的基本内容

1）确定施工安全管理目标。

2）建筑施工现场危险源识别、评价和控制的策划。

3）编制建筑施工现场安全生产保证计划。

2. 施工安全目标

（1）制订安全目标的要求

1）项目经理部制订的安全目标：

① 必须与所在建筑企业的安全方针、安全目标协调一致，包括安全指标、管理指标等要求。

② 应该可测量、考核。

2）项目经理部制订安全目标时应综合考虑以下各因素：

① 工程项目自身的危险源识别和评价结果。

② 适用法律法规、技术标准规范和其他要求识别的结果。

③ 可供选择的技术方案。

④ 相关方的要求和意见等。

3）项目经理部制订的安全目标应形成文件。

（2）安全目标的内容

1）项目经理部制订的总安全目标，通常包括：

① 杜绝重大伤亡、设备、管线、火灾和环境污染事故。

② 一般事故频率控制目标。

③ 安全标准化工地创建目标。

④ 文明工地创建目标。

⑤ 遵循安全生产方面有关法律法规和技术标准规范以及对员工和社会要求的承诺。

⑥ 其他需满足的总体目标。

2）针对已识别和评价出的每个重大危险源，项目经理部经过策划所确定的具体目标和指标。

3. 危险源识别、评价和控制策划

施工现场的危险源是指一个建设工程项目施工过程的整个系统中具有潜在能量和物质释放危险的、在一定的触发因素作用下可转化为事故的部位、区域、场所、空间、设备及其位置。施工现场物态本质安全因素的识别的目的：通过对整个工程项目施工安全进行系统的分析，界定出系统中属于危险源的部分和区域，及其危险性质、危险程度、存在状况、危险源能量与物质转化为事故的转化过程规律、转化的条件、触发因素等，以便有效地控制能量和物质的转化，使危险源不致转化为事故。施工现场危险源识别、评价及安全控制措施在第4章介绍。

4. 施工现场安全生产保证计划

施工现场安全生产保证计划是指依据安全策划的结果和施工现场安全生产管理要求，规定项目经理部的安全目标、控制措施、资源和活动顺序的文件，用以描述工程项目施工现场安全生产管理各个要素及其相互作用，以文件形式使施工现场安全生产管理内容得到充分展示，是项目经理部安全管理活动的指导性文件和具体行动计划。关于施工现场安全生产保证计划的知识在第2.6节介绍。

2.2.4 施工安全管理的实施

建设工程施工安全管理实施包括安全生产管理策划、确定安全目标，编制安全生产保证计划，安全生产保证计划实施，安全生产保证计划验证和持续改进等，其程序图如图2-1所示。

1. 安全目标管理

（1）安全目标管理目的和意义

安全目标管理是建设工程施工安全管理的重要举措之一。为了使现场安全管理实行目标管理，要制订总的安全目标（如伤亡事故控制目标、安全达标、文明施工目标），以便于制订年、月达标计划，使目标分解到人，责任落实、考核到人。

推行安全目标管理能进一步优化企业安全生产责任制，强化安全生产管理，体现"安全生产，人人有责"的原则，实现全员管理，有利于提高企业全体员工的安全素质。

（2）安全目标管理内容

安全目标管理的基本内容应包括目标的确定，目标责任分解及目标责任的考核，具体为：

1）安全管理目标的主要内容：①伤亡事故控制目标，杜绝死亡重伤，一般事故应有控制指标；②安全达标目标，根据工程特点，按部位制订安全达标的具体目标；③文明施工目标，根据作业条件的要求，制定文明施工的具体方案和实现文明工地的目标。

2）安全管理目标责任分解。把项目经理部的安全管理目标责任应按专业管理层层分解到人，安全责任落实到人。

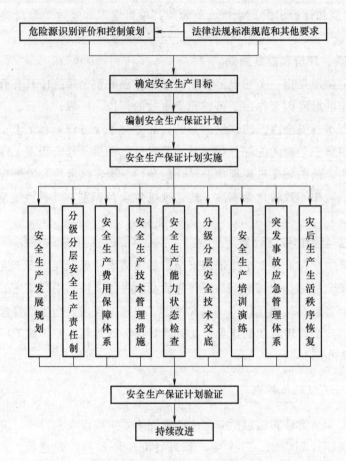

图 2-1　施工安全生产管理程序图

3）安全目标责任考核办法。依据企业的目标责任考核办法，结合项目的实际情况及安全管理目标的具体内容，应按月进行条款分解，按月进行考核，制定详细的奖惩办法。

4）安全目标责任考核。按项目安全目标责任考核办法文件规定，结合项目安全管理目标责任分解，以评分表的形式按责任分解进行打分，奖优罚劣，和经济收入挂钩，及时兑现。

2. 安全生产责任的划分

安全生产责任制是指企业对项目经理部各级领导、各个部门、各类人员所规定的在他们各自职责范围内对安全生产应负责任的制度。

安全生产责任制的内容应充分体现责、权、利相统一的原则。建立以安全生产责任制为中心的各项安全管理制度，是保障安全生产的重要手段。安全生产责任制应根据"管生产必须管安全""安全生产，人人有责"的原则，明确各级领导、各职能部门和各类人员在施工生产活动中应负的安全责任。这些人员包括项目经理、安全员、作业队长、班组长、操作工人、分包人。安全生产责任制必须经项目经理批准后实施。

（1）项目经理安全职责

项目经理安全职责应包括认真贯彻安全生产方针、政策、法规和各项规章制度，制定和执行安全生产管理办法，严格执行安全考核指标和安全生产奖惩办法，严格执行安全技术措施审批和安全技术措施交底制度；定期组织安全生产检查和分析，针对可能产生的安全隐患制定相应的预防措施；当施工过程中发生安全事故时，项目经理必须按安全事故处理的有关规定和程序及时上报和处置，并提出防止同类事故再次发生的措施。

（2）安全员安全职责

安全员安全职责应包括落实安全设施的设置；对施工全过程的安全进行监督，纠正违章作业，配合有关部门排除安全隐患，组织安全教育和全员安全活动，监督劳保用品质量和正确使用。

（3）作业队长安全职责

作业队长安全职责应包括向作业人员进行安全技术措施交底，组织实施安全技术措施；对施工现场安全防护装置和设施进行验收；对作业人员进行安全操作规程培训，提高作业人员的安全意识，避免产生安全隐患；当发生重大或恶性工伤事故时，应保护现场，立即上报并参与事故调查处理。

（4）班组长安全职责

班组长安全职责应包括安排施工生产任务时，向本工种作业人员进行安全技术措施交底；严格执行本工种安全技术操作规程，拒绝违章指挥；作业前应对本次作业所使用的机具、设备、防护用具及作业环境进行安全检查，消除安全隐患，检查安全标牌是否按规定设置，标识方法和内容是否正确完整；组织班组开展安全活动，召开上岗前安全生产会；每周应进行安全讲评。

（5）操作工人安全职责

操作工人安全职责应包括认真学习并严格执行安全技术操作规程，不违规作业；自觉遵守安全生产规章制度，执行安全技术交底和有关安全生产的规定；服从安全监督人员的指导，积极参加安全活动；爱护安全设施；正确使用防护用具；对不安全作业提出意见，拒绝违章指挥。

（6）工程总承包人安全责任

实行工程总承包的，总承包人对分包人的安全生产责任应包括审查分包人的安全施工资格和安全生产管理体系，不应将工程分包给不具备安全生产许可证的分包人；在分包合同中应明确分包人安全生产责任和义务；对分包人提出安全要求，并认真监督、检查；对违反安全规定冒险蛮干的分包人，应令其停工整改；承包人应统计分包人的伤亡事故，按规定上报，并按分包合同约定协助处理分包人的伤亡事故。

（7）工程分包人安全生产责任

分包人安全生产责任应包括分包人对本施工现场的安全工作负责，认真履行分包合同规定的安全生产责任；遵守承包人的有关安全生产制度，服从承包人的安全生产管理，及时向承包人报告伤亡事故并参与调查，处理善后事宜。

2.2.5　建设工程施工安全管理要素

建设工程施工安全管理要素主要包括施工许可证、安全生产许可证、安全培训记录、各类人员持证上岗、安全事故隐患、纠正措施检查、验证和验收，严把"七道关口"（教育关、措施关、交底关、防护关、文明关、验收关和检查关）。

1. 安全教育培训

（1）安全教育培训的内容

安全教育培训的主要内容包括安全生产思想、安全知识、安全技能、安全规程标准、安全法规、劳动保护、环境保护和典型事例分析。

1）项目经理部的安全教育内容应包括学习安全生产、劳动保护和环境保护的法律法规、制度和安全纪律，讲解安全事故案例。

2）作业队安全教育内容应包括了解所承担施工任务的特点，学习施工安全基本知识、安全生产制度及相关工种的安全技术操作规程；了解劳动保护和环境保护知识；学习机械和电气设备的使用、高处作业等安全基本知识；学习防火、防毒、防爆、防洪、防尘、防雷击、防触电、防高处坠落、防物体打击、防坍塌、防机械伤害等知识及紧急安全救护知识；了解安全防护用品发放标准，防护用具、用品使用基本知识。

3）班组安全教育内容应包括了解本班组作业特点，了解劳动保护知识，学习安全操作规程、安全生产制度及纪律；学习正确使用安全防护装置（设施）及个人劳动防护用品知识；了解本班组作业中的不安全因素及防范对策、作业环境及所使用的机具安全要求。

（2）安全教育培训的主要方式

1）广泛开展安全生产的宣传教育，使全体员工真正认识到安全生产的重要性和必要性，懂得安全生产和文明施工的科学知识，牢固树立"安全第一"的思想，自觉地遵守各项安全生产法律法规和规章制度。

2）把安全知识、安全技能、设备性能、操作规程、安全法规等作为安全教育培训的主要内容。

3）建立经常性的安全教育培训考核制度，考核成绩记入员工档案。

4）电工、电焊工、架子工、司炉工、爆破工、起重工、机械司机、机动车辆驾驶员等特殊工种工人，除一般安全教育外，还要经过专业安全技能培训，经考试合格持证后，方可独立操作。

5）采用新技术、新工艺、新设备施工及调换工作岗位时，也要进行安全教育，未经安全教育培训的人员不得上岗操作。

（3）施工现场安全教育的主要形式

1）新工人"三级安全教育"。三级安全教育是企业必须坚持的安全生产基本教育制度。对新工人，包括新招收的合同工、临时工、实习和代培人员等，必须进行公司、项目、作业班组三级安全教育，时间不得少于40小时。经考试合格者才准许进入生产岗位，不合格者必须补课、补考。对新工人的三级安全教育情况，要建立档案。新工人工作一个阶段后还应进行重复性的安全再教育，加深安全感性、理性知识的认识。三级安全教育的主要内容如下：

① 公司进行安全生产基本知识、法规、法制教育，主要内容是国家安全生产、劳动保

护、环保方针政策法规；建设工程安全生产法规、技术规定、标准；本单位施工生产安全生产规章制度、安全纪律；本单位安全生产形势、历史上发生的重大事故及应吸取的教训；发生事故后如何抢救伤员、排险、保护现场和及时进行报告等。

② 项目进行现场规章制度和遵章守纪教育，主要内容是本单位、本项目施工生产特点及施工生产安全基本知识；劳动保护和环保管理制度；本单位、本项目安全生产制度、规定及安全注意事项；各工种的安全技术操作规程；机械设备、电气安全及高处作业等安全基本知识；防火、防雷、防尘、防爆知识及紧急情况安全处置和安全疏散知识；防护用品发放标准及防护用具、用品使用的基本知识。

③ 班组安全生产教育，主要内容是必要的安全和环保知识；本班组作业特点及安全操作规程；班组安全活动制度及纪律；爱护和正确使用安全防护装置（设施）及个人劳动防护用品；本岗位易发生事故的不安全因素及其防范对策；本岗位的作业环境及使用的机械设备、工具的安全要求。

2）变换工种安全教育。凡改变工种或调换工作岗位的工人必须进行变换工种安全教育，变换工种的安全教育时间不得少于 4 小时，教育考核合格后方可上岗。教育内容包括新工作岗位或生产班组安全生产概况、工作性质和职责；新工作岗位必要的安全知识、各种机具设备及安全防护设施的性能和作用；新工作岗位、新工种的安全技术操作规程；新工作岗位容易发生的事故及有毒有害的地方；新工作岗位个人防护用品的使用和保管。

3）转场安全教育。新转入施工现场的工人必须进行转场安全教育，教育时间不得少于 8 小时，其内容包括本工程项目安全生产状况及施工条件，施工现场中危险部位的防护措施及典型事故案例，本工程项目的安全管理体系、规定及制度。

4）特种作业安全教育。从事特种作业的人员必须经过专门的安全技术培训，经考试合格取得上岗操作证后方可独立作业。对特种作业人员的培训、取证及复审等工作严格执行国家、地方政府的有关规定。对从事特种作业的人员进行经常性的安全教育，时间为每月一次，每次教育 4 小时，教育内容包括

① 特种作业人员所在岗位的工作特点，可能存在的危险、隐患和安全注意事项。

② 特种作业岗位的安全技术要领及个人防护用品的正确使用方法。

③ 本岗位曾发生的事故案例及经验教训。

5）班前安全活动交底。班前安全活动交底（讲话）作为施工队伍经常性安全教育活动之一，各作业班组长于每班工作开始前（包括夜间工作前）必须对本班组全体人员，进行不少于 15 分钟的班前安全活动交底。班组长要将安全活动交底内容记录在专用的记录本上，各成员要在记录本上签名。班前安全活动交底的内容应包括本班组安全生产须知，本班工作中的危险点和应采取的对策，上一班工作中存在的安全问题和应采取的对策。

6）周一安全活动。周一安全活动是施工项目经常性安全活动之一，在每周一开始工作前应对全体在岗工作人员开展至少 1 小时的安全生产及法制教育活动。工程项目主要负责人要进行安全讲话，主要内容包括上周安全生产形势、存在问题及对策，最新安全生产信息，本周安全生产工作的重点、难点和危险点，本周安全生产工作目标和要求。

2. 安全技术措施管理

建设工程项目在编制施工组织设计或施工方案的同时，必须编制安全技术措施。安全技术措施管理是施工企业安全管理的三大对策之一。

（1）安全技术措施审批管理

1）一般工程安全技术措施（方案）由项目经理部项目工程师审核，项目经理部技术负责人审批，报公司项目管理部、安全管理部备案。

2）重要工程安全技术措施（方案）由项目经理部技术负责人审核，公司项目管理部、安全管理部复核，由公司技术发展部或公司总工程师委托技术人员审批并在公司项目管理部、安全管理部备案。

3）大型、特大工程安全技术措施（方案）由项目经理部技术负责人组织编制，报公司的技术发展部、项目管理部、安全管理部审核。按《条例》规定，深基坑工程、高大模板工程、地下暗挖工程等专项施工方案必须进行专家论证审查，经同意后方可实施。

（2）安全技术措施变更管理

1）施工过程中如发生设计变更，原定的安全技术措施也必须随着变更，否则不准施工。

2）施工过程中确实需要修改拟定的安全技术措施时，必须经编制人同意，重新履行审批手续。

3. 安全技术交底

安全技术交底是指导工人安全施工的技术措施，是工程项目安全技术方案的具体落实。安全技术交底一般由项目经理部技术管理人员根据分部分项工程的具体要求、特点和危险因素编写，是操作者的指令性文件，因此，要求具体、明确、针对性强。安全技术交底实行分级交底制度。

（1）安全技术交底的实施应符合规定

1）单位工程开工前，项目经理部的技术负责人必须将工程概况、施工方法、施工工艺、施工程序、安全技术措施，向承担施工的责任工长、作业队长、班组长和相关人员进行交底。

2）结构复杂的分部分项工程施工前，项目经理部技术负责人应有针对性地进行全面、详细的安全技术交底。

3）项目经理部应保存双方签字确认的安全技术交底记录。

（2）安全技术交底的基本要求

1）项目经理部必须实行逐级安全技术交底制度，纵向延伸到班组全体作业人员。

2）技术交底必须具体、明确、针对性强。

3）技术交底的内容应针对分部分项工程施工中给作业人员带来的潜在隐含危险因素和存在问题。

4）应优先采用新的安全技术措施。

5）应将工程概况、施工方法、施工程序、安全技术措施等向工长、班组长、作业人员进行详细交底。

6）定期向由两个以上作业队伍和多工种进行交叉施工的作业队伍进行书面交底。

7）保持书面安全技术交底等签字记录。

（3）安全技术交底主要内容

1）本工程项目的施工作业特点和危险点。

2）针对危险点的具体预防措施。

3）应注意的安全事项。

4）相应的安全操作规程和标准。

5）发生事故后应及时采取的避难和急救措施。

4. 安全检查

安全检查是指企业内部的安全生产管理部门（机构）或项目经理部对本项目贯彻国家安全生产法律法规的情况、安全生产情况、劳动条件、事故隐患等所进行的检查。安全检查的目的是验证安全生产保证计划的实施效果。

（1）安全检查的基本要求

项目经理应组织项目经理部定期对安全生产保证计划的执行情况进行检查考核和评价。对施工中存在的不安全行为和隐患，项目经理部应分析原因并制定相应整改防范措施。

（2）安全检查的内容

项目经理部应根据施工过程的特点和安全目标的要求，确定安全检查内容，其内容包括安全生产责任制、安全生产保证计划、安全组织机构、安全保证措施、安全技术交底、安全教育、安全持证上岗、安全设施、安全标识、操作行为、违规管理、安全记录等。

（3）安全检查的方法

项目经理部安全检查的方法应采取随机抽样、现场观察、实地检测相结合，并记录检测结果。对现场管理人员的违章指挥和操作人员的违章作业等行为应进行纠正。

项目经理部安全检查应配备必要的设备或器具，确定检查负责人和检查人员，并明确检查内容及要求。安全检查人员应对检查结果进行分析，找出安全隐患部位，确定危险程度。项目经理部应编写安全检查报告。

5. 安全验收

为确保安全方案和安全技术措施的实施和落实，建设工程项目应建立安全生产验收制度。

（1）安全技术方案实施情况的验收

1）工程项目的安全技术方案由项目经理部技术负责人牵头组织验收。

2）交叉作业施工的安全技术措施由区域责任工程师组织验收。

3）分部分项工程安全技术措施由专业责任工程师组织验收。

4）一次验收严重不合格的安全技术措施应重新组织验收。

5）项目专职安全管理员要参与以上验收活动，并提出自己的具体意见或见解，要督促需重新组织验收的项目有关人员尽快整改。

（2）设施与设备验收

一般防护设施和中小型机械设备由项目经理部专业责任工程师会同分包有关责任人共同实行验收；整体防护设施及重点防护设施由项目经理部技术负责人组织区域责任工程师、专业责任工程师及有关人员进行验收；区域内的单位工程防护设施及重点防护设施由区域工程师组织专业责任工程师、分包单位施工技术负责人、工长进行验收；项目经理部安全管理员及相关分包单位安全员参加验收，其验收资料分专业归档；高大模板等防护设施、临时设施、大型设备在项目经理部的自检自验基础上报请公司安全管理部门进行验收。

因设计变更，重新安装、架设的高大的防护设施、大型设备必须重新进行验收。

安全验收必须严格遵照标准、规定，按照施工方案和安全技术措施的设计要求，严格把关，并办理书面签字手续，验收人员对方案、设备、设施的安全保证性能负责。

2.3 工程监理单位的安全监理

2.3.1 安全监理概述

1. 安全监理

1）安全监理是社会化、专业化的工程监理单位受建设单位（或业主）的委托和授权，依据法律、法规、已批准的工程项目建设文件、监理合同及其他建设工程合同对工程建设实施阶段安全生产的监督管理。

安全监理是对工程建设中的人、机、物、环境及施工全过程的安全生产进行监督管理，并采取组织、技术、经济和合同措施，保证建设行为符合国家安全生产、劳动保护法律法规和有关政策，有效地控制建设工程安全风险在允许的范围内，以确保施工安全性。安全监理的特点是属于委托性的安全服务。

2）安全监理是工程建设监理的重要组成部分，也是建设工程安全生产管理的重要保障。安全监理的实施是提高施工现场安全管理水平的有效方法，也是建设工程项目管理体制改革中加强安全管理、控制重大伤亡事故的一种新模式。

2. 建设工程安全与质量、进度、投资的关系

（1）安全与质量的关系

安全是质量的基础。只有在良好的安全措施保证之下，施工人员才能较好地发挥技术水平，保证工程施工的质量。同样，工程施工质量越好，其产生的安全效应就越高。可以说质量是"本"，安全是"标"，两者密不可分。只有标本兼治，才能使工程项目达到设计标准要求。可见，安全与质量是同步的。

（2）安全与进度的关系

安全是进度的前提。建设项目的最大特点是施工工期较长，建设单位总是希望其投入的资金能尽快产生效益，进而对工期提出不合理的要求，导致项目施工经常加班加点，人员和设备的疲劳及施工安全条件无法保证，结果是发生安全事故。工期过短是埋下安全隐患的主要原因之一。国家规范标准中的工期是可以进行适当压缩的，但应提出一个有利于安全的合理工期，即约定工期在施工合同中应明确规定。可见，安全与进度是互促的。

（3）安全与投资的关系

由于个别建设单位的安全资金不到位或随意压低等，承包单位不可能将过多资金投入安全设施中，加上部分分包单位缺乏岗位培训，人员素质较低，安全意识低，一旦出现因安全问题产生的工伤事故，不但会给承包单位带来巨大的经济损失，而且会给建设单位带来经济损失，延误投入资金产生效益。可见，安全与投资是应该兼顾的。

3. 工程监理单位及监理工程师的安全责任

1）《建筑法》及其他法规对监理单位的规定：

《建筑法》提出国家推行建筑工程监理制度，国务院可以规定实行强制监理的建筑工程范围。《建设工程质量管理条例》规定：实行监理的建设工程，建设单位应当委托具有相应资质等级的工程监理单位进行监理，也可委托具有工程监理相应资质等级并与被监理工程的施工承包单位没有隶属关系或者其他利害关系的该工程的设计单位进行监理。下列建设工程必须实行监理：

① 国家重点建设工程。

② 大中型公用事业工程。

③ 成片开发建设的住宅小区工程。

④ 利用外国政府或者国际组织贷款、援助资金建设的工程。

⑤ 国家规定必须实行监理的其他工程。

《建设工程监理规范》规定："在发生下列情况之一时，总监理工程师可签发工程暂停令：……施工出现了安全隐患，总监理工程师认为有必要停工以消除隐患……"

《刑法》规定，建设单位、设计单位、施工单位、工程监理单位违反国家规定，降低工程质量标准，造成重大安全事故的，对直接责任人员，处 5 年以下有期徒刑或者拘役，并处罚金；后果特别严重的，处 5 年以上 10 年以下有期徒刑，并处罚金。

根据上述规定，工程监理单位受建设单位的委托，应根据国家批准的工程项目建设文件，依照法律法规和建设工程监理规范的规定，对工程建设实施的监督管理。工程监理单位受建设单位的委托，作为公正的第三方承担监理责任，不仅要对建设单位负责，也应承担国家法律法规和建设工程监理规范所要求的责任。工程监理单位承担建设工程安全生产责任，有利于控制和减少生产安全事故，是建设工程安全生产管理的重要保障。

2）《条例》明确规定了监理单位的安全责任，工程监理单位应当审查施工组织设计中的安全技术措施或者专项施工方案是否符合工程建设强制性标准。

工程监理单位在实施监理过程中，发现存在安全事故隐患的，应当要求施工单位整改；情况严重的，应当要求施工单位暂时停止施工并及时报告建设单位；施工单位拒不整改或者不停止施工的，工程监理单位应当及时向有关主管部门报告。

工程监理单位和监理工程师应当按照法律、法规和工程建设强制性标准实施，并对建设工程安全生产承担监理责任。

监理单位应按《条例》有关条款规定建立以下五项安全生产管理制度：

① 安全技术措施审查制度。

② 专项施工方案审查制度。

③ 安全隐患处理制度。

④ 严重安全隐患报告制度。

⑤ 执行的法律法规与标准监理制度。

4. 工程监理单位及监理工程师的法律责任

（1）违法行为

1）工程监理单位未对施工组织设计中的安全技术措施或者专项施工方案进行审查就构成违法行为。

2）工程监理单位发现事故隐患未及时要求施工单位整改或暂时停止施工就构成一种不作为的违法行为。

3）施工单位拒不整改或者不停止施工的，工程监理单位未及时向有关主管部门报告就构成违法行为。工程监理单位监督施工单位安全施工是在履行一种社会监督义务，即使施工单位拒不整改或者不停止施工，工程监理单位也需要继续履行这一义务，即向有关主管部门报告。同时，工程监理单位对报告提出不及时也是违法行为。

4）工程监理单位未依照法律法规和工程建设强制性标准实施监理就构成违法行为。工程监理单位在建设工程安全生产中的监理责任，是由相关的法律法规和强制性标准规定的，如果工程监理单位没有按照法律法规和强制性标准进行监理，就是没有尽到监理责任，即构成违法行为。

（2）法律责任

1）行政责任。对于监理单位的上述违法行为，责令限期改正；逾期未改正的，责令停止整顿，并处10万元以上30万元以下的罚款；情节严重的，降低资质等级，直至吊销资质证书。

2）刑事责任。《刑法》规定建设单位、设计单位、施工单位、工程监理单位违反国家规定，降低工程质量标准，造成重大安全事故的，对直接责任人员，处5年以下有期徒刑或者拘役，并处罚金；后果特别严重的，处5年以上10年以下有期徒刑，并处罚金。这里的刑事责任针对的是监理单位的直接责任人员，承担刑事责任的前提是造成重大的安全事故。

3）民事责任。工程监理单位的违法行为也是违约行为，如果给建设单位造成损失，监理单位应当对建设单位承担赔偿责任。承担民事责任的前提是必须有建设单位的损失，而不是工程监理单位的违法行为，只有当这种违法行为造成了建设单位的损失时，工程监理单位才承担民事责任。

2.3.2 安全监理的任务和依据

1. 安全监理的任务

建设工程监理工作是受建设单位（或业主）的委托或授权，按照合同规定的要求，完成委托或授权范围内的工作，同样建设工程安全监理也是受委托完成任务。只要建设单位委托了施工安全管理工作，监理单位就要认真地研究合同所包括的范围，并依据相关的建设工程施工安全生产的法律法规和标准规范进行监督管理。

安全生产涉及施工现场所有的人、机、物和环境等。凡是与生产有关的人、单位、机械、设备、设施、工具等都与安全生产有关，安全工作贯穿了施工生产的全过程。

安全监理的主要任务是贯彻落实国家、地方安全生产法律法规方针政策和建设工程安全生产管理法规、规章、标准，督促施工单位按照建设工程安全生产管理法规和标准组织施工，落实各项安全技术措施，消除施工中的冒险性、盲目性和随意性，有效杜绝各类安全隐患，杜绝、控制和减少各类伤亡事故，实现安全生产。

安全监理的具体工作主要包括：

1）贯彻执行"安全第一，预防为主，综合治理"的方针及国家、地方安全生产劳动保护、消防等的法律法规和建设行政主管部门安全生产的规章和标准。

2）督促施工单位落实安全生产组织保证体系，建立健全安全生产管理体系和安全生产责任制。

3）督促施工单位对工人进行安全生产教育及分部分项工程的安全技术交底。

4）审查施工组织设计的安全技术措施、专项施工方案。

5）检查并督促施工单位落实分部分项工程或各工序，及关键部位的安全防护措施。

6）监督检查施工现场的消防安全工作。

7）监督检查施工现场文明施工。

8）组织安全综合检查、评价，提出处理意见并限期整改。

9）发现违章冒险作业的，责令其停止作业；发现严重安全事故隐患的，责令其停工整改。

10）施工单位拒不整改或不停止施工，应及时上报有关管理部门。

2. 安全监理的依据与范围

（1）安全监理的依据

1）安全监理委托合同。

2）《建筑法》。

3）《建设工程安全生产管理条例》。

4）国家安全生产法律法规和政策。

5）劳动保护、环境保护、消防等的法律法规与标准。

6）建设行业安全生产规章、规范性文件、安全技术规范等。

7）设计的施工说明书。

8）经过审核、审批的施工组织设计、专项施工方案的安全技术措施。

9）《建筑施工安全检查标准》及其他建筑施工安全技术规范和标准等。

（2）安全监理的范围

《建筑法》规定必须由国家强制安全监理的建设工程。

2）地方政府规定必须实行安全监理的建设工程。

3）建设单位委托安全监理的建设工程。

2.3.3 安全监理的程序

1. 招标阶段的安全监理

招标阶段的安全监理包括以下两项内容：

1）审查施工单位的资质和安全生产许可证。

2）协助建设单位拟定安全生产责任书。

2. 施工阶段的安全监理

（1）施工准备阶段的安全监理

1）监理单位的工作准备。

2）审查专业分包和劳务分包单位资质。

3）审查电工、焊工、架子工、起重机械工、塔式起重机司机及指挥人员、爆破工等特种作业人员资格，督促施工企业雇佣具备安全生产基础知识的一线操作人员。

4）督促施工总承包单位建立健全施工现场安全生产管理体系。

5）督促施工总承包单位检查各分包单位的安全生产制度。

6）审查施工单位安全生产责任制度。

7）审查施工承包单位编制的施工组织设计、专项施工方案中安全技术措施、高危作业安全施工及应急救援预案。

8）督促施工总承包单位做好逐级安全技术交底工作。

9）审查施工单位开工时所必需的施工机械、材料和主要人员是否到达现场，施工现场的安全设施是否已经到位。

10）审查承包单位自检系统。

11）对承包单位的安全设施和设备在进入现场前的检验。

12）审批承包单位的工程进度计划。

13）签发开工通知书等。

（2）施工过程的安全监理

1）监督施工单位按照工程建设强制性标准和专项施工方案组织施工，制止违规施工作业。

2）对施工过程中的高危作业等进行巡视检查，每天不少于一次；发现严重违规施工和存在安全事故隐患的，应当要求施工单位整改，并检查整改结果，签署复查意见；情况严重的，由总监下达工程暂停施工令并报告建设单位；施工单位拒不整改或不停止施工的，应及时向建设行政主管部门报告。

3）督促施工单位进行安全自查工作。

4）参加施工现场的安全生产检查。

5）复核施工单位施工机械、安全设施的验收手续，并签署意见。

6）应对高危作业的关键工序实施现场跟班监督检查；未经安全监理人员签署认可的不得投入使用。

7）督促施工单位对工人进行安全生产教育及分部分项工程的安全技术交底。

8）监督检查施工现场的消防安全工作。

9）发现冒险作业的责令其停止作业，情况严重的，责令其停工整改。

10）监督施工单位使用合格的安全防护用品等。

（3）竣工验收阶段的安全监理

本阶段主要是在工程竣工或分项竣工签发交接书后，对未完成的工程和工程缺陷的修补、修复及重建过程进行安全监督管理。

2.3.4　安全监理的主要内容

1. 招标阶段的安全监理的主要内容

工程监理单位受建设单位委托实施安全监理，应协助建设单位做好以下工作。

（1）审查施工单位的资质和安全生产许可证

1）建筑业企业资质证书。

2）安全生产管理机构的设置及专职安全管理人员的配备等。

3）安全生产责任制及管理体系。

4）安全生产规章制度。

5）各工种的安全生产操作规程。

6）特种作业人员的上岗证。

7）主要的施工机械、设备等的技术性能及安全条件。

8）建设管理部门对建筑业企业的安全业绩考评情况。

（2）协助拟定安全生产协议书

安全生产协议书有两种类型，一是建设单位和施工单位的安全生产协议，二是总承包单位和分包单位的安全生产协议。

1）建设单位和施工单位的安全生产协议。在招标阶段就要明确双方在施工过程中各自的安全生产责任。《条例》规定建设单位有义务为施工单位施工过程中所需要的安全措施及管理提供足够的资金，为施工单位提供有关建设资料，不得明示或者暗示施工单位购买、租赁、使用不符合安全施工要求的安全防护用具、机械设备、施工机具及配件、消防设施和器材。

施工单位的安全生产责任包括以下内容：

① 建立和落实安全生产责任制及各项安全管理制度（考核任职制、特种人员持证上岗制、安全生产费用保障制、安全技术措施制、安全生产管理机构和专职安全管理人员制等），做到预防为主，杜绝和减少伤亡事故。

② 结合工程项目特点，编制安全技术措施，遇有危险性较大的分部分项工程，如基坑支护工程、土方开挖工程、模板工程、起重吊装工程、脚手架工程等，应编制专项施工方

案，并附安全验算结果，对深基坑开挖、地下暗挖工程、高大模板工程施工单位还应组织专家进行论证审查。

③ 有责任对职工进行入场前及施工中的安全教育，并进行分部分项工程的安全技术交底。

④ 施工中必须使用合格的且具有各类安全保险装置的机械、设备和设施等。

⑤ 严格执行建设工程安全技术规范和标准，实行科学管理和标准化管理，提高安全防护水平，消除安全隐患。

⑥ 做好施工现场安全警示标志的使用及作业和生活环境的管理。

⑦ 对于发生的伤亡事故要及时报告，按"四不放过"原则认真查处。

2）总承包单位和分包单位的安全生产协议。总承包单位要统一管理分包单位的安全生产工作，对分包单位的安全生产工作进行监督检查，为分包单位提供符合安全和环境卫生要求的机械、设备和设施，制止违章指挥和违章作业。分包单位要服从总承包单位的领导和管理，遵守总承包单位的规章制度和安全操作规程。

分包单位的负责人要对本单位职工的安全、健康负责。

2. 施工阶段的安全监理主要内容

（1）施工准备阶段的安全监理主要内容

1）安全监理的工作准备。

① 熟悉安全监理合同文件与施工合同。总监理工程师或安全监理工程师应组织安全监理人员在安全监理工作实施之前对安全监理合同文件和施工合同文件进行全面熟悉，充分发挥合同管理作用，有效地进行工程项目的安全监理，合理地、公正地解决合同中发生的纠纷，发挥安全监理的重要作用。

② 设计图的检查、复核、补充。建设工程项目设计缺陷往往会引发施工中的安全事故，因此，在施工前的准备阶段，安全监理工程师应进行设计图的检查、复核、补充。安全监理工程师应尽可能先到现场调查，预防、减少安全事故或损害的发生与扩大。

③ 调查现场用地环境。安全监理工程师在工程建设施工前应全面掌握施工现场用地及周边情况，并根据计划内开工顺序及时要求建设单位给予提供相关信息。针对地下管线、高压输电设备、交通等环境安全方面需要特殊处理的问题，安全监理工程师应及时按照建设单位所能提供的现场用地及通道情况征询承包单位意见，预先采取必要的安全措施，并调整施工单位开工的安排布局。

④ 制定安全监理工作程序。安全监理工程师在对工程施工安全进行控制时，要严格按照工程施工工艺流程制定一套相应的科学的安全监理工作程序，对不同结构的施工工序制定出相应的检测、验收方法。在监理过程中，安全监理人员对监理项目应进行详尽的记录和填表。

⑤ 调查可能导致意外伤害事故的其他原因。在施工开始之前了解现场的环境、人为障碍等不利因素，掌握有关资料，及早提出防范措施。不利因素包括设计图未表示出的地下结构，如暗管电缆及其他构筑物，建设单位需解决的用地范围内地表以上的电线、电杆、房屋

及其他影响安全施工的构筑物。掌握了不利因素后，安全监理工程师就可以详细制定合理的安全监理方案和安全监理实施细则。

⑥ 掌握新技术、新材料的工艺和标准。施工中采用的新技术、新材料，应有相应的技术标准和使用规范。安全监理工程师根据工作需要，对新材料、新技术的应用进行必要的调查，以便及时发现施工中存在的事故隐患，并发出正确的指令。

2）审查承包单位自检系统。安全监理是对施工全过程进行安全监督和管理，但不可能对每一分部或分项工程进行全面的监控，只是在有怀疑和认为需要时进行部分抽检。因此工程开工前应尽早督促施工单位开展安全教育，建立施工单位的安全自检系统，要求施工的每一道工序都必须由施工单位按安全监理工程师规定的程序提供自检报告和报表。

安全监理人员必须在工程施工过程中随时对施工单位自检人员的工作进行抽检，掌握安全情况，检查自检人员的工作质量。

3）对施工单位的安全设施和设备在进入现场前进行检验。在安全设施未到达前，安全监理工程师应详细了解施工单位的安全设施供应情况，避免不符合要求的安全设施进入施工现场，造成工伤事故。在安全设施未进入工地前，安全监理工程师可按下列步骤进行监督：

① 审查施工单位应提供的当地或外购安全设施的产品合格证或生产（制造）许可证。

② 根据需要对这些厂家的生产工艺设备等进行调查了解。

③ 必要时可要求施工单位对安全设施取样试验，提供安全设施的有关设计图与设计计算书等资料，提供成品的技术性能等技术参数，以便审查后确定该安全设施是否采用。

4）审查安全技术措施。安全监理工程师应审查施工单位编制的施工组织设计的安全技术措施、专项施工方案，施工单位应按经审查的安全技术措施组织实施。当需修改安全技术措施计划时，施工单位应修改后再报安全监理工程师审查，经审查同意后，才能实施。

5）审批施工单位的工程进度计划。为防止工程进度失控、加班加点和超负荷运转而引发人身伤害事故，施工单位应在合同条文规定的时间内向总监理工程师提交一份符合总监理工程师规定的工程进度计划，以取得总监理工程师同意。当总监理工程师提出要求时，施工单位还应提交一份有关施工单位为完成工程而采用的施工安排和施工方法的总说明，以备查阅。

总监理工程师或安全监理工程师审批施工单位工程进度计划应调查分析施工单位实现总进度计划的能力和不利因素对实现工程进度计划的影响。不利因素包括建设单位提供现场的时间、施工现场的其他施工单位的能力等。经过评价后，如总监理工程师确认施工单位为完成工程而提供的工程进度计划合理且切实可行，则应在规定的时间内同意其进度计划。如果施工单位的工程进度计划无法实现或可能性很小，总监理工程师应要求施工单位重新修改并拟订一份工程进度计划并取得总监理工程师的同意。

6）召开第一次工地会议。开工前应及时召开第一次工地会议，为安全监理工程师和施工单位人员建立良好的合作关系，使施工单位了解安全监理工程师监督和管理方面的程序和内容，同时了解在施工过程中安全监理工程师履行的职责、权限范围等。

7）签发开工通知书。开工通知书是指施工现场开工所需的各方面的准备工作已完成，符合开工条件，安全措施到位，由总监理工程师发出允许施工单位开始施工的通知。施工单位接到总监理工程师的开工通知书后，应在施工合同规定的开工期限内开工，然后迅速组织施工，直至按约定的工期完成工程。

（2）施工过程的安全监理主要内容

1）监督施工单位按施工组织设计或专项施工方案组织施工，并制止违规施工作业。施工单位应按监理单位已审查的有安全技术措施予以保证的施工组织设计或专项施工方案组织施工。在施工过程中，安全监理工程师应监督施工单位的执行情况，并对违规作业应及时制止。对需要修改的安全技术措施计划，施工单位修改后再报工程监理单位审定后，方能组织施工。

2）监督施工单位按工程建设强制性标准组织施工。工程建设强制性标准是参与工程各方主体必须遵守和执行的，监理工程师无权让施工单位按低于工程建设强制性标准进行施工。工程监理单位的安全责任规定了监理工程师必须履行安全管理职责，即监督施工单位按工程建设强制性标准组织施工。

3）加强现场巡视检查，发现安全事故隐患，及时进行处理。加强现场巡视检查，对施工安全生产情况进行安全检查，验证施工人员是否按安全技术防范措施和规程规定进行操作。现场巡视检查，每天不少于一次，每道工序检查后，做好记录并予确认。

安全监理人员发现严重违规施工或者安全事故隐患的，应当责令施工单位整改，下达整改通知书，应及时向建设单位报告。

4）发现严重冒险作业和存在严重安全事故隐患的，应责令其暂时停工进行整改。对施工人员严重冒险作业或存在严重安全事故隐患的，安全监理人员应立即责令暂行停工并进行整改，报总监理工程师并由总监理工程师下达工程暂停令，并报建设单位。施工单位拒不整改或不停止施工的，监理单位还应及时向建设行政主管部门报告。

5）对高危作业或涉及施工安全的重要部位、环节的关键工序进行现场跟班监督检查。高危作业或涉及施工安全的重要部位、环节是安全事故发生的高发带，监理人员应进行现场跟班监督检查。施工前，安全监理人员应督促施工单位做好安全技术交底，在施工过程中，安全监理人员应做好监控，发现违规行为立即制止。

6）复核施工单位安全防护用具、施工机械、安全设施的验收手续，并签署意见。施工过程中的安全防护用具、施工机械、施工机具、安全设施等的质量直接关系到施工安全，历史上发生的建设工程施工安全事故暴露出了劣质产品的极大危害，同时，目前市场上大量存在的劣质产品给建设工程施工生产带来潜在安全隐患。

监理工程师应对施工单位的安全防护用具、施工机械、施工机具、安全设施等的生产（制造）许可证、产品合格证的查验情况进行复核，并签署意见。

凡未经安全监理工程师签署认可的，施工单位不得投入使用。

7）监督检查施工现场的消防安全工作。安全监理工程师应监督检查施工单位施工现场的消防安全责任制度、消防安全责任人、消防安全管理制度和操作规程、消防通道、消防水源、消防设施和灭火器材等及消防安全教育工作等。

8）组织与参与施工现场的安全检查工作。安全监理工程师应定期组织施工单位进行现场安全检查，对存在安全隐患的，责令其整改或消除。此外，安全监理工程师可参与施工单位组织的安全检查，对存在安全隐患的，应责令施工单位整改消除。

9）督促施工单位进行分部分项工程安全技术交底和安全验收。做好安全技术交底和安全验收，是保证施工安全的重要措施之一，施工单位和作业人员应严格执行。安全监理工程师应督促施工单位做好安全技术交底和安全验收工作，杜绝或减少一般安全事故的发生。

10）定期召开工地例会。总监理工程师定期主持召开工地例会，安全监理工程师应参加并分析工程项目施工安全状况，针对存在的安全问题提出改进措施。

11）组织安全专题会议。针对施工过程中存在的重大问题，总监理工程师或安全监理工程师应及时组织安全专题会议，并对存在的施工安全问题及时予以解决。

3. 监理单位对现场项目监理机构工作检查内容

（1）安全监理责任

安全监理责任包括项目监理机构安全监理责任履行，工程项目安全监理方案和实施细则，项目监理机构安全责任制，实施合同中安全、文明施工条款。

（2）人员配置与资质

检查项目监理机构在施工现场配备的安全监理工程师人数是否符合规定。安全监理工程师是否按规定接受专业培训并取得上岗资格，持证上岗。

（3）学习记录

总监理工程师应有安全监理培训记录，项目监理机构应有各类安全专题会议记录、安全学习记录和考勤记录。

（4）月报日记

项目监理机构应有单独的安全监理月报，安全监理工程师应有完善的安全监理日记。

（5）方案审核验收复核

各类安全专项方案有审核意见、手续齐全，各类安全设施验收复核资料齐全。

（6）安全检查

项目监理机构应按规定开展定期安全检查活动，安全监理人员应有巡查记录，对安全事故隐患和文明施工存在的问题有整改、停工消除措施。

（7）旁站计划记录

项目监理机构应有现场危险源监控计划，对危险源有旁站措施和记录及意见。

（8）隐患处理和反馈

对上级主管部门来工地检查项目监理机构应有记录，对上级主管部门来工地检查出的隐患项目监理机构应组织监督施工单位按期整改消除，并及时反馈。

（9）按"四不放过"原则处理事故

对施工现场所发生的安全事故应做到按"四不放过"原则处理并应有档案记录。

（10）对施工过程安全控制的情况

检查现场项目监理机构对现场施工是否按事前、事中、事后进行全过程安全控制，是否

建筑安全技术与管理 第2版

有安全控制工作记录。

2.3.5 实施建设工程安全监理的有关问题

1. 安全监理业务委托

监理单位取得安全监理业务的方式，主要包括国家规定必须实行安全监理的建设工程，地方政府规定实施安全监理的建设工程，建设单位直接委托的建设工程。

2. 安全监理取费

国家还没有出台安全监理的取费标准的正式规定。我国各地经济发展水平不同，可结合本地区实际，制定本地区安全监理取费的地方标准或团体标准。

3. 监理工程师安全监督职责

监理单位有权对施工单位加强安全监理，还应对建设、勘察、设计、拆装单位等工程参与各方履行其安全责任的行为进行监督，对违反有关条文规定或拒不履行其相应职责而可能严重影响施工安全的行为，应通报政府有关管理部门，以确保工程施工安全。

2.4 建设单位及其他有关单位对建设施工的安全管理

2.4.1 建设单位的施工安全管理

1. 建设单位施工安全管理的重要性

建设单位是建设市场的重要责任主体。建设单位按照法律法规规定，拥有确定建设工程项目的规模、功能、外观、材料设备，选择勘察、设计、施工、工程监理单位等权利，在工程建设各个环节负责综合管理工作，居于主导地位，是工程建设过程和建设效果的负责方。因此，建设单位的行为在整个建设工程活动中是否规范是影响建设工程安全生产的重要因素。

2. 建设单位的安全责任

《条例》规定建设单位安全责任的具体内容如下：

1）建设单位应当向施工单位提供施工现场及毗邻区域内供水、排水、供电、供气、供热、通信、广播电视等地下管线资料，气象和水文观测资料，相邻建筑物和构筑物、地下工程的有关资料，并保证资料的真实、准确、完整。

2）建设单位不得对勘察、设计、施工、工程监理等单位提出不符合建设工程安全生产法律、法规和强制性标准规定的要求，不得随意压缩合同约定的工期。

3）建设单位在编制工程概算时，应当确定建设工程安全作业环境及安全施工措施所需费用。

4）建设单位不得明示或者暗示施工单位购买、租赁、使用不符合安全施工要求的安全防护用具、机械设备、施工机具及配件、消防设施和器材。

5）建设单位在申请领取施工许可证时，应当提供建设工程有关安全施工措施的资料。

44

依法批准开工报告的建设工程，建设单位应当自开工报告批准之日起 15 日内，将保证安全施工的措施报送建设工程所在地的县级以上地方人民政府建设行政主管部门或者其他有关部门备案。

6）建设单位应当将拆除工程发包给具有相应资质等级的施工单位。建设单位应当在拆除工程施工 15 日前，将下列资料报送建设工程所在地的县级以上地方人民政府建设行政主管部门或者其他有关部门备案：

① 施工单位资质等级证明。

② 拟拆除建筑物、构筑物及可能危及毗邻建筑的说明。

③ 拆除施工组织方案。

④ 堆放、清除废弃物的措施。

实施爆破作业的，应当遵守国家有关民用爆炸物品管理的规定。

3. 建设单位施工安全管理制度

1）建立健全安全生产规章制度。建设单位应建立健全安全生产的各项规章制度，建立安全生产管理机构，配备专职安全生产管理人员，对重点或关键岗位要落实安全责任负责人。要对安全生产规章制度执行情况进行定期检查，发现问题及时纠正，把安全生产责任制落到实处。

2）应提供有关资料并保证资料的真实、准确和完整。建设单位应提供施工现场及毗邻区域的有关资料，特别是毗邻区域的有关资料，包括相邻地下管线、相邻建（构）筑物、市政工程和地下工程等。这是因为实际施工中有可能涉及周边一些地区，而相邻地下管线等是相互连接、不可分割的，而这些相邻地下管线、相邻建（构）筑物、市政工程等经常由施工造成损坏。建设单位还应提供气象和水文观测资料，这是因为建设工程施工周期一般较长，露天作业时间多，受气候条件和水文条件的影响大。同时，在不同气候条件和水文条件下，对施工安全需要采取的措施、所涉及的安全生产费用也不同。

3）必须严格遵守和执行法律法规和强制性标准。法律法规是包括所有对建设工程安全生产做出规定的法律、行政法规、地方性法规。强制性标准是指保障人体健康，人身、财产安全的标准和法律、行政法规规定强制执行的标准。工程建设参与各方都必须严格遵守和执行法律法规和强制性标准。

4）执行合同中约定的工期，不得随意压缩工期。

① 约定的工期是建设单位与施工单位在合理工期的基础上，经过双方讨论约定的工期。合理工期是以工期定额为基础，结合工程的具体情况，考虑到季节、不同地区、施工对象、施工方法等因素来确定的，是能使建设单位、施工单位都能获得满意的经济效益的工期。

② 建设工程项目的最大特点是施工工期较长，建设单位总是希望其投入资金能尽快产生效益，对工期提出不合理的要求。为缩短工期而长时间加班加点，往往使人员和设备疲劳且施工安全条件无法保证，埋下安全隐患。

5）提供建设工程安全生产费用。建设单位在编制工程概算时，应当确定建设工程安全作业环境及安全施工措施所需费用。建设单位应督促施工单位正确使用安全生产费用，以确保施工安全。

6）不得明示或者暗示施工单位购买、租赁、使用不符合安全施工要求的产品。建设单位不得明示或者暗示施工单位购买、租赁、使用不符合安全施工要求的安全防护用具、机械设备、施工机具及配件、消防设施和器材。建设单位提供安全防护用具、机械设备、施工机具及配件、消防设施和器材，应当在《建设工程施工合同》中明确规定。

7）办理施工许可证或开工报告时必须报送安全施工措施。《建筑法》对申请领取施工许可证的条件做了明确规定，即有保证工程质量和安全的具体措施。同时，《建筑法》规定了实行开工报告审批制度的工程，不再领取施工许可证，但为了加强建设工程安全生产的监督管理，建设单位应将保证安全施工的措施报送政府有关行政主管部门备案。《条例》进一步明确规定了备案的具体要求：自开工报告批准之日起15日内，将保证安全施工的具体措施报建设行政主管部门或者其他有关部门。

8）加强拆除工程的管理。建设单位必须选择有相应资质等级的建筑业企业承担拆除工程。《建筑法》对此有明确规定，房屋拆除应当由具备保证安全条件的施工单位承担，由建筑施工单位负责人对安全生产负责。《建筑业企业资质管理规定》将爆破与拆除工程列为专业承包工程资质序列，并对取得该资质的具体条件、承包工程范围进行了严格的规定。建设单位应当在开始施工15日前，将拆除工程的有关资料，包括安全施工措施等，报送建设行政主管部门备案。

9）建设单位应建立和落实七项安全管理制度：

① 执行法律法规与标准制度。
② 履行合同约定工期制度。
③ 提供安全生产费用制度。
④ 保证安全施工措施的施工许可证制度。
⑤ 保证安全施工措施的开工报告备案制度。
⑥ 拆除工程发包制度。
⑦ 保证安全施工措施的拆除工程备案制度。

4. 建设单位施工安全管理模式

（1）委托工程监理单位

建设单位可将建设工程施工安全管理委托给监理单位，由监理单位进行监督管理，提供社会化、专门化的安全监理服务。

（2）聘请安全中介机构

建设单位可聘请安全中介机构对建设工程施工提供安全管理和安全技术咨询服务。

2.4.2 勘察设计单位的施工安全管理

1. 勘察设计单位施工安全管理的重要性

工程勘察是工程施工建设的第一步，是保证建设工程施工安全的重要因素和前提条件。勘察的成果即勘察文件，是建设工程项目选址、规划、设计的重要依据。勘察文件的准确性、科学性决定了建设工程项目的选址、规划和设计的正确性。

工程设计对建设工程施工安全起重要作用，在生产安全事故发生的原因中，涉及设计单位责任的，主要是没有按照工程建设强制性标准进行设计。设计单位在设计过程中必须考虑生产安全，强制性标准是设计工作的技术依据，应严格执行。《建筑法》规定建筑工程设计应当符合按照国家规定制定的建筑安全规程和技术规范，保证工程的安全性能，设计单位应当考虑施工安全操作和防护需要，对涉及施工安全的重点部位和环节在设计文件中注明，并对防范生产安全事故提出指导意见，特别是采用新结构、新材料、新工艺的建设工程和特殊结构的建设工程，设计单位应当在设计中提出保障施工作业人员安全和预防生产安全事故的措施建议。

2. 勘察设计单位的安全责任

《条例》明确规定了勘察单位应当按照法律法规和工程建设强制性标准进行勘察，提供的勘察文件应当真实、准确，满足建设工程安全生产的需要。在勘察作业时，应当严格执行操作规程，采取措施保证各类管线、设施和周边建筑物、构筑物的安全。

《条例》进一步明确规定了设计单位应当按照法律法规和工程建设强制性标准进行设计，应当考虑施工安全操作和防护的需要，对涉及施工安全的重点部位和环节在设计文件中注明，并对防范生产安全事故提出指导意见。设计单位应当对采用新结构、新材料、新工艺的建设工程和特殊结构的建设工程，在设计中提出保障施工作业人员安全和预防生产安全事故的措施建议。

3. 勘察设计单位的施工安全管理制度

（1）建立健全安全生产规章制度

勘察、设计单位应建立健全本单位安全生产的各项规章制度和技术标准，特别是勘察单位要建立健全危险性较大的施工工艺、工序的安全生产规章制度。各单位要健全安全生产管理机构，配备专职安全生产管理人员，对重点或关键岗位要落实安全责任负责人，要对安全生产规章制度和技术标准执行情况进行定期检查，发现问题及时纠正，把安全生产责任制落到实处。

勘察单位要加大安全生产和安全生产科技进步的投入，结合安全生产工艺和技术装备，及时更新陈旧破损的设备和防护设施，及时淘汰落后的生产工艺和设备。

（2）勘察单位的施工安全管理制度

勘察单位应当建立两项安全管理制度：一是勘察作业满足安全生产需要的制度，即按照法律法规和工程建设强制性标准进行勘察，提供的勘察文件应当真实、准确，满足建设工程安全生产的需要；二是勘察作业应保证管线设施等安全的制度，即在勘察作业时，应当严格执行操作规程，采取措施保证各类管线、设施和周边建筑物、构筑物的安全。

（3）设计单位的施工安全管理制度

设计单位应当建立两项安全管理制度：一是执行法律法规与标准设计的制度，即按照法律法规和工程建设强制性标准进行设计；二是新结构、新材料等安全措施建议的制度，即采用新结构、新材料、新工艺和特殊结构的建设工程，应当在设计中提出保障施工作业人员安全和预防生产安全事故的措施建议。设计单位应当考虑施工安全操作和防护的需要，对涉及施工安全的重点部位和环节在设计文件中注明，并对防范生产安全事故提出指导意见。勘察设计单位应参照有关规定建立安全管理制度。

2.4.3 其他有关单位的施工安全管理

1. 其他有关单位的安全责任

（1）提供机械设备和配件的单位的安全责任

为建设工程提供机械设备和配件的单位，应当按照安全施工的要求配备齐全有效的保险、限位等安全设施和装置。

（2）出租单位的安全责任

出租机械设备和施工机具及配件的单位，应当具有生产（制造）许可证、产品合格证。出租单位应当对出租的机械设备和施工机具及配件的安全性能进行检测，在签订租赁协议时，应当出具检测合格证明。

禁止出租检测不合格的机械设备和施工机具及配件。

（3）拆装单位的安全责任

在施工现场安装、拆卸施工起重机械和整体提升脚手架、模板等自升式架设设施，必须由具有相应资质等级的单位承担。安装、拆卸前，拆装单位应当编制拆装方案、制定安全施工措施，并由专业技术人员现场监督。安装完毕后，安装单位应当自检，出具自检合格证明，并向施工单位进行安全使用说明，办理验收手续并签字。

（4）检验检测单位的安全责任

检验检测机构对检测合格的施工起重机械和整体提升脚手架、模板等自升式架设设施，应当出具安全合格证明文件，并对检测结果负责。

2. 其他有关单位施工安全管理制度

（1）建立完善规章制度

其他有关单位应建立完善本单位安全生产的各项规章制度和技术标准，特别要建立健全危险性较大的施工工艺、工序的安全生产规章制度。各单位要健全安全生产管理机构，配备专职安全生产管理人员，对重点或关键岗位要落实安全责任负责人。各单位要对安全生产规章制度和技术标准执行情况进行定期检查，发现问题及时纠正，把安全生产责任制落到实处。

有关单位要加大安全生产投入，确保安全生产经费专款专用，及时更新陈旧破损的设备和防护设施；要加大安全生产科技进步的投入，结合安全生产工艺和技术装备，及时淘汰落后的生产工艺和设备。

（2）供应单位施工安全管理制度

供应单位应当具有与其生产的产品相适应的生产技术条件、技术力量和产品检测手段，健全安全检查制度。

供应单位应建立安全设施和装置齐全有效制度，即应当按照安全施工的要求配备齐全有效的保险、限位等安全设施和装置。

（3）出租单位施工安全管理制度

出租单位应建立安全性能检测制度，即应当对出租的机械设备和施工机具及配件的安全性能进行检测，以保证出租的产品是合格的，其安全性能是符合规定的。在签订租赁协议时，应当出具检测合格证明。出租单位必须具有生产（制造）许可证、产品合格证。

（4）拆装单位施工安全管理制度

拆装单位必须具备相应的资质。拆装单位应建立四项安全管理制度：

1）安全技术措施制度，即应当编制拆装方案，制定安全施工措施。

2）现场监督制度，即由专业技术人员现场监督。

3）自检制度，即安装完毕后，安装单位应当自检，出具自检合格证明。

4）验收移交制度，即向施工单位进行安全使用说明，办理验收手续并签字。

拆装单位必须对使用达到国家规定的检验检测期限的施工起重机械和整体提升脚手架、模板等自升式架设设施进行检测，必须由具有专业资质的检验检测机构进行检测，经检测不合格的，不得继续使用。

（5）检测单位安全管理制度

检验检测机构在检测过程中，不得将所承担的检测工作转包给其他检验检测机构，应当指派持有检验检测资格证的人员从事相应的检验检测工作。检验检测机构应当建立健全现场检测安全制度，落实安全责任，加强检验检测人员安全教育，督促检验检测人员遵章守纪，严格按照操作规程实施检验检测，保证检验检测人员自身安全与健康。

检验检测机构应建立检测结果负责制度。

2.5 | 建设行政主管部门的安全生产监督管理

2.5.1　加强建设工程安全生产基础工作

1. 落实建设活动各方主体的安全责任

贯彻《建筑法》《安全生产法》《建设工程安全生产管理条例》和《安全生产许可证条例》，落实和强化建设活动各方主体的安全责任。

2. 督促企业安全生产责任制度

督促建设、勘察、设计、施工、工程监理等单位结合《条例》，贯彻、修改完善企业安全生产的各项规章制度和企业技术标准，特别要建立健全危险性较大的施工工艺、工序的安全生产规章制度。各单位应健全安全生产管理机构，配备专职安全生产管理人员，对重点或关键岗位要落实安全责任负责人。

3. 监督企业安全生产投入

建设单位应认真落实并提供在工程概算已确定的安全作业环境和安全施工措施费用，施工单位应将安全作业环境及安全施工措施所需费用用于施工安全防护用具及设施的采购和更新、安全施工措施的落实、安全生产条件的改善，根据建筑行业特点和不同地区经济发展水平，组织研究并确定安全费用的提取标准，逐步建立建筑业企业提取安全费用制度，形成企业安全生产投入长效机制。

4. 开展安全生产专项整治

开展建设工程安全生产专项整治要突出重点，制定有效整治方案。在专项整治中，要坚决取缔不具备安全生产条件的企业。同时，要把安全生产专项整治与完善建设工程安全技术方案的论证、审批、验收、检查制度，建立健全危及安全生产的工艺设备的限制、淘汰和禁止使用制度，依法落实企业安全生产的保障制度，加强日常监督管理以及建立安全生产长效机制相结合。

5. 做好安全生产教育培训

做好安全生产教育培训工作，需要完善安全生产教育培训基础建设，建立完善各层次人员的考试培训工作。施工企业要对管理人员和作业人员每年至少进行一次安全生产教育培训；加强进入新的施工现场和岗位及使用新技术、新工艺、新设备、新材料的作业人员的安全教育；强化对施工现场一线操作人员尤其是新工人的安全培训教育。大力发展劳务企业，加强成建制培训，探索劳务输出地和输入地新工人的培训方式，提高新工人安全操作基本技能及安全防护救护的意识和知识水平。

6. 推行施工现场安全生产管理体系

建立和推行施工现场安全生产管理体系是施工企业建立安全生产管理体系的重要内容，是引导和督促企业安全生产实现规范化、科学化、标准化管理的有效途径，是实现施工企业安全生产的治本措施。

7. 加强安全生产科研和技术开发

加强建设系统安全生产科研和技术开发，需要制订和完善建设系统安全生产科技中长期规划，组织高等院校、科研机构、生产企业、社会团体等安全生产科研资源，推动安全生产重大科技和管理课题的科研工作；注重政府引导与市场导向相结合，研究建立安全生产激励机制，鼓励企业加大安全生产科技投入；结合安全生产实际，推广安全适用、先进可靠的生产工艺和技术装备，淘汰落后的生产工艺、设备，不断推进行业科技进步。

8. 强化企业安全生产信用体系

强化安全生产信用体系建设，应充分利用信息网络技术，健全完善建设系统重大安全事故报告和信息处罚系统，定期向社会公布企业安全生产不良记录，实施失信惩戒机制，增强安全生产社会舆论监督力度。

9. 监督管理施工企业应急救援预案制度

施工企业要制定本企业和项目施工现场生产安全事故的应急救援预案，建立应急救援组织或者配备应急救援人员，配备必要的应急救援器材、设备，并定期组织演练。建设行政主管部门应加强对施工企业应急救援预案的指导、监督和管理。

10. 推行施工现场标准化建设

按照《建筑施工安全检查标准》要求，突出施工安全重点检查环节，实施建筑工程开工、基础、主体、装饰、竣工验收五个环节的检查考评,提高施工现场安全文明施工管理水平。

11. 实施建筑市场和施工现场两场联动

实施建筑市场和施工现场两场联动,应加强综合治理措施,对施工安全违法违规行为实施严管重罚,情节严重的,坚决清出建筑市场,严格市场准入清除制度。

2.5.2　建设工程安全生产监督管理制度

1. 三类人员考核任职制度

三类人员是指施工单位的主要负责人、项目负责人、专职安全生产管理人员,三类人员应经建设行政主管部门考核合格后方可任职,考核内容主要是安全生产知识和安全管理能力。同时,对不具备安全生产知识和安全管理能力的管理者,应取消其任职资格。

2. 依法批准开工报告的建设工程和拆除工程备案制度

建设单位应当自开工报告批准之日起 15 日内,将保证安全施工的措施报送建设工程所在地的县级以上地方人民政府建设行政主管部门或者其他有关部门备案。

建设单位应当在拆除工程施工 15 日前,将施工单位资质等级证明,拟拆除建筑物、构筑物及可能危及毗邻建筑的说明,拆除施工组织方案,堆放、清除废弃物的措施报送建设行政主管部门或其他有关部门备案。

3. 特种作业人员持证上岗制度

垂直运输机械作业人员、起重机械安装拆卸工、爆破作业人员、起重信号工、登高架设作业人员等特种作业人员,必须按照国家有关规定经过专门的安全作业业务培训,并取得特种作业操作资格证书后,方可上岗作业。

4. 施工起重机械使用登记制度

施工单位应当自施工起重机械和整体提升脚手架、模板等自升式架设设施验收合格之日起 30 日内,向建设行政主管部门或者其他有关部门登记。

5. 政府安全监督检查制度

县级以上人民政府负有建设工程安全生产监督管理职责的部门,在各自的职责范围内履行安全监督检查职责时,有权纠正施工中违反安全生产要求的行为,责令其立即排除检查中发现的安全事故隐患,对重大隐患可以责令暂时停止施工。建设行政主管部门或者其他有关部门可以将施工现场的安全监督检查委托给建设工程安全监督机构具体实施。

6. 危及施工安全工艺、设备、材料淘汰制度

国家对严重危及施工安全的工艺、设备、材料实行淘汰制度,具体目录由建设行政部门会同国务院其他有关部门制定并公布。

7. 安全生产事故报告制度

施工单位发生生产安全事故,要及时、如实向当地安全生产监督部门和建设行政管理部门报告,实行总承包的由总包单位负责上报。

8. 安全生产许可制度

根据《安全生产许可证条例》规定，国家对矿山企业、建筑施工企业和危险化学品、烟花爆竹、民用爆破器材生产企业实行安全生产许可制度。上述企业未取得安全生产许可证的，不得从事生产活动。国务院建设主管部门负责中央管理的建筑企业安全生产许可证的颁发和管理，省、自治区、直辖市人民政府建设主管部门负责前述规定以外的建筑施工企业安全生产许可证的颁发和管理，并接受国务院建设主管部门的指导和监督。

9. 施工许可证制度

《建筑法》明确了建设行政主管部门审核发放施工许可证时，要对建设工程是否有安全施工措施进行审查把关。没有安全施工措施的，不得颁发施工许可证。

10. 施工企业资质管理制度

《建筑法》明确了施工企业资质管理制度，《条例》进一步明确规定安全生产条件是施工企业资质的必要条件。

11. 意外伤害保险制度

《建筑法》明确了意外伤害保险制度，《条例》进一步明确了意外伤害保险制度。意外伤害保险是法定的强制性保险，由施工单位作为投保人与保险公司订立保险合同，支付保险费，以本单位从事危险作业的人员作为被保险人。当被保险人在施工作业中发生意外伤害事故时，由保险公司依照合同约定向被保险人或者受益人支付保险金。该项保险是施工单位必须办理的，以维护施工现场从事危险作业人员的利益。

12. 群防群治制度

《建筑法》明确了对建设工程安全生产管理实行群防群治制度。群防群治制度可以充分发挥工会组织、广大职工的积极性，加强工会组织和群众性的监督检查，以预防和治理施工生产中的伤亡事故。

2.5.3 安全生产监督管理的程序和内容

1. 建筑市场阶段

（1）市场准入阶段

严格安全准入条件，要严格审核企业资质、安全生产许可证和个人执业资格条件，建立施工企业安全生产许可证制度、安全生产条件评价制度，把安全生产许可证、安全生产条件评价结果作为新设立施工企业申请资质和企业资质年检、晋升资质等级的基本条件；建立企业负责人、项目负责人、安全管理人员安全生产知识和安全管理能力考核制度，施工特种作业人员持证上岗制度。同时，要依法严肃查处事故，重视责任追究，加大对隐患严重、事故多发的企业和责任人的处罚力度，坚决对不具备安全生产知识和安全管理能力的管理者，取消其任职资格，将不具备安全生产许可证的企业清出建筑市场。

（2）招标投标阶段

建立评标前提示制度，即由建设行政管理部门建立"企业不良行为公示名单"，并定期将施工现场在安全、质量方面存在违规现象的企业列入公示名单，使招标投标管理部门和评标人员在评标活动开始之前做到心中有数，有利于打击和制约在安全、质量方面违规的企业。

（3）施工许可证阶段

《建筑法》规定申请领取施工许可证，应当有保证工程质量和安全的具体措施，建设单位应将安全施工措施的材料报送到建设行政主管部门。建设行政主管部门应当对这些措施进行审查，在审查时，应当结合工程的具体情况，审查安全施工措施是否能够满足工程建设的需要，是否能够真正保证安全，此外还应当审查这些安全措施有没有具体落实的措施。对审查达不到要求的，不予颁发施工许可证。

（4）依法批准开工报告的建设工程和拆除工程备案制度

建设单位应当自开工报告批准之日起 15 日内，将保证安全施工的措施报送建设工程所在地的县级以上地方人民政府建设行政主管部门或者其他有关部门备案。建设单位应当在拆除工程施工 15 日前，将施工单位资质等级证明，拟拆除建筑物、构筑物及可能危及毗邻建筑的说明，拆除施工组织方案及堆放、清除废弃物的措施报送建设行政主管部门或其他有关部门备案。

2. 现场施工阶段

（1）现场施工阶段安全监督管理的重点

1）土方开挖和基础施工阶段。包括挖土机械作业安全，边坡防坍塌，基坑支护与排水、降水安全措施，临时用电安全，人工挖扩孔桩施工安全，基础及外墙做防水时的防火、防毒。

2）主体结构施工阶段。包括临时用电安全，脚手架防护，临边、洞口防护，高处作业防护，作业面交叉施工防护，模板和现场堆料防倒塌，施工机械、设备的使用安全。

3）装修阶段。包括室内多工种工序的立体交叉防护，外墙面装饰防坠落，油漆的防火、防毒，临电、照明及电动工具的使用安全。

4）季节性施工。包括雨期的防坍塌、防雷、防电、防尘，高温季节防中暑、防疲劳，临时用电安全，冬期的施工防火、防煤气中毒、防冻、防大风雪和大雾，用电安全。

（2）施工现场安全标准化建设

建设行政主管部门应按照《建筑施工安全检查标准》的要求，突出施工安全重点检查环节，实施五个环节的检查考评，指导、监督施工企业开展施工现场安全标准化建设，提高施工现场安全文明施工管理水平。

（3）实施巡查制度与改进安全监督检查方式

实施巡查制度，改变单一的、运动式的安全监督检查方式，要以随机抽查及巡查为主，重点监督检查施工企业安全生产责任制的建立与实施状况，及安全生产法律法规和标准规范的落实和执行情况。

2.5.4　建设工程生产安全事故的应急救援

依据《安全生产法》第六十八条规定，县级以上地方各级人民政府应当组织有关部门制定本行政区域内特大生产安全事故应急救援预案，建设应急救援体系。县级以上地方人民政府建设行政主管部门制定本行政区域内建设工程特大生产安全事故应急救援预案时，应当考虑和本行政区域内的应急救援体系衔接。

2.5.5　建设行政主管部门工作人员的法律责任

1. 违法行为

1）对不具备安全生产条件的施工单位颁发资质证书。《条例》第二十条规定，施工单位从事建设工程的新建、扩建、改建和拆除等活动，应当具备国家规定的注册资本、专业技术人员、技术装备和安全生产等条件，依法取得相应等级的资质证书，并在其资质等级许可的范围内承揽工程。如果建设行政机关的工作人员不认真审查，甚至根本不审查安全生产条件就颁发了资质证书，就是没有尽到监督管理职责，属违法行为。

2）对没有安全施工措施的建设工程颁发施工许可证。《条例》第四十二条规定，建设行政主管部门在审核发放施工许可证时，应当对建设工程是否有安全施工措施进行审查，对没有安全施工措施的，不得颁发施工许可证。

3）发现违法行为不予查处。建设行政机关应当加强事后的监督管理，对于出现的违法行为应及时予以处理。《条例》规定了检举和控告等制度，这些都是建设行政机关发现违法行为的途径。对于这些途径发现的违法行为，建设行政机关不查处，同样是构成本条规定的违法行为。

4）不依法履行监督管理职责的其他行为。履行监督管理职责作为建设行政机关最基本的职责，任何形式的玩忽职守都是违法行为。

2. 法律责任

1）行政责任。行政责任即对行政机关工作人员的行政处分。对于一般的行政违法行为，依法给予行政处分。根据《行政监察法》和《国家公务员暂行条例》的规定，对于国家公务员的行政处分的形式包括警告、记过、记大过、降级、撤职、开除等。

2）刑事责任。涉及刑事责任的《刑法》主要是第三百九十七条："国家机关工作人员滥用职权或者玩忽职守，致使公共财产、国家和人民利益遭受重大损失的，处3年以下有期徒刑或者拘役；情节特别严重的，处3年以上7年以下有期徒刑。本法另有规定的，依照规定"。

2.6　建筑施工现场安全生产保证体系与保证计划

2.6.1　构建施工现场安全生产保证体系的基本思想

1. 施工现场安全生产保证体系的概念

施工现场安全生产保证体系是为实施建筑工程施工现场安全管理所需的组织结构、程序、过程和资源。施工现场安全管理是通过建立安全生产保证体系并使之有效运行来实现安全生产管理的主要任务。安全生产保证体系由四个基本部分组成，即组织结构、程序、过程和资源。理解安全生产保证体系的概念应搞清这四个组成部分的含义及其相互关系。

（1）组织结构

组织结构是一个组织为行使其职能按某种方式建立的职责、权限及其相互关系，通常通过组织结构图进行规定。组织结构图应能显示机构设置、岗位设置及他们之间的相互关系，图中各机构、岗位的职责和权限应有书面的规定。

（2）程序

程序是为了进行某项活动所规定的途径与次序。程序可以形成文件，通常都要求形成文件，一般将形成文件的程序称为书面程序或文件化程序。编制一项书面程序或文件化程序，其内容通常应包括该项活动的目的和范围；做什么和谁来做，何时、何地、如何做；应使用什么材料、设备、设施和执行的文件、规范、规程或规章及技术标准的要求；如何对活动进行控制和记录等。程序有管理性和技术性之分，程序是西方国家的习惯用语，中国习惯上将管理性程序称为管理标准、管理制度等。

（3）过程

过程是将输入转化为输出的一组彼此相关的资源和活动。过程是个重要概念，所有工作都是通过过程来完成的。工程施工整个过程中的每个阶段都可以视为一个过程，又称直接过程，如爆破施工为一个过程，支护与衬砌施工为一个过程，这些过程又可以分为更小的过程，如浇捣混凝土、支模、拆模、绑扎钢筋等过程。

此外，还有一些与工程施工相关的间接过程或支持性过程，包括与安全管理有关的过程，如检查手段的控制、事故隐患的控制，人员培训、安全审核等。安全管理过程有以下特征：

1）安全管理的过程，是在每一个分部分项工程施工前，将书面的安全技术措施交底或培训等作为输入，通过职工的遵章守纪，安全施工，配备安全用具、防护用品、具有资格的操作人员和防护设施、合格的机械设备等资源，开展检查、整改等一系列活动，确保安全地完成工程施工任务。

2）过程和程序是密切相关的。通过对过程的管理来实现安全管理，而过程的安全状况又取决于所投入的资源和活动。活动的安全状况则通过实施该项活动所采用的途径和方法予以确保，控制活动的有效途径和方法应在安全保证计划、书面程序或文件化程序之中体现。

（4）资源

资源包括人员、设备、设施、资金、技术和方法。安全体系应提供适宜的各项资源，以确保过程和工程的安全完成。

安全生产保证体系是整个施工管理体系的一个组成部分，应将其纳入组织管理活动的整体，予以统筹规划与实施，以提高整个管理体系的效率，节约各方面的资源。因此在设计安保体系时，应考虑与其他管理体系（如质量体系）的兼容性，以便各体系协调运作和资源共享。

2. 构建施工现场安全生产保证体系的基本思想

施工现场安全生产保证体系是施工现场企业内部对施工现场全过程实施安全生产管理的具有规范性质的安全生产管理文件，也是对施工现场有关技术标准中关于安全技术要求的补充。构建施工现场安全生产保证体系的基本思想有以下四点。

（1）职责分明、各负其责

保证安全生产是一项重要的管理职责。安全生产责任制是安全生产管理工作的保证，国家的明确规定是政府的宏观管理要求，体现了一种原则性，在实际操作中还需要制定具体实施办法。施工现场安全生产保证体系根据《安全生产法》的规定，明确规定工程项目经理为施工现场安全生产的第一责任人，并在工程项目的安全生产管理活动中起领导作用，要求对从事与安全生产有关的管理、执行和检查检验人员，都要明确规定其具体安全职责、权限和相互关系，以使所有的有关人员都能够按照所规定的职责、权限开展安全工作和及时有效地采取纠正措施和预防措施，消除事故隐患和防止事故的发生。

（2）建立体系、依法办事

在施工现场建立安全生产保证体系的重点是建立一个文件化的体系。凡事都要以文件为支持，规定做什么和谁来做，何时、何地、如何做，应使用什么材料、设备和文件，如何对施工全过程的安全性进行控制和记录等，以便合理有序地予以推行。施工现场安全生产保证体系根据《安全生产法》的规定，明确规定工程项目经理部应符合国家、行业、地方的法律法规及各类安全、环境技术标准、规范中的有关要求；做到照章办事，依法办事，有章必循，克服工作的随意性，并且通过定期的审核和评估，以保证持续有效地满足要求。

（3）预防为主、把握重点

所有的事故都是可以预防的，预防不仅是改善，还意味着比补救更节省。施工现场安全生产保证体系充分体现了"预防为主"的思想，强调对所有过程的事前、事中和事后的全过程控制，不仅包括对安全生产设施所需的材料、设备及防护用品的控制，也包括对分包方安全生产的控制。严防不合格材料、设备用于工程，防止素质低下、未经教育的分包单位和人员进入施工现场，冒险作业，从而对物的不安全状态和人的不安全行为两个方面实施全过程的控制。特别要求施工现场的项目经理部应针对施工的规模、结构、环境、承包性质等实施安全生产策划，识别施工中所涉及的危险源和不利环境因素，评价确定重大危险源和重大不利环境因素以及其涉及的活动、设施、设备、部位和过程，制定并采取与之相适应的安全技术和管理措施，使这些危险源和不利环境因素，特别是重大危险源和不利环境因素能得到有效控制。施工现场安全生产保证体系强调从源头抓起，在各岗位的主要职责中强调全面贯彻"体系"的要求，防止隐患的产生和发展，保证"体系"的正常运行，防患于未然。

（4）封闭管理、持续改进

施工现场安全生产保证体系运行的有效性，在于能及时地发现并消除与适用法律法规、标准规范、安全目标和安全生产保证体系文件的规定的偏差和隐患，不断改进管理，提高业绩。坚持开展检查、验收和"体系"的审核、评估活动，对发现的偏差、隐患和不合格，都要根据"立项→整改→复查→消项"的原则，实施封闭管理，即对发现的问题，要进行处理和处置后的验证，做到"不合格的设施不使用，不合格的过程不通过，不安全的行为不放过"。对重复或重大的偏差、隐患和不合格，还要调查不合格的原因，制定消除不合格原因的纠正措施或预防措施，并实施控制，确保纠正措施和预防措施的执行及其有效性。

2.6.2　施工现场安全生产保证体系的基本结构

施工现场安全生产保证体系的文本由正文、附录、条文说明三部分构成。

1. 正文

施工现场安全生产保证体系文本的正文由三章构成。

1）第一章为总则。该章对"安保体系"的目的，适用范围，适用法律法规、标准规范的关系，项目经理部与企业的关系，工程项目总包单位与分包单位的关系做出说明。

2）第二章为术语。该章给出在"安保体系"中使用的危险源、环境因素、事故、险肇事故、隐患、风险、安全生产、项目经理部、安全生产保证体系、安全策划、施工安全生产保证计划等术语的定义。

3）第三章为施工现场安全生产保证体系的要求（又称"要素"）。该章除第一节为总要求外，还提出了若干条具体要求，一般分布在第三节中。每个要素单列为一"条"，每条又有若干"款"。"安保体系"中应有若干强制性条文。它们规范和统一了施工现场过程的安全生产管理的基本要求，体现了从传统安全生产管理方法向现代安全生产管理方法发展的特点。该章是"安保体系"正文的主要内容，要求的范围已从狭义的安全生产拓展到包括施工现场的场容场貌、生活卫生和环境保护等文明施工在内的广义安全生产。

2. 附录

施工现场安全生产保证体系文本在附录部分对"安保体系"的用词（包括"安保体系"条文执行严格程度的用词与执行其他有关标准规范要求的用词）进行了说明。

3. 条文说明

施工现场安全生产保证体系文本的条文说明部分是对正文内容进一步说明，以防止对正文的错误理解。它不是"安保体系"正文条文的组成部分，"安保体系"的建立、实施和审核，只能以正文部分为依据。条文说明的章节条款编号与"安保体系"正文完全对应。

2.6.3　安全生产保证体系要素的运行结构

"安保体系"为施工现场过程提供了一个系统化的安全生产管理系统。它通过对成功的施工现场安全生产、文明施工各项管理活动的内在联系和运行规律进行总结与理论提升，归纳出一系列体系要素，并将离散无序的活动置于一个统一有序的整体中来考虑，使得"安保体系"更便于操作。

"安保体系"要素描述了"安保体系"的建立、实施和保持的过程，即通过合理的资源配置、职责分工及对各个体系要素有计划、不间断地检查审核、评估和持续改进，有序地、协调一致地处理施工现场的安全生产事务，从而保证"安保体系"螺旋上升循环，不断完善提高。

"安保体系"规定的要素建立在一个由"计划→实施→检查→改进"诸环节构成的PDCA动态循环过程的基础上。上述各环节，以危险源和不利环境因素为核心，连同对体系运行起主导作用的安全目标，是"安保体系"运行体制和机制的基本模式，而每一环节又涉及若干个要素。

1）安全目标。安全目标表达了施工现场安全生产管理的总体目标和意向，是"安保体系"运行的主导。

2）安全策划。项目经理部应根据行业和施工现场实际，在识别、评价危险源和不利环境因素，识别适用法律法规、标准和"安保体系"要求的前提下，制定项目的安全目标和建立本项目文件化的安全生产保证体系，包括对其安全生产管理活动的规划与编制安全生产保证计划等工作。

3）实施与运行。实施与运行是施工现场的安全生产保证计划付诸实施并予以实现的过程，其中包括一系列为开展安全生产活动所需要的资源、支持、控制、应急措施。

4）检查和改进。项目经理部在实施"安保体系"文件的过程中，应经常对"安保体系"运行情况和工程项目安全状况进行检查、审核、评估、改进，以确定"安保体系"是否得到正确有效的实施，安全目标和法律法规的要求是否得到满足，安全生产职责的落实程度，重大危险源和重大不利环境因素的受控状态等，如发现不合格，应考虑采取适当的纠正措施和预防措施予以改进。

应当说明的是，"安保体系"不是一系列功能模块的顺序搭接，"安保体系"的运行也不是简单地对各个要素的依次运作。安全生产管理是一项复杂的活动，所涉及的因素性质各异，彼此错综关联。各个要素虽然大致上具有逻辑的先后关系，但并不意味着它们在"安保体系"运行中一定是环环相扣、上下承接的。事实上，"安保体系"一旦启动，各个要素都进入运行，经常同时涉及多个环节，或是重复涉及其中的某些环节。此外，这些要素之间往往存在互相重叠（甚至有完全覆盖）的情况，例如安全生产保证计划存在于多个有关要素的运作中，有关安全的职责也存在于体系运行的各项活动之中。

2.6.4 施工现场安全生产保证体系的建立

施工现场安全生产保证体系的建立、有效实施并不断完善是工程项目部强化安全生产管理的核心，也是控制不安全状态和不安全行为，实现安全生产管理目标的需要。

1. 建立施工现场安全生产保证体系的目的和作用

1）满足工程项目部自身安全生产管理的要求。为了达到安全管理目标，负责施工现场工程项目部应建立相应的安全生产保证体系，使影响施工安全的技术、管理、人及环境处于受控状态。所有的这些控制应针对减少、消除安全隐患与缺陷，改善安全行为，特别是通过预防活动来进行，使体系有效运行，持续改进。

2）满足相关方对工程项目部的要求。工程项目部需要向工程项目的相关方（政府、社会、投资者、业主、银行、保险公司、雇员、分包方等）展示自己的安全生产保证能力，并以资料和数据形式向相关方提供关于安保体系的现状和持续改善的客观证据，以取得相关方的信任。工程项目部作为施工企业的窗口，在施工现场建立安保体系，可以在市场竞争中建立良好的企业形象和信誉，提高满足相关方要求的能力，提高工程项目部自身素质，扩大商机，显示一种社会责任感。

2. 建立施工现场安全生产保证体系的基本原则

1）安全生产管理是工程项目管理最重要的工作之一。只有将安全目标纳入工程项目部综合决策的优先序列和重要议事日程，才能保证工程项目部为实现经济、社会和环境效益的统一而采取强有力的管理行为。

2）持续改进是贯彻安保体系的基本目的。持续改进是一个强化安保体系的过程，目的是根据施工现场的安全管理目标，实现整个安全状况的改进。它不仅包括通过检查、审核等方式，不断根据内部和外部条件及要求的变化，及时调整和完善，组织安保体系的改进，也包括随体系的改进，按照安全管理改进目标，实现安全生产状况的改进。在通过安全生产保证体系实现安全状况改进的过程中，一个基本的要求是保持改进的持续性和不间断性，即建立自我约束的安全生产保证体系的动态循环机制。

3）预防事故是贯彻安全生产保证体系的根本要求。预防事故是指为防止、减少或控制安全隐患，对各种行为、过程、设施进行动态管理，从事故的发生源头去预防事故发生的活动。预防事故并不排除对事故处理作为降低事故最后有效手段的必要性，但它更强调避免事故发生本身在经济上与社会上的影响，预防事故比事故发生后的处理更为可取。

4）项目的施工周期是贯彻安全生产保证体系的基本周期。工程项目部应对从施工准备至竣工交付的工程各个施工阶段与生产环节、各个施工专业的安全因素进行分析，对施工周期内执行安全生产保证体系的工程项目进行全面规划、控制和评价。

5）工程项目部建立安全生产保证体系应从实际出发。工程项目部在施工现场建立安全生产保证体系必须符合安保体系的全部要求，并应结合企业和现场的具体条件和实际需要，与其他管理体系兼容并协同运作，包括质量管理体系和环境管理体系，这并不代表将现有体系一律推倒重建，而是一个改造、更新和完善的过程，这对每个施工现场都是具有难度的，其难易程度完全取决于现有体系的完善程度。

6）立足于全员意识和全员参与是安全生产保证体系成功实施的重要基础。施工现场的全体员工，特别是工程项目部负责人，都要以高度的安全责任感参与安全生产保证活动。根据安保体系规定的要求，安全管理的职责不应仅限于各级负责人，更要渗透到施工现场内所有层次与职能，它既强调纵向的层次，又强调横向的职能，任何职能部门或人员，只要其工作可能对安全生产产生影响，就应具备适当的安全意识，并应该承担相应的责任。

3. 建立安全生产保证体系的程序

工程项目部建立安保体系的一般程序可分为三个阶段。

（1）策划与准备阶段

1）教育培训，统一认识。安全生产保证体系的建立和完善的过程，是始于教育、终于教育的过程，也是提高认识和统一认识的过程。教育培训要分层次、循序渐进地进行。

2）组织落实，拟订工作计划。

（2）文件化阶段

按照相关的标准、法律法规和规章要求编制安保体系文件。

1）体系文件编制的范围。编制的体系文件包括但不限于：

① 制订安全管理目标。

② 准备本企业制定的各类安全管理标准。

③ 准备国家、行业、地方的各类有关安全生产的地方法律法规、标准规范（规程）等。

④ 编制安全保证计划及相应的专项计划、作业指导书等支持性文件。

⑤ 准备各类安全记录、报表和台账。

2）安保体系文件的编制要求。具体包括：

① 安全管理目标应与企业的安全管理总目标协调一致。

② 安全保证计划应围绕安全管理目标，将"要素"用矩阵图的形式，按职能部门（岗位）对安全职能各项活动进行展开和分解，依据安全生产策划的要求和结果，就各"要素"在工程项目的实施提出具体方案。

③ 体系文件应经过自上而下、自下而上的多次反复讨论与协调，为提高编制工作的质量，应按安保体系的规定由上级机构对安全生产责任制、安全保证计划的完整性和可行性、工程项目部满足安全生产的保证能力等进行确认，建立并保存确认记录。

④ 安全保证计划送上级主管部门备案。

（3）运行阶段

1）发布施工现场安保体系文件，有针对性地多层次开展宣传活动，使现场每个员工都能明确本部门、本岗位在实施安保体系中应做些什么工作，使用什么文件，如何依据文件要求开展这些工作及如何建立相应的安全记录等。

2）配备必要的资源和人员。应保证适应工作需要的人力资源，适宜而充分的设施、设备，并综合考虑成本效益和风险的财务预算。

3）加强信息管理、日常安全监控和组织协调。通过全面、准确、及时地掌握安全管理信息，对安全活动过程及结果进行连续监视和验证，对涉及体系的问题与矛盾进行协调，促进安保体系的正常运行和不断完善，是安保体系形成良性循环运行机制的必要条件。

4）由企业按规定对施工现场的安保体系运行进行内部审核、验证，确认安保体系的符合性、有效性和适合性。其重点是：

① 规定的安全管理目标是否可行。

② 体系文件是否覆盖了所有的主要安全活动，文件之间的接口是否清楚。

③ 组织结构是否满足安保体系运行的需要，各部门（岗位）的安全职责是否明确。

④ 规定的安全记录是否起到见证作用。

⑤ 所有员工是否养成按安保体系文件工作或操作的习惯，执行情况如何。

⑥ 通过内审暴露问题，组织并实施纠正措施，达到不断改进目的，在适当时机可向审核认证机构申请。

习　题

1. 在安全生产方面，建筑施工企业主要负责人、项目负责人、专职安全生产管理人员是指哪些人？他们各自有哪些权利与义务？

2. 在安全生产方面，建筑施工企业的从业人员有哪些权利与义务？

3. 建筑施工企业的安全生产管理机构是指哪些部门？其各自的安全生产职责是什么？

4. 建筑施工企业安全生产管理机构的专职安全生产管理人员是指哪些人？应按什么规定与要求予以配备？他们在施工现场的职责有哪些？

5. 建筑施工企业工程项目部的专职安全生产管理人员是指哪些人？他们在施工现场的职责是什么？

6. 建筑施工总承包单位配备项目专职安全生产管理人员应当满足哪些要求？

7. 建筑施工分包单位配备项目专职安全生产管理人员应当满足哪些要求？

8. 建筑施工总包单位、分包单位的安全责任是怎样划分的？

9. 建筑施工主要负责人对本单位安全生产工作负有哪些职责？

10. 建筑施工特种作业人员包括哪些工种？有哪些从业要求？

11. 在建筑施工单位应当如何开展对各级人员的安全生产培训？

12. 对施工现场的临时设施有哪些安全要求？

13. 建设工程安全技术交底有哪些要求与内容？

14. 建设工程施工组织设计编制有哪些安全生产方面的内容与要求？

15. 何谓危险性较大的分部分项工程？其安全生产专项施工方案包括哪些内容？在方案编审时要注意哪些问题？参加其专家论证会的人员包括哪些？工程监理单位又应当做哪些工作？

16. 什么是建筑施工现场安全生产保证体系？请简要阐述它与安全生产保证计划的关系。

17. 请简要阐述建立建筑施工现场安全生产保证体系的目的、作用和基本思想。

18. 建筑施工现场安全生产保证体系的基本结构是什么？其文本由哪些部分构成？请简要阐述各部分的含义及其相互关系。

19. 如何建立建筑施工现场安全生产保证体系？应遵循哪些基本程序？

20. 请简要阐述建筑施工现场安全生产保证体系的运行体制、机制及运行结构。如何保证已建立的"体系"有效运行？

3

第3章
建筑施工安全技术

3.1 土石方作业安全要求

建筑工程施工中土方工程量很大，特别是山区和城市大型高层建筑深基础的施工。土方工程施工的对象和条件又比较复杂，如土质、地下水、气候、开挖深度、施工场地与设备，对于不同的工程都不相同。

建筑施工安全问题在土方工程施工中是一个很突出的问题，历年来发生的工伤事故不少，而其中大部分是土方塌方事故，还有爆破、机械、电器的伤害等事故。

3.1.1 一般安全要求

1）土石方作业基坑工程的勘察、设计、施工和监理应实行统一管理。应加强施工队伍的培训管理，并建立专业化施工队伍。

2）基坑工程的设计和施工任务，应由具有相应资质的单位承接。基坑工程监理单位应对基坑工程的设计和施工进行全面监理。

3）基坑工程应贯彻先设计后施工、先支撑后开挖、边施工边监测、边施工边治理的原则。严禁坑边超载，相邻基坑施工应有防止相互干扰的技术措施。

4）基坑工程的设计和施工必须遵守相关规范，结合当地成熟经验，因地制宜地进行。深基坑工程施工方案应经建设主管部门审批，并经专家论证审查。

5）应加强基坑工程的监测和预报工作，包括对支护结构、周围环境及对岩土变化的监测，应通过监测分析及时预报并提出建议，做到信息化施工，防止隐患扩大和随时检验设计施工的正确性。

6）应建立健全基坑工程档案，内容应包括勘察、设计、施工、监理及监测等单位的有关资料。

3.1.2 施工准备

1）土石方作业和基坑支护的设计、施工应根据现场的环境、地质与水文情况，针对基坑开挖深度、范围大小，综合考虑支护方案、土方开挖、降排水方法及对周边环境采取的措施。

2）勘察范围应根据开挖深度及场地条件确定，应大于开挖边界外按开挖深度 1 倍以上范围布置勘探点。应根据土的性质、含水情况以及基坑环境合理选定土的压力参数。

3）应查明作业范围周边环境及荷载情况，包括各种地下管线分布及现状，道路距离及车辆载重情况，影响范围内的建筑类型及地表水排泄情况等。

3.1.3 土方挖掘

1）土方挖掘方法、挖掘顺序应根据支护方案和降排水要求进行，当采用局部或全部放坡开挖时，放坡坡度应满足其稳定性要求。

2）挖掘应自上而下进行，严禁先挖坡脚。软土基坑无可靠措施时应分层均衡开挖，层高不宜超过 1m。土方每次开挖深度和挖掘顺序必须严格遵守设计要求。坑（槽）沟边 1m 以内不得堆土、堆料，不得停放机械。

3）当基坑开挖深度大于相邻建筑的基础深度时，应保持一定距离或采取边坡支撑加固措施，并进行沉降和移位观测。

4）施工中如发现不能辨认的物品时，应停止施工，保护现场，并立即报告工程所在地有关部门处理，严禁随意敲击或玩弄。

5）挖土机作业的边坡应验算其稳定性，当不能满足时，应采取加固措施。在停机作业面以下挖土应选用反铲或拉铲作业，当使用正铲作业时，挖掘深度应严格按其说明书规定进行。有支撑的基坑使用机械挖掘时，应防止作业中碰撞支撑。

6）配合挖土机作业人员，应在其作业半径以外工作，当挖土机停止回转并制动后，方可进入作业半径内工作。

7）开挖至坑底标高后，应及时进行下道工序基础工程施工，减少暴露时间。如不能立即进行下道工序施工，应预留 3mm 厚的覆盖层。

8）当基坑施工深度超过 2m 时，坑边应按照高处作业的要求设置临边防护，作业人员上下应有专用梯道。当深基坑施工中形成立体交叉作业时，应合理布局机位、人员、运输通道，并设置防止落物伤害的防护层。

9）从事爆破工程设计、施工的企业必须取得相关资质证书，按照批准的允许经营范围并严格遵照爆破作业的相关规定进行。

3.1.4 基坑支护

1）支护结构的选型应考虑结构的空间效应和基坑特点，选择有利于支护的结构形式或采用几种形式相结合。

2）当采用悬臂结构支护时，基坑深度不宜大于 6m。基坑深度超过 6m 时，可选用单支点和多支点的支护结构。地下水位低的地区能保证降水施工时，也可采用土钉支护。

3）寒冷地区基坑设计应考虑土体冻胀力的影响。

4）支撑安装必须按设计位置进行，施工过程严禁随意变更，并应切实使围檩与挡土桩墙结合紧密。挡土板或板桩与坑壁间的回填土应分层回填夯实。

5）支撑的安装和拆除顺序必须与施工组织设计工况相符合，并与土方开挖和主体工程的施工顺序相配合。分层开挖时，应先支撑后开挖；同层开挖时，应边开挖边支撑。支撑拆除前，应采取换撑措施，防止边坡卸载过快。

6）钢筋混凝土支撑其强度必须达到设计要求（或达到 75%）后，方可开挖支撑面以下土方；钢结构支撑必须严格检验材料和保证节点的施工质量，严禁在负荷状态下进行焊接。

7）应合理布置锚杆的间距与倾角，锚杆上下间距不宜小于 2.0m，水平间距不宜小于 1.5m，锚杆倾角宜为 15°～25°，且不应大于 45°。最上一道锚杆覆土厚度不得小于 4m。

8）锚杆的实际抗拔力除经计算外，还应按规定方法进行现场试验后确定。可采取提高锚杆抗力的二次压力灌浆工艺。

9）采用逆作法施工时，要求其外围结构必须有自防水功能。基坑上部机械挖土的深度，应按地下墙悬臂结构的应力值确定；基坑下部封闭施工，应采取通风措施；当采用电梯间作为垂直运输的井道时，对洞口楼板的加固方法应由工程设计确定。

10）采用逆作法施工时，应合理地解决支撑上部结构的单柱单桩与工程结构的梁柱交叉及节点构造，并在方案中预先设计，当采用坑内排水时必须保证封井质量。

3.1.5 桩基施工

1）桩基施工应按施工方案要求进行。打桩作业区应有明显标志或围栏，作业区上方应无架空线路。

2）预制桩施工桩机作业时，严禁吊装、吊锤、回转、行走动作同时进行；桩机移动时，必须将桩锤落至最低位置；施打过程中，操作人员必须距桩锤 5m 以外监视。

3）沉管灌注桩施工，在未灌注混凝土和未沉管以前，应将预钻的孔口盖严。

3.1.6 人工挖孔桩施工

人工挖孔桩施工应遵守下列规定：

1）各种大直径桩的成孔，应首先采用机械成孔。当采用人工挖孔或人工扩孔时须经上级主管部门批准后方可施工。

2）应由熟悉人工挖孔桩施工工艺、遵守操作规定和具有应急监测自防护能力的专业施工队伍施工。

3）开挖桩孔应从上自下逐层进行，挖一层土及时浇筑一节混凝土护壁。第一节护壁应高出地面 300mm。

4）距孔口顶周边 1m 位置搭设围栏。孔口应设安全盖板，当盛土吊桶自孔内提出地面时，必须用盖板关闭孔口后，再进行卸土。孔口周边 1m 范围内不得有堆土和其他堆积物。

5）提升吊桶的机构，其传动部分及地面扒杆必须牢靠，制作、安装应符合施工设计要求。人员不得乘盛土吊桶上下，必须另配钢丝绳及滑轮并有断绳保护装置，或使用安全爬梯上下。

6）应避免落物伤人，孔内应设半圆形防护板，随挖掘深度逐层下移。吊运物料时，作业人员应在防护板下面工作。

7）每次下井作业前应检查井壁和抽样检测井内空气，当有害气体超过规定时，应进行处理和用鼓风机送风。严禁用纯氧进行通风换气。

8）井内照明应采用安全矿灯或12V防爆灯具。桩孔较深时，上下联系可通过对讲机等方式，地面不得少于2名监护人员。井下人员应轮换作业，连续工作时间不应超过2h。

9）挖孔完成后，应当天验收，并及时将桩身钢筋笼就位并浇筑混凝土。正在浇筑混凝土的桩孔周围10m半径内，其他桩不得有人作业。

3.1.7 地下水控制

1）基坑工程的设计、施工必须充分考虑对地下水进行治理，采取排水、降水措施，防止地下水渗入基坑。

2）基坑施工除降低地下水水位外，基坑内尚应设置明沟和集水井，以排除暴雨和其他突然而来的明水倒灌，基坑边坡视需要可覆盖塑料布，应防止大雨对土坡的侵蚀。

3）膨胀土场地应在基坑边缘采取抹水泥地面等防水措施，封闭坡顶及坡面，防止各种水流（渗）入坑壁。不得向基坑边缘倾倒各种废水并应防止水管泄漏冲走桩间土。

4）软土基坑、高水位地区应做截水帷幕，应防止单纯降水造成基土流失。

5）截水结构的设计必须根据地质、水文资料及开挖深度等条件进行，截水结构必须满足隔渗质量，且支护结构必须满足变形要求。

6）在降水井点与重要建筑物之间宜设置回灌井（或回灌沟），在基坑降水的同时，应沿建筑物地下回灌，保持原地下水位，或采取减缓降水速度，控制地面沉降。

3.2 脚手架安全技术要求

3.2.1 概述

脚手架又名架子，是建筑施中必不可少的临时设施。例如墙的砌筑，墙面的抹灰、装饰和粉刷，结构构件的安装等，都需要在其近旁搭设脚手架，以便在其上进行施工操作、堆放施工用料和必要时的短距离水平运输。脚手架既要满足施工需要，又要为保证工程质量和提高工效创造条件，同时还应为组织快速施工提供工作面，因此，它应该起以下作用：

1）要保证作业连续性的施工。

2）能满足施工操作所需的运料和堆料，并方便操作。

3）对高处作业人员能起防护作用，以确保施工人员的人身安全。

4）使操作不影响工效和产品质量。

5）可多层作业，交叉流水作业和多工种作业。

脚手架上的施工荷载一般情况下是通过脚手板传递给小横杆，由小横杆传递给大横杆，再由大横杆通过绑扎（或扣接）点传递给立杆，最后通过立杆底部传递至地基，如图3-1所示。各种脚手架应根据建筑施工的要求选择合理的构架形式，并制定搭设、拆除作业的程序和安全措施，当搭设高度超过免计算仅构造要求的搭设高度时，必须按规定进行设计计算。

脚手架虽然是随着工程进度而搭设，工程完毕就拆除，但它对建筑施工速度、工作效率、工程质量及工人的人身安全有着直接的影响。如果脚手架搭设不及时，势必会拖延工程进度；脚手架搭设不符合施工需要，工人操作不方便，施工质量得不到保证，工效得不到提高；脚手架搭设不牢固、不稳定，就容易造成施工中的伤亡事故。

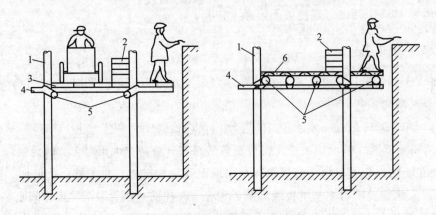

图 3-1　脚手架上的施工荷载传递
1—立杆　2—四层侧立砖　3—脚手架　4—小横杆　5—大横杆　6—竹笆脚手板

随着我国基本建设的规模日益扩大，脚手架的种类也越来越多。从搭设材质上说，不仅有传统的竹、木脚手架，还有金属钢管脚手架，而金属钢管脚手架中又分扣件式、碗扣式、门式，品种繁多；从搭设的立杆排数来看，又可分单排架、双排架和满堂架。图3-2为多立杆式脚手架构造示意图，图3-3为钢管扣件式支承架桥式脚手架示意图。从搭设的用途来说，又可分为砌筑架、装修架。但是，不论搭设材料也好，搭设立杆排数也好，按其用途也好，总体来说，脚手架一般可分为外脚手架、内脚手架和工具式脚手架三大类。

1. 外脚手架

（1）单排脚手架

单排脚手架由落地的许多单排立杆与大、小横杆绑扎或扣接而成，并搭设在建筑物或构筑物的外围，主要杆件有立杆、大横杆、小横杆、斜撑、剪刀撑、抛撑等，并按规定与墙体拉结。

（2）双排脚手架

双排脚手架由落地的许多里、外两排立杆与大、小横杆绑扎或扣接而成，并格设在建筑物或构筑物的外围，主要杆件有立杆、大横杆、小横杆、剪刀撑、斜撑、抛撑底座等组成。若用扣件夹件，有回转式、十字式和一字式三种，都应按规定与墙体拉结。概而言之，外脚手架必须从地面搭起，建筑物多高，架子就要搭多高，而且要耗用很多材料和人工。对架子来说，越高越不稳定，需要采取其他的加固或卸载措施，因此，一般脚手架主要用于低层建筑物施工较适宜。

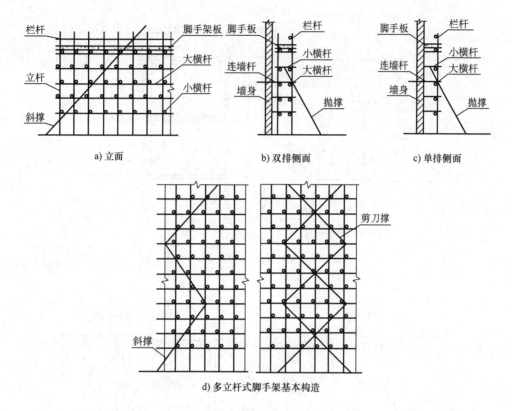

a) 立面　　　　b) 双排侧面　　　　c) 单排侧面

d) 多立杆式脚手架基本构造

图 3-2　多立杆式脚手架构造

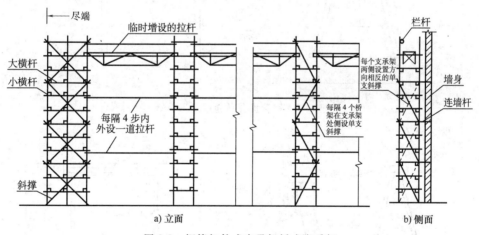

a) 立面　　　　　　　　　　　　b) 侧面

图 3-3　钢管扣件式支承架桥式脚手架

2. 内脚手架

（1）马凳式里脚手架

马凳式里脚手架用若干个马凳沿墙的内侧均摆，在其顶面铺设脚手板，在凳与凳之间间隔适当的距离加设料撑或剪刀撑。马凳本身可用木、竹、钢筋或型钢制成，如图 3-4、图 3-5 和图 3-6 所示。

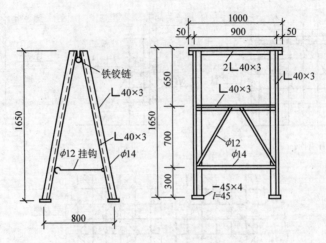

图 3-4 角钢折叠马凳式里脚手架

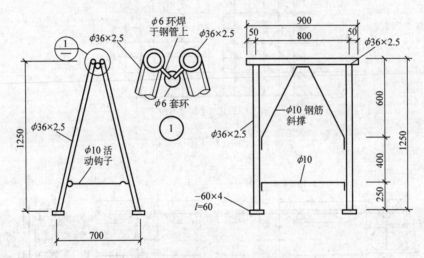

图 3-5 钢管折叠马凳式里脚手架

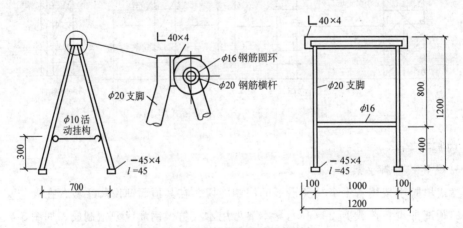

图 3-6 钢筋折叠马凳式里脚手架

（2）支柱式里脚手架

支柱式里脚手架用钢支柱配合横杆组成台架，上铺脚手板，按适当的距离加设一定的斜撑或剪刀撑，并搭设于外墙的内面，如图 3-7 所示为单立杆和双立杆联结方式的示意。

概括而言，内脚手架不受层高的限制，可随楼层的砌高而上移，操作人员在室内操作也比较安全，这种脚手架不论在低层或高层建筑施工中，都可广泛应用。

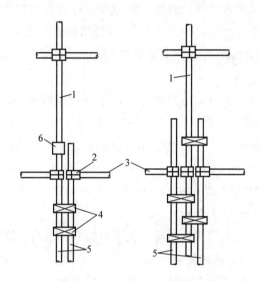

图 3-7　单立杆和双立杆的联结方式

1—上单立杆　2—直角扣　3—大横杆　4—回转杆　5—下双立杆　6—接长扣

3. 工具式脚手架

（1）桥式升降脚手架

桥式升降脚手架以金属构架立柱为基础，在两立柱间加设不超过 12m 长、0.8m 宽的钢桁架桥组成。桁架桥靠立柱支撑上下滑动，构成较长的操作平台，它具有构造简单、操作方便的特点。

（2）挂脚手架

挂脚手架将挂架挂在墙上或柱上预埋的挂钩上，在挂架上铺以脚手板并随工程进展逐步向上或向下移挂。

（3）挑脚手架

挑脚手架采用悬挑形式搭设，基本形式有两种：一种是支撑杆式挑脚手架，直接用金属脚手杆搭设，高度一般不超过 6 步架，倒换向上使用；另一种是挑梁式挑脚手架，一般为双排脚手架，支座固定在建筑结构的悬挑梁上，搭设高度应根据施工要求和起重机提升能力确定，但最高不超过 20 步架（总高 20～30m）。此类脚手架已成为高层建筑施工中常用的形式之一。

（4）吊篮脚手架

吊篮脚手架的基本构件是 $\phi50\times3.5$ 钢管焊成的矩形框架，按 1～3m 间距排列，并以 3～

4 榀框架为一组，然后用扣件连以钢管大横杆和小横杆，铺设脚手板，装置栏杆、安全网和护墙轮，在屋面上设置吊点，用钢丝绳吊挂框架，这种脚手架主要适用于外装修工程。

3.2.2 一般脚手架的安全技术要求

1. 脚手架杆件的安全技术要求

1）木脚手架立杆、纵向水平杆、斜撑、剪刀撑、连墙件应选用剥皮杉、落叶松，横向水平杆应选用杉木、落叶松、柞木、水曲柳。不得使用折裂、扭裂、虫蛀、纵向严重裂缝及腐朽的木杆。立杆有效部分的小头直径不得小于 70mm，纵向水平杆有效部分的小头直径不得小于 80mm。

2）竹杆应选用生长期三年以上毛竹或楠竹，不得使用弯曲、青嫩、枯脆、腐烂、裂纹连通两节以上及虫蛀的竹杆。立杆、顶撑、斜杆有效部分的小头直径不得小于 75mm，横向水平杆有效部分的小头直径不得小于 90mm，格栅、栏杆的有效部分小头直径不得小于 60mm。对于小头直径在 60mm 以上，不足 90mm 的竹杆可采用双杆。

3）钢管材质应符合 Q235A 级标准，不得使用有明显变形、裂纹、严重锈蚀的材料。钢管规格宜采用 φ48×3.5 或 φ51×3.0。

4）同一脚手架中，不得混用两种材质，也不得将两种规格钢管用于同一脚手架中。

2. 脚手架绑扎材料的安全技术要求

1）镀锌钢丝或回火钢丝严禁有锈蚀和损伤，且严禁重复使用。

2）竹篾严禁发霉、虫蛀、断腰、有大节疤和折痕，使用其他绑扎材料时，应符合其他规定。

3）扣件应与钢管管径相配，并符合国家现行标准的规定。

3. 脚手架上脚手板的安全技术要求

1）木脚手板厚度不得小于 50mm，板宽宜为 200~300mm，两端应用镀锌钢丝扎紧。材质为不低于国家Ⅱ等材质标准的杉木和松木，且不得使用腐朽、劈裂的木板。

2）竹串片脚手板应使用宽度不小于 50mm 的竹片，拼接螺栓间距不得大于 600mm，螺栓孔径与螺栓应紧密配合。

3）各种形式金属脚手板，单块自重不宜超过 0.3kN，性能应符合设计使用要求，表面应有防滑构造。

4. 脚手架搭设高度的安全技术要求

1）钢管脚手架中，扣件式单排架不宜超过 24m，扣件式双排架不宜超过 50m，门式架不宜超过 60m。

2）木脚手架中，单排架不宜超过 20m，双排架不宜超过 30m。

3）竹脚手架不得搭设单排架，双排架不宜超过 35m。

5. 脚手架构造的安全技术要求

1）单、双排脚手架的立杆纵距及水平杆步距不应大于 2.1m，立杆横距不应大于 1.6m。

2）应按规定的间隔采用连墙件（或连墙杆）与建筑结构进行连接，在脚手架使用期间不得拆除。

3）沿脚手架外侧应设置剪刀撑，并随脚手架同步搭设和拆除。

4）双排扣件式钢管脚手架高度超过 24m 时，应设置横向斜撑。

5）门式钢管脚手架的顶层门架上部、连墙件设置层、防护棚设置处必须设置水平架。

6）竹脚手架应设置顶撑杆，并与立杆绑扎在一起顶紧横向水平杆。

7）架高超过 40m 且有风涡流作用时，应设置抗风涡流上翻作用的连墙措施。

8）脚手板必须按脚手架宽度铺满、铺稳，脚手板与墙面的间隙不应大于 200mm，作业层脚手板的下方必须设置防护层。

9）作业层外侧应按规定设置防护栏杆和挡脚板。

10）脚手架应按规定采用密目式安全立网封闭。

6. 脚手架荷载标准值

（1）恒荷载

恒荷载包括构架、防护设施、脚手板等自重，应按 GB 50009《建筑结构荷载规范》选用，对木脚手板、竹串片脚手板可取自重标准值为 0.35kN/m²（按厚度 50mm 计）。

（2）施工荷载

施工荷载应包括作业层人员、器具、材料的自重：结构作业架应取 3kN/m²；装修作业架应取 2kN/m²；定型工具式脚手架按标准值取用，但不得低于 1kN/m²。

3.2.3 特殊脚手架的安全技术要求

1. 落地式脚手架的安全技术要求

（1）落地式脚手架基础

落地式脚手架的基础应坚实、平整，并应定期检查。立杆不埋设时，每根立杆底部应设置垫板或底座，并应设置纵、横向扫地杆。

（2）落地式脚手架连墙件

1）扣件式钢管脚手架双排架高在 50m 以下或单排架在 24m 以下时，按不大于 40m² 设置一处；双排架高在 50m 以上时，按不大于 27m² 设置一处。

门式钢管脚手架高在 45m 以下，基本风压不大于 0.55kN/m² 时，按不大于 48m² 设置一处；架高在 45m 以下，基本风压大于 0.55kN/m²，或架高在 45m 以上时，按不大于 24m² 设置一处。

木脚手架按垂直不大于双排 3 倍立杆步距、单排 2 倍立杆步距，水平不大于 3 倍立杆纵距设置。

竹脚手架按垂直不大于 4m，水平不大于 4 倍立杆纵距设置。

2）一字形、开口形脚手架的两端，必须设置连墙件。

3）连墙件必须采用可承受拉力和压力的构造，并与建筑结构连接。

（3）落地式脚手架剪刀撑及横向斜撑

1）扣件式钢管脚手架应沿全高设置剪刀撑。架高在 24m 以下时，可沿脚手架长度间隔不大于 15m 设置；架高在 24m 以上时，应沿脚手架全长连续设置剪刀撑，并应设置横向斜撑，横向斜撑由架底至架顶呈之字形连续布置，沿脚手架长度间隔 6 跨设置一道。

2）碗扣式钢管脚手架，架高在 24m 以下时，按外侧框格总数的 1/5 设置斜杆；架高在 24m 以上时，按框格总数的 1/3 设置斜杆。

3）门式钢管脚手架的内外两个侧面除应满设交叉支撑杆外，当架高超过 20m 时，还应在脚手架外侧沿长度和高度连续设置剪刀撑，剪刀撑钢管规格应与门架钢管规格一致。当剪刀撑钢管直径与门架钢管直径不一致时，应采用异型扣件连接。

4）满堂扣件式钢管脚手架除沿脚手架外侧四周和中间设置竖向剪刀撑外，当脚手架高于 4m 时，还应沿脚手架每 2 步高度设置一道水平剪刀撑。

（4）扣件式钢管脚手架的连接

1）扣件式钢管脚手架的主节点处必须设置横向水平杆，在脚手架使用期间严禁拆除。单排脚手架横向水平杆插入墙内长度不应小于 180mm。

2）扣件式钢管脚手架除顶层外立杆杆件接长时，相临杆件的对接接头不应设在同步内，相临纵向水平杆对接接头不宜设置在同步或同跨内。

3）扣件式钢管脚手架立杆接长除顶层外应采用对接。木脚手架立杆接头搭接长度应跨两根纵向水平杆，且不得小于 1.5m。竹脚手架立杆接头的搭接长度应超过一个步距，并不得小于 1.5m。

2. 悬挑式脚手架的安全技术要求

（1）悬挑一层的脚手架

1）架斜立杆的底部必须搁置在楼板、梁或墙体等建筑结构部位，并有固定措施。立杆与墙面的夹角不得大于 30°，挑出墙外宽度不得大于 1.2m。

2）斜立杆必须与建筑结构进行连接固定，不得与模板支架进行连接。

3）斜立杆纵距不得大于 1.5m，底部应设置扫地杆并按不大于 1.5m 的步距设置纵向水平杆。

4）作业层除应按规定满铺脚手板和设置临边防护外，还应在脚手板下部挂一层平网，在斜立杆里侧用密目网封严。

（2）悬挑多层的脚手架

1）结构必须专门设计计算，应保证有足够的强度、稳定性和刚度，并将脚手架的荷载传递给建筑结构。悬挑式脚手架的高度不得超过 24m。

2）悬挑支承结构可采用悬挑梁或悬挑架等不同结构形式。悬挑梁应采用型钢制作，悬挑架应采用型钢或钢管制作成三角形桁架，其节点必须是螺栓或焊接的刚性节点，不得采用扣件（或碗扣）组装。

3）支撑结构以上的脚手架应符合落地式脚手架搭设规定，并按要求设置连墙件。脚手架立杆纵距不得大于 1.5m，底部与悬挑结构必须进行可靠连接。

3. 吊篮式脚手架的安全技术要求

（1）吊篮式脚手架吊篮平台

1）吊篮平台应经设计计算并应采用型钢、钢管制作，其节点应采用焊接或螺栓连接，不得使用钢管和扣件（或碗扣）组装。

2）吊篮平台宽度宜为 0.8~1.0m，长度不宜超过 6m。当底板采用木板时，厚度不得小于 50mm，采用钢板时应有防滑构造。

3）吊篮平台四周应设防护栏杆，除靠建筑物一侧的栏杆高度不应低于 0.8m 外，其余侧面栏杆高度均不得低于 1.2m。栏杆底部应设 180mm 高挡脚板，上部应用钢丝网封严。

4）吊篮应设固定吊环，其位置距底部不应小于 800mm。吊篮平台应在明显处标明最大使用荷载（人数）及注意事项。

（2）吊篮式脚手架悬挂结构

1）悬挂结构应经设计计算，可制作成悬挑梁或悬挑架，尾端与建筑结构锚固连接；当采用压重方法平衡挑梁的倾覆力矩时，应确认压重的质量，并应有防止压重移位的锁紧装置。悬挂结构抗倾覆应专门计算。

2）悬挂结构外伸长度应保证悬挂平台的钢丝绳与地面呈垂直。挑梁与挑梁之间应采用纵向水平杆连成稳定的结构整体。

（3）吊篮式脚手架提升机构

1）提升机构的设计计算应按容许应力法，提升钢丝绳安全系数不应小于 10，提升机的安全系数不应小于 2。

2）提升机可采用手动导链或电动导链，应采用钢芯钢丝绳。手动导链可用于单跨（两个吊点）的升降，当吊篮平台多跨同时升降时，必须使用电动导链且应有同步控制装置。

（4）吊篮式脚手架安全装置

1）使用手动导链应装设防止吊篮平台发生自动下滑的闭锁装置。

2）吊篮平台必须装设安全锁，并应在各吊篮平台悬挂处增设一根与提升钢丝绳相同型号的安全绳，每根安全绳上应安装安全锁。

3）当使用电动提升机时，应在吊篮平台上、下两个方向装设对其上、下运行位置、距离进行限定的行程限位器。

4）电动提升机构宜配两套独立的制动器，每套制动器均可使带有额定荷载 125% 的吊篮平台停住。

（5）吊篮式脚手架吊篮的试压检验

吊篮式脚手架吊篮安装完毕后，应以 2 倍的均布额定荷载进行检验平台和悬挂结构的强度及稳定性的试压试验。提升机构应进行运行试验，其内容应包括空载、额定荷载、偏载及超载试验，并应同时检验各安全装置并进行坠落试验。

（6）其他注意事项

吊篮式脚手架必须经设计计算，吊篮升降应采用钢丝绳传动、装设安全锁等防护装置并经检验确认。严禁使用悬空吊椅进行高层建筑外装修清洗等高处作业。

4. 附着升降脚手架的安全技术要求

（1）附着升降脚手架设计计算

附着升降脚手架的架体结构和附着支撑结构应按概率极限状态法进行设计计算，升降机构应按容许应力法进行设计计算。荷载标准值应分别按使用、升降、坠落三种状况确定。

（2）附着升降脚手架架体构造

1）架体尺寸应符合下列规定：架体高度不应大于15m，宽度不应大于1.2m；架体构架的全高与支撑跨度的乘积不应大于110m²；升降和使用情况下，架体悬臂高度均不应大于6.0m和2/5架体高度。

2）架体结构应符合下列规定：水平梁架应满足承载和架体整体作用的要求，采用焊接或螺栓连接的定型桁架梁式结构，不得采用钢管扣件、碗扣等脚手架连接方式；架体必须在附着支撑部位沿全高设置定型的竖向主框架，且应采用焊接或螺栓连接结构，并应能与水平梁架和架体构架整体作用，且不得使用钢管扣件或碗扣等脚手架杆件组装；架体外立面必须沿全高设置剪刀撑；悬挑端应与主框架设置对称斜拉杆；架体遇起重机、施工电梯、物料平台等设施而需断开处应采取加强构造措施。

（3）附着升降脚手架的附着支撑结构

附着升降脚手架的附着支撑结构必须满足附着升降脚手架在各种情况下的支撑、防倾和防坠落的承载力要求。在升降和使用工况下，确保每一竖向主框架的附着支撑不得少于2套，且每一套均应能独立承受该跨全部设计荷载和倾覆作用。

（4）附着升降脚手架的安全防护装置

附着升降脚手架必须设置防倾装置、防坠装置及整体（或多跨）同时升降作业的同步装置。

1）防倾装置应符合下列规定：防倾装置必须与建筑结构、附着支撑或竖向主框架可靠连接，应采用螺栓连接，不得采用钢管扣件或碗扣方式连接；升降和使用工况下，在同一竖向平面的防倾装置不得少于两处，两处的最小间距不得小于架体全高的1/3。

2）防坠装置应符合下列规定：防坠装置应设置在竖向主框架部位，且每一竖向主框架提升设备处必须设置一个；防坠装置与提升设备必须分别设置在两套互不影响的附着支撑结构上，当有一套失效时另一套必须能独立承担全部坠落荷载；防坠装置应有专门的确保其工作可靠、有效的检查方法和管理措施。

3）同步装置应符合下列规定：升降脚手架的吊点超过两点时，不得使用手动导链，且必须装设同步装置；同步装置应能同时控制各提升设备间的升降差和荷载值。同步装置应具备超载报警、欠载报警和自动显示功能，在升降过程中，应显示各种机位实际荷载、平均高度、同步差，并自动调整使相邻机位同步差控制在限定值内。

（5）附着升降脚手架的封闭要求

附着升降脚手架必须按要求用密目式安全立网封闭严密，脚手板底部应用平网及密目网双层网兜底，脚手板与建筑的间隙不得大于200mm，单跨或多跨提升的脚手架，其两端断开处必须加设栏杆并用密目网封严。

（6）附着升降脚手架的检查验收

附着升降脚手架组装完毕后应经检查、验收确认合格后方可进行升降作业，且每次升降到位架体固定后，必须进行交接验收，确认符合要求时，方可继续作业。

5. 型钢悬挑扣件式钢管脚手架设计实例

悬挑扣件式钢管脚手架具有使用范围广、不受现场和楼高的限制的优点，同时可以节省大量的周转材料，还可以缩短工程的施工工期，在高层建筑施工中得到广泛应用。在此介绍一种容易学易懂易掌握的型钢悬挑扣件式钢管脚手架的设计实例。

某型钢悬挑扣件式钢管脚手架技术参数如下，请验算其水平悬挑梁的强度、刚度、稳定性。

（1）工程概况

某大厦项目建筑面积 28654m²，地下 1 层，地上 13 层，裙房 4 层，结构形式为框架-剪力墙结构，1 层的层高 4.50m，2~12 层层高 3.40m，13 层层高 4.80m，女儿墙高度 1.50m，建筑总高度（4.50+3.40×11+4.80+1.50）m=48.20m。

（2）脚手架工程设计

本工程 5 层以下采用全封闭双排外落地脚手架，6 层以上采用全封闭悬挑双排外脚手架，在 6 层楼面设工字钢悬挑并加设钢丝绳斜拉结构。

（3）脚手架工程搭设参数

脚手架钢管选用 φ48×3.5 钢管；外挑工字钢采用工18，长度为 3.00m；固定工字钢在楼面上用 1φ12 和 1φ16 的圆钢，距外墙边 0.20m 设置 1φ12 的钢筋套环，距外墙边 1.30m 设置 1φ16 的钢筋套环。

立杆纵向间距为 1.80m，内立杆距外墙 0.35m，外立杆距外墙面为 1.40m，大横杆间距为 1.50m，小横杆长度为 1.50m。

脚手架与建筑物连墙的拉结在两步三跨内采用拉撑结合的方式，拉筋用 1φ10 的钢筋，顶撑用 φ48×3.5 钢管，或者采用 φ48×3.5 钢管固定在内立杆上。

6~12 层的悬挑架高 3.40m×7=23.80m，加上 13 层的高度 4.80m 及高出屋面的女儿墙高度 1.50m，则悬挑架的总高度为 （23.8+4.8+1.5）m=30.1m。

故按 30.10m 计算悬挑架荷载，并对水平悬挑梁的强度、刚度、稳定性等进行验算。

（4）悬挑架的荷载取值及水平悬挑梁设计

1）悬挑架荷载的取值与组合。

① 计算基数。

计算高度 $H=30.10m$，步距 $H=1.50m$，立杆纵距 $L_a=1.80m$，立杆横距 $L_b=1.05m$，内立杆至墙距 $L_c=0.35m$，外立杆至墙距 $L_d=1.40m$。

钢管自重 $G_1=37.70N/m$，栏杆、挡脚板自重 $G_2=140.00N/m$，安全立网自重 $G_3=3.40N/m^2$，安全平网自重 $G_4=4.87N/m^2$，装饰施工活荷载 $q_k=2000.00N/m^2$，木脚手板自重 $G_5=350.00N/m^2$。

② 脚手架结构自重。脚手架结构自重 NG_{1k}（包括立杆、纵、横水平杆、剪刀撑、横向斜撑和扣件），查有关建筑施工扣件式钢管脚手架 工程设计计算手册及相关安全技术规范可得：架体每米高度一个立杆纵距的自重 $g_{k1}=149.50N/m$。

$$NG_{1k}=Hg_{k1}=(30.10×149.50)N=4499.95N$$

③ 构配件自重。包括内立杆和外立杆的计算。

A. 外立杆，包括以下几项计算：

a. 木脚手板（按 3 层考虑）。

$$NG_{2k-1} = 3L_aL_bG_5/2 = (3×1.80×1.05×350.00/2)\,N = 992.25N$$

b. 防护栏杆、挡脚板（按 3 层考虑）。

$$NG_{2k-2} = 3L_aG_2 = (3×1.80×140.00)\,N = 756.00N$$

c. 安全网（立网按 1 层考虑，平网按 3 层考虑）。

$$NG_{2k-3} = HL_aG_3 + 3L_aL_bG_4/2 = (30.10×1.80×3.40 + 3×1.80×1.05×4.87/2)\,N = 198.02N$$

d. 纵向横杆（搁置脚手板用，按 3 层考虑）。

$$NG_{2k-4} = 3L_bG_1/2 = (3×1.05×37.70/2)\,N = 59.38N$$

e. 合计。

$$NG_{2k} = (992.25 + 756.00 + 198.02 + 59.38)\,N = 2005.65N$$

B. 内立杆，包括以下几项计算：

a. 木脚手板（按 3 层考虑）。

$$NG_{2k-1} = 3L_aL_bG_5/2 + 3L_aL_cG_5 = (3×1.80×1.05×350.00/2 + 3×1.80×0.35×350.00)\,N = 1653.75N$$

b. 纵向横杆（搁置脚手板用，按 3 层考虑）。

$$NG_{2k-2} = 3L_bG_1/2 + 3L_cG_1 = (3×1.05×37.70/2 + 3×0.35×37.70)\,N = 98.97N$$

c. 合计。

$$NG_{2k} = (1653.75 + 98.97)\,N = 1752.72N$$

④ 施工均布活荷载（按装饰阶段 2 层同时施工考虑）。

A. 外立杆。

$$NQ_{k外} = 2L_aL_bq_k/2 = (2×1.80×1.05×2000.00/2)\,N = 3780.00N$$

B. 内立杆。

$$NQ_{k内} = 2L_aL_bq_k/2 + 2L_aL_cq_k = (2×1.80×1.05×2000.00/2 + 2×1.80×0.35×2000.00)\,N$$
$$= 6300.00N$$

⑤ 垂直荷载组合（不考虑风荷载）。

A. 外立杆。

$$N_1 = 1.2×(NG_{1k} + NG_{2k}) + 1.4×NQ_{k外} = 1.2×(4499.95 + 2005.65)\,N + 1.4×3780.00N = 13098.72N$$

B. 内立杆。

$$N_2 = 1.2×(NG_{1k} + NG_{2k}) + 1.4×NQ_{k内} = 1.2×(4499.95 + 1752.72)\,N + 1.4×6300.00N = 16323.20N$$

2）水平悬挑梁设计。

本工程水平悬挑型钢梁采用工18工字钢，长 3.0m，在 6 层楼面上预埋 1φ12、1φ16 的圆钢对工字钢进行背焊固定。根据 GB 50017《钢结构设计规范》规定进行下列计算与验算。

计算模型：按照悬挑梁进行计算，验算悬挑梁时，不再计算斜拉钢丝绳的承载力，而将其作为附加安全承载力考虑。

① 工18工字钢截面特性。

对 x 轴的净截面抵抗矩 $W_x = 185×10^3\,mm^3$，惯性矩 $I = 1660×10^4\,mm^4$，

自重 $q = 241.40\text{N/m}$。

弹性模量 $E = 206 \times 10^3 \text{N/mm}^2$。

翼缘宽度 $b = 94\text{mm}$，翼缘平均厚度 $\delta = 10.7\text{mm}$，高度 $H = 180\text{mm}$。

② 最大弯矩。

$M_{\max} = N_1 L_d + N_2 L_c + q L_c / 2 = (13098.72 \times 1.4 + 16323.20 \times 0.35 + 241.40 \times 1.50/2)\text{N} \cdot \text{m} = 24232.38\text{N} \cdot \text{m}$

③ 强度验算。

$$\sigma = M_{\max} / (\gamma_x W_x)$$

式中　γ_x——截面发展系数，对工字形截面，查有关工程设计计算手册得 $\gamma_x = 1.05$；

　　　　W_x——对 x 轴的净截面抵抗矩，查有关工程设计计算手册得 $W_x = 185 \times 10^3 \text{mm}^3$。

设计计量时，钢的抗弯强度取 $f = 215\text{N/mm}^2$。

$\sigma = [24232.38 \times 10^3 / (1.05 \times 185 \times 10^3)]\text{N/mm}^2 = 124.75\text{N/mm}^2 < f = 215\text{N/mm}^2$

结论：安全。

④ 整体稳定验算。

轧制普通槽钢受弯要考虑整体稳定问题。按照相关规范的规定，本悬臂梁跨长 1.40m，可折算成简支梁，其跨度 L_1 为 $2 \times 1.40\text{m} = 2.80\text{m}$，整体稳定系数 Ψ。

$\Psi = 570b\delta / (L_1 H) \times 235 / \sigma_s = [570 \times 94 \times 10.7 / (2.80 \times 1000 \times 180)] \times 235 / 215 = 1.24$

则悬挑梁弯曲应力为

$\sigma = M_{\max} / (\Psi W_x) = [24232.38 \times 10^3 / (1.24 \times 185 \times 10^3)]\text{N/mm}^2 = 105.63\text{N/mm}^2 < f = 215\text{N/mm}^2$，结论：安全。

⑤ 刚度验算。

$\omega = N_1 (L_b + L_c)^3 / 3EI + N_2 L_c^2 (L_b + L_c + 100) \times [3 - L_c / (L_b + L_c + 100)] / 6EI + Q(L_b + L_c + 100)^4 / 8EI$

式中　N_1、N_2——作用于水平悬挑梁上的内、外立杆荷载；

　　　　E——弹性模量，$E = 206 \times 10^3 \text{N/mm}^2$。

钢的抗弯强度设计值按 $f = 215\text{N/mm}^2$ 计取，于是将已知数值代入上式：

$\omega = N_1 (L_b + L_c)^3 / 3EI + N_2 L_c^2 (L_b + L_c + 100) \times [3 - L_c / (L_b + L_c + 100)] / 6EI + q(L_b + L_c + 100)^4 / 8EI = 13148.41 \times (1050 + 350)^3 / (3 \times 206 \times 10^3 \times 1660 \times 10^4) + 16323.20 \times 350^2 \times (1050 + 350 + 100) \times [3 - 350 / (1050 + 350 + 100)] / (6 \times 206 \times 10^3 \times 1660 \times 10^4) + 241.40 \times (1050 + 350 + 100)^4 / (8 \times 206 \times 10^3 \times 1660 \times 10^4)\text{mm} = (3.50 + 0.41 + 0.04)\text{mm} = 3.95\text{mm} < L/250 = (1400/250)\text{mm} = 5.60\text{mm}$

结论：满足要求。

⑥ 工18工字钢后部锚固钢筋设计。

A. 锚固钢筋的承载力验算。

锚固选用 $1\phi16$ 圆钢预埋在平板上，吊环承受的拉力为

$$N_3 = M_{\max} / 1.3 = (24232.38/1.3)\text{N} = 18640.29\text{N}$$

吊环承受的拉应力为

$\sigma = N/A = N_3/A = [18640.29/(3.14 \times 82)] N/mm^2 = 72.40 N/mm^2 < [\sigma] = 215 N/mm^2$

结论：满足要求。

B. 锚固钢筋的焊缝验算。

$$\sigma = F/(L_w \delta)$$

式中 F——作用于锚固钢筋上的轴心拉力设计值，$F = N_3 = 18640.29 N$；

L_w——焊缝的计算长度，取 $L_w = (40-10) mm = 30 mm$；

δ——焊缝的计算厚度，取 8mm。

$\sigma = [18640.29/(30 \times 8)] N/mm^2 = 77.67 N/mm^2 < [\sigma] = 160 N/mm^2$

结论：满足要求。

⑦ 小结。

综上所述，当挑梁采用工18工字钢时，其强度、挠度、稳定性均符合要求。

（5）立杆稳定性计算

1）无风荷载时，立杆稳定性计算。

$$N/(\phi A) \leqslant f$$

式中 N——计算立杆最大垂直力设计值，取 $N = N_2 = 16323.20 N$；

ϕ——轴心受压构件的稳定系数。

根据长细比 λ，可在有关工程设计计算手册中查出立杆的截面面积，采用 $A = 489 mm^2$。

立杆稳定性计算

$N/(\phi A) = [16323.20/(0.26 \times 489)] N/mm^2 = 128.39 N/mm^2 < f = 215 N/mm^2$

结论：安全。

2）风荷载作用下，立杆稳定性计算。

$$N/(\phi A) + M_w/W \leqslant f$$

式中 M_w——由风荷载设计值产生的弯矩；

W——钢管立杆的截面模量，$W = 5.08 cm^3$。

① 计算风荷载产生的弯矩。

A. 水平风荷载标准值 ω_k。

$$\omega_k = 0.7 \mu_z \mu_s \omega_0$$

式中 μ_z——风压高度变化系数，根据题设条件，脚手架最高处的高度是 48.20m，查有关工程设计计算手册可知工程所在地为 B 类地区，于是可得 $\mu_z = 1.648$；

μ_s——脚手架风荷载体型系数，敞开式脚手架的挡风面积为 $(1.50 \times 1.80 \times 0.089) m^2 = 0.24 m^2$，密目网的挡风系数取 0.5，则在脚手架外立杆里侧满挂密目网后，脚手架综合挡风面积为 $[(1.50 \times 1.80 - 0.2403) \times 0.5 + 0.24] m^2 = 1.47 m^2$，其综合挡风系数为 $\phi = 1.47(1.5 \times 1.8) = 0.54$，根据有关规范的规定，背靠开洞墙、满挂密目网的脚手架风载体型系数 ϕ 采用 1.3，即

$$\mu_s = 1.3 \times 0.54 = 0.70；$$

ω_0——基本风压，根据 GB 50009《建筑结构荷载规范》相关条文的规定采用 ω_0

$=0.45kN/m^2$。

水平风荷载标准值 $\omega_k = 0.7 \times 1.648 \times 0.70 \times 0.45kN/m^2 = 0.36kN/m^2$。

B. 计算风荷载产生的弯矩。

$M_w = 0.85 \times 1.4 \times \omega_k L_a H^2/10 = (0.85 \times 1.4 \times 0.36 \times 1.8 \times 1.5^2/10)kN \cdot m = 0.17kN \cdot m$

② 计算立杆稳定性。

$N/(\phi A) + M_w/W = [128.39 + 0.17 \times 10^6/(5.08 \times 10^3)]N/mm^2 = 161.85N/mm^2 < f = 215N/mm^2$

结论：安全。

（6）连墙件计算

连墙构造对外脚手架的安全至关重要，必须引起高度重视，确保架体稳固。连墙拉筋用 $1\phi10$ 钢筋拉到剪力墙上，顶撑用 $\phi48 \times 3.5$ 钢管，水平距离 5.40m，竖向距离为 3.00m。

由风荷载产生的连墙件轴向力设计值

$$N_{1w} = 1.4\omega_k A_w = (1.4 \times 0.36 \times 3 \times 5.4)kN = 8.16kN$$

连墙件约束脚手架平面外变形所产生的轴向力 N_0，对双排脚手架取 5.00kN，连墙件轴向力设计值

$$N_L = N_{1w} + N_0 = (8.16 + 5.00)kN = 13.16kN$$

$1\phi10$ 拉筋的承载力

$$N = [f_y]S = (210 \times 3.14 \times 52)kN = 16.49kN > N_{1w} > 13.16kN$$

根据建筑施工扣件式钢管脚手架有关安全技术规范可知，一个直角或旋转扣件的抗滑设计值为 8.00kN。由此可见，在两步三跨内采用 $\phi48 \times 3.5$ 钢管固定在内立杆上，同时每个节点需要两个直角或旋转扣件同时工作（也就是每个节点的抗滑力满足 16.49kN）。

结论：连墙件拉筋用 $1\phi10$ 筋能满足安全要求。

（7）设计注意事项

1）型钢悬挑扣件式钢管脚手架涉及的所有材料必须合格。

2）型钢悬挑扣件式钢管脚手架施工前，必须编制详细的施工方案，并进行安全技术交底。

3）型钢悬挑扣件式钢管脚手架扎设过程中，要进行跟踪检查，扎设完毕后，要进行综合验收。

4）型钢不允许随意地打眼、钻孔。

5）加强对型钢悬挑扣件式钢管脚手架的维护工作，在脚手架上挂设标语时要经设计人员验算确定。

3.3 模板安全要求

3.3.1 一般规定

1）模板施工前，应根据建筑物结构特点和混凝土施工工艺进行模板设计，并编制安全技术措施。

2）模板及支架应具有足够的强度、刚度和稳定性，能可靠地承受新浇混凝土自重、侧压力和施工中产生的荷载及风荷载。

3）各种材料模板的制作，应符合相关技术标准的规定。

4）模板支架材料宜采用钢管、门式架、型钢、木杆等，模板支架材质应符合相关技术标准的规定。

3.3.2 构造要求

1）各种模板的支架应自成体系，严禁与脚手架进行连接。

2）模板支架立杆底部应设置垫板，不得使用砖及脆性材料铺垫，并应在支架的两端和中间部分与建筑结构进行连接。

3）模板支架立杆在安装的同时，应加设水平支撑，立杆高度大于2m时，应设2道水平支撑，每增高1.5~2m时，再增设1道水平支撑。

4）满堂模板立杆除必须在四周及中间设置纵、横双向水平支撑外，当立杆高度超过4m以上时，应每隔2步设置1道水平剪刀撑。

5）当采用多层支模时，上下各层立杆应保持在同一垂直线上。

6）需进行二次支撑的模板，当安装二次支撑时，模板上不得有施工荷载。

7）模板支架的安装应按照设计图进行，安装完毕浇筑混凝土前，经验收确认符合要求。

8）应严格控制模板上堆料及设备荷载，当采用小推车运输时，应该搭设小车运输通道，以免将荷载传给建筑结构。

3.3.3 模板拆除

1）模板支架拆除必须有工程技术负责人的批准手续及混凝土的强度报告。

2）模板拆除顺序应按设计方案的规定进行。当无规定时，应按照"先支的后拆，后支的先拆"的顺序，先拆非承重模板，后拆承重模板及支架。

3）拆除较大跨度梁下支柱时，应先从跨中开始，分别向两端拆除。拆除多层楼板支柱时，在确认上部施工荷载不需要传递的情况下方可拆除下部支柱。

4）当水平支撑超过2道以上时，应先拆除2道以上水平支撑，最下面一道大横杆与立杆应同时拆除。

5）模板拆除应按规定逐次进行，不得采用大面积撬落方法。拆除的模板、支撑件应用槽滑下或用绳系下，不得留有悬空模板。

3.4 高处作业安全要求

根据国家标准《高处作业分级》（GB/T 3608—2008）的规定，当距坠落高度基准面2m或2m以上有可能坠落的高处进行的作业为高处作业。基准面即坠落下去的底面，如地面、楼面、楼梯平台、相邻较低建筑物的屋面、基坑的底面、脚手架的通道板等。因为底面可能高低不平，所以对基准面的规定为发生坠落通过最低着落点的水平面，最低坠落着落点指的是在坠落中可能落到的最低点。由于牵涉到人身安全，因此，进行这种严格的规定是非常必要的。如果处于四周封闭状态，那么，即使在高处，如在高层建筑的居室内作业，也不能算高处作业。按照上述定义，建筑施工中有 90% 左右的作业，都称为高处作业。这些高处作业基本上分为三大类，即临边作业、洞口作业及独立悬空作业。进行各项高处作业，都必须做好各种必要的安全防护技术措施。

3.4.1　一般安全要求

1）进入施工现场必须戴安全帽。安全帽的制作与使用应符合国家现行标准 GB 2811《头部防护　安全帽》的有关规定。

2）悬空高处作业人员应挂牢安全带，安全带的选用与佩戴应符合国家现行标准 GB 6095《坠落防护　安全带》的有关规定。

3）建筑施工过程中，应采用密目式安全立网对建筑物进行封闭（或采取临边防护措施）。

4）建筑施工期间，应采取有效措施对施工现场和建筑物的各种孔洞盖严，并固定牢固。

5）对人员活动集中和出入口处的上方应搭设防护棚。

6）高处作业的安全技术措施应在施工方案中确定，并在施工前完成，最后经验收确认符合要求。

7）高处作业的人员应按规定定期进行体检。

3.4.2　临边作业

施工现场任何处所，当工作面的边沿并无围护设施，使人与物有各种坠落可能的高处作业，属于临边作业。若围护设施（如窗台、墙等）高度低于 800mm，近旁的作业也属临边作业，包括屋面边、楼板边、阳台边、基坑边等，如图 3-8~图 3-10 所示。

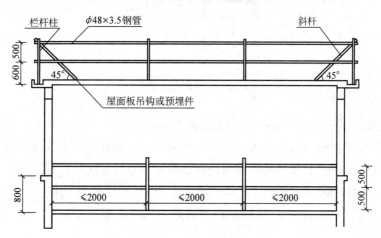

图 3-8　屋面和楼层临边防护栏杆

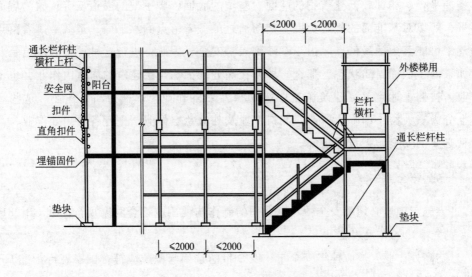

图 3-9 楼梯、楼层和阳台临边防护栏杆

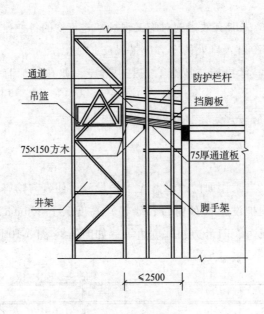

图 3-10 通道侧边防护栏杆

1）工作边沿无维护设施或维护设施高度低于 800mm 的，必须设置防护设施，如基坑周边、尚未安装栏杆或拦板的阳台及楼梯段、框架结构各层楼板尚未砌筑维护墙的周边、坡形屋顶周边以及施工升降机与建筑物通道的两侧边等都必须设置防护栏杆。

2）水平工作面防护栏杆高度应为 1200mm，坡度大于 1∶2.2 的屋面，周边栏杆应高于 1500mm，应能经受 1000N 外力。防护栏杆应用安全立网封闭，或在栏杆底部设置高度不低于 180mm 的挡脚板。

3.4.3 洞口作业

建筑物或构筑物在施工过程中，常会出现各种预留洞口、通道口、上料口、楼梯口、电梯井口，在其附近工作，称为洞口作业。

通常将较小的称为孔，较大的称为洞。并规定：楼板、屋面、平台面等横向平面上短边尺寸小于 250mm 的，及墙上等竖向平面上高度小于 750mm 的称为孔；横向平面上，短边尺寸大于或等于 250mm 的，竖向平面上高度大于或等于 750mm，宽度大于 450mm 的称为洞。

凡深度在 2m 及 2m 以上的桩孔、人孔、沟槽与管道孔洞等边沿上进行施工作业，也归入洞口作业的范围。

1）在孔与洞口边的高处作业必须设置防护设施（图 3-11），包括因施工工艺形成的深度在 2m 及以上的桩孔边，沟槽边和因安装设备、管道预留的洞口边等。

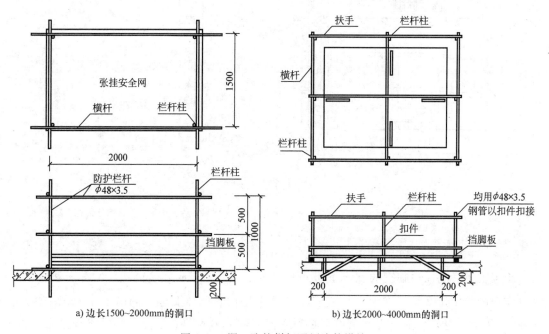

a) 边长1500~2000mm的洞口　　　　b) 边长2000~4000mm的洞口

图 3-11　洞口防护栏杆通用防护设施

2）较小的洞口应采用坚实的盖板盖严，盖板应能防止移位；较大的洞口除应在洞口采用安全网或盖板封严外，还应在洞口四周设置防护栏杆。

3）墙面处的竖向洞（如电梯井口、管道井口），除应在井口处设防护栏杆或固定栅门外，井道内应每隔 10m 设一道平网，如图 3-12 所示。

3.4.4 攀登作业

1）用于登高和攀登的设施应在施工组织设计中确定，攀登用具必须牢固可靠。

2）梯子不得垫高使用。梯脚底部应坚实并应有防滑措施，上端应有固定措施。使用折梯时,应有可靠的拉撑措施。

3)作业人员应从规定的通道上下,不得任意利用升降机架体等施工设备进行攀登。

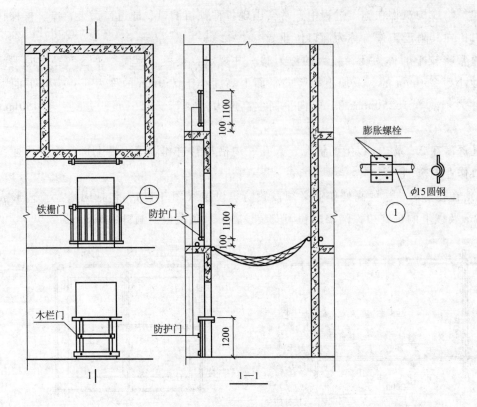

图 3-12 电梯井口防护门

3.4.5 悬空作业

施工现场,在周边临空的状态下进行作业时,高度在 2m 及 2m 以上,属于悬空作业。悬空作业的法定定义是"在无立足点或无牢靠立足点的条件下进行的高处作业统称为悬空作业"。因此,悬空作业尚无立足点,必须适当地建立牢靠的立足点,如设操作平台、脚手架或吊篮等,方可进行施工。

对悬空作业的另一要求:凡作业所用的索具、脚手架、吊篮、吊笼、平台、塔架等均必须是经过技术鉴定的合格产品或经过技术部门鉴定合格后,方可采用。

1. 吊装构件和安装管道时的悬空作业

吊装构件和安装管道时的悬空作业,必须遵守以下安全规定:

1)钢结构构件应尽可能地安排在地面组装,当构件起吊安装就位后,其临时固定电焊、高强螺栓连接等工序仍然要在高处作业,这就需要搭设相应的安全设施,如搭设操作平台或佩戴安全带和张挂安全网。

高处吊装预应力钢筋混凝土屋架、桁架等大型构件前,也应搭设悬空作业中所需的安全设施。

2）分层分片吊装第一块预制构件，吊装单独的大、中型预制构件及悬空安装大模板等，必须站在平台上操作。吊装中的预制构件、大模板以及石棉水泥板等屋面板上，严禁站人和行走。

3）安装管道必须有已完结构或操作平台作为立足点。严禁在安装中的管道上站立和行走。

2. 支撑和拆卸模板时的悬空作业

支撑和拆卸模板时的悬空作业，必须遵守以下安全规定：

1）支撑和拆卸模板应按规定的作业程序进行。前一道工序所支的模板未固定前，不得进行下一道工序。严禁在连接件和支撑件上攀登上下，并严禁在上下同一垂直面上装卸模板。结构复杂的模板，其装、拆应严格按照施工组织设计的措施进行。

2）支设高度在 3m 以上的柱模板，四周应设斜撑，并应设立操作平台。低于 3m 的可使用马凳操作。

3）支设处于悬挑状态的模板，应有稳固的立足点。支设凌空构筑物的模板，应搭设支架或脚手架。模板面上有预留洞，应在安装后将洞口盖没。混凝土板上拆模后形成的临边或洞口，应按本章有关措施予以防护。

4）拆模高处作业应配置登高用具或搭设支架。

3. 绑扎钢筋时的悬空作业

绑扎钢筋时的悬空作业，必须遵守以下安全规定：

1）绑扎钢筋和安装钢筋骨架，必须搭设必要的脚手架和马道。

2）绑扎圈梁、挑梁、挑檐、外墙和边柱等钢筋，应搭设操作台、架并张挂安全网。绑扎悬空大梁钢筋，必须在支架、脚手架或操作平台上操作。

3）绑扎支柱和墙体钢筋，不得站在钢筋骨架上或攀登骨架上下。3m 以内的柱钢筋，可在地面或楼面上预先绑扎，然后整体竖立。绑扎 3m 以上的柱钢筋，必须搭设操作平台。

4. 浇筑混凝土时的悬空作业

浇筑混凝土时的悬空作业，必须遵守以下安全规定：

1）浇筑离地 2m 以上的框架、过梁、雨篷和小平台等，应设操作平台，不得站在模板或支撑件上操作。

2）浇筑拱形结构应自两边拱脚，对称地相向进行。浇筑储仓，下口应先行封闭，并搭设脚手架以防人员坠落。

3）特殊情况下进行浇筑，如无安全设施，必须挂好安全带，并扣好保险钩或架设安全网。

5. 进行预应力张拉的悬空作业

进行预应力张拉的悬空作业时，必须遵守以下安全规定：

1）进行预应力张拉时，应搭设站立操作人员和设置张拉用的牢固可靠的脚手架或操作平台。雨天张拉，应架设防雨篷。

2）预应力张拉区域应有明显的安全标志，禁止非操作人员进入。张拉钢筋的两端必须设置挡板，挡板一般应距所张拉钢筋的端部 1.5~2m，且应高出最上一组张拉钢筋 0.5m，其宽度应距张拉钢筋左右两外侧各不小于 1m。

3）孔道灌浆应按预应力张拉安全设施的有关规定进行。

6. 门窗工程中的悬空作业

门窗工程中的悬空作业，必须遵守以下安全规定：

1）安装和油漆门、窗及安装玻璃，严禁操作人员站在橙子或阳台栏板上操作。门、窗时固定，封填材料未达到强度或电焊时，严禁用手拉门、窗或进行攀登。

2）高处外墙安装门、窗，无外脚手架，应张挂安全网。无安全网时，操作人员应系好安全带，其保险钩应挂在操作人员上方的可靠物体上。

3）进行各项窗口作业，操作人员的重心应位于室内，不应在窗台上站立，必要时应挂安全带进行操作。

3.4.6 交叉作业

施工现场常会有上下立体交叉的作业。因此，凡在不同层次中，处于空间贯通状态下同时进行的高处作业，属于交叉作业。

1）交叉施工不宜上下在同一垂直方向上作业。下层作业的位置，宜处于上层高度可能坠落半径范围以外，当不能满足要求时，应设置安全防护层。

2）各种拆除作业（如钢模板、脚手架等），上面拆除时下面不得同时进行清整。物料临时堆放处离楼层边沿不应小于 1m。

3）建筑物的出入口、升降机的上料口等人员集中处的上方，应设置防护棚。防护棚的长度不应小于防护高度的物体坠落半径。

当建筑外侧面临街道时，除建筑立面采取密目式安全立网封闭外，尚应在临街段搭设防护棚并设置安全通道。

4）设置悬挑物料平台应按现行的相关规范进行设计，必须将其荷载独立传递给建筑结构，不得以任何形式将物料平台与脚手架、模板支撑进行连接。

3.5 施工用电安全要求

3.5.1 一般安全要求

1）施工用电设备数量在 5 台及以上，或用电设备容量在 50kW 及以上时，应编制临时用电施工组织设计，并经企业技术负责人审核。

2）施工用电应建立用电安全技术档案，定期经项目经理检验签字。

3）施工现场应定期对电工和用电人员进行安全用电教育培训和技术交底。

4）施工用电应定期检测。

3.5.2 用电环境

1. 与外电架空线路的安全距离

与外电架空线路的安全距离应符合下列规定：

1）在建工程不得在高、低压线路下方施工，不得搭设作业棚、生活设施和堆放构件、材料等。

2）在架空线路一侧施工时，在建工程应与架空线路边线之间保持安全操作距离，最小安全操作距离见表 3-1。

3）起重机的任何部位或被吊物边缘与 10kV 以下的架空线路边缘最小水平距离不得小于 2m。

2. 对外电架空线路的防护

对外电架空线路的防护应符合下列规定：

1）施工现场不能满足表 3-1 中规定的最小距离时，必须按现行行业规范规定搭设防护设施并设置警告标志。

2）在架空线路一侧或上方搭设或拆除防护屏障等设施时，必须停电后作业，并设监护人员。

表 3-1 在建工程（含脚手架）外侧边缘与架空线路边线的最小安全操作距离

架空线路电压/kV	<1	1~10	35~110	154~220
最小安全操作距离/m	4	6	8	10

3. 对易燃、易爆物和腐蚀介质的防护

对易燃、易爆物和腐蚀介质的防护应符合以下规定：电气设备周围应无可能导致电气火灾的易燃、易爆物和导致绝缘损坏的腐蚀介质，否则应予清除或做防护处理。

4. 机械损伤的防护

对机械损伤的防护应符合以下规定：电气设备设置场所应能避免物体打击、撞击等机械伤害，否则应做防护处理。

5. 雷电防护

雷电防护应符合下列规定：

1）施工现场内的施工升降机、钢管脚手架等金属设施，若在相邻建筑物、构筑物的防雷装置的保护范围以外且在表 3-2 规定范围之内时，应按有关规定安装防雷装置。

2）防雷装置的避雷针（接闪器）可用 $\phi20$ 的钢筋，长度应为 1~2m；当利用金属构架做引下线时，应保证构架之间的电气连接；防雷装置的冲击接地电阻值不得大于 30Ω。

表 3-2 施工现场内金属设施需安装防雷装置的规定

地区年平均雷暴日 D/d	金属设施高度 H/m
$D \leqslant 15$	$H \leqslant 50$
$15 < D < 40$	$H \leqslant 32$
$40 \leqslant D < 90$	$H \leqslant 20$
$D \leqslant 90$ 及雷害特别严格地区	$H \leqslant 12$

注：地区平均雷暴日可查阅 JGJ 46《施工现场临时用电安全技术规范》。

3.5.3 接地、接零

1. 施工用电基本保护系统

施工用电采用中性点直接接地的 380V/220V 三相四线制低压电力系统，其保护方式应符合下列规定：

1) 施工现场由专用变压器供电时，应将变压器低压侧中性点直接接地，并采用 TN-S 接零保护系统。

2) 施工现场由专用发电机供电时，必须将发电机的中性点直接接地，并采用 TN-S 接零保护系统，且应独立设置。

3) 当施工现场直接由市电（电力部门变压器）等非专用变压器供电时，其基本接地、接零方式应与原有市电供电系统保持一致。在同一供电系统中，不得一部分设备做保护接零，另一部分设备做保护接地。

4) 在供电端为三相四线供电的接零保护（TN）系统中，应将进户处的中性线（N 线）重复接地，并同时由接地点另引出保护零线（PE 线），形成局部 TN-S 接零保护系统。

2. 施工用电保护接零与重复接地

施工用电保护接零与重复接地应符合下列规定：

1) 在接零保护系统中电气设备的金属外壳必须与保护零线（PE 线）连接。

2) 保护零线应自专用变压器、发电机中性点处，或配电室、总配电箱进线处的中性线（N 线）上引出；保护零线的统一标志为绿/黄双色绝缘导线，在任何情况下不得使用绿/黄双色线做负荷线；保护零线（PE 线）必须与工作零线（N 线）相隔离，严禁保护零线与工作零线混接、混用；保护零线上不得装设控制开关或熔断器；保护零线的截面不应小于对应工作零线截面。与电气设备相连接的保护零线应为截面不小于 2.5mm^2 的多股绝缘铜线。

3) 保护零线的重复接地点不得少于 3 处，应分别设置在配电室或总配电箱处，以及配电线路的中间处和末端处。

3. 施工用电接地电阻

施工用电接地电阻应符合下列规定：

1) 电力变压器或发电机的工作接地电阻值不应大于 4Ω。

2) 在 TN 接零保护系统中，重复接地应与保护零线连接，每处重复接地电阻值不应大于 10Ω。

4. 施工用电配电室

施工用电配电室应符合下列规定：

1）配电室应靠近电源，接近负荷中心，应便于线路的引入和引出，并有防止雨雪和小动物出入的措施。

2）配电柜两端应做接地（接零）；柜应做名称、用途、分路标记；柜不得直接挂接其他临时用电设备；柜或线路维修时应挂停电标志牌。停、送电必须由专人负责，停止作业时断电上锁。

5. 施工用电自备电源

施工用电自备电源应符合下列规定：

1）发电机组电源应与外电线路联锁，严禁并列运行。

2）发电机组应采用三相四线制中性点直接接地系统，并应独立设置，与外电源隔离。

3.5.4　配电线路

1. 施工用电架空线路敷设

施工用电架空线路敷设应符合下列规定：

1）架空线路应采用绝缘导线，并经横担和绝缘子架设在专用电杆上。

2）架空导线截面应满足计算负荷、线路末端电压偏移（不大于额定电压的 5%）和机械强度要求。

3）架空敷设档距应不大于 35m，线间距离应不小于 0.3m。

4）架空线敷设高度应满足下列要求：

① 距施工现场地面不小于 4m。

② 距机动车道不小于 6m。

③ 距铁路轨道不小于 7.5m。

④ 距暂设工程和地面堆放物顶端不小于 2.5m。

⑤ 当以任意角度与其他电力线路相交叉时，如与之相交叉的电力线路为 0.4kV，则二者之间的距离应不小于 1.2m，如为 10kV，则应不小于 2.5m。

5）架空线路敷设的相序排列，单横担架设时，1~10kV 线路，面向负荷从左起为 L1、L2、L3，1kV 以下线路，面向负荷，从左起为 L1、N、L2、L3、PE；双横担架设时，面向负荷，上横担从左起为 L1、L2、L3，下横担从左起为 L1、L2、L3、N、PE。

2. 施工用电电缆线路

施工用电电缆线路应符合下列规定：

1）电缆线路应采用埋地或架空敷设，不得沿地面明设。

2）埋地敷设深度应不小于 0.6m，并应覆盖硬质保护层，穿越建筑物、道路等易受损伤的场所时，应另加防护套管。

3）架空敷设时，应沿墙或电杆做绝缘固定，电缆最大弧垂直距地面不得小于 2.5m。

4）在建工程内的电缆线路应采用电缆埋地穿管引入，沿工程竖井、垂直孔洞，逐层固定，电缆水平敷设高度不应小于 1.8m。

3.5.5 配电箱及开关箱

1）施工用电应实行三级配电，即设置总配电箱或室内总配电柜、分配电箱、开关箱三级配电装置。开关箱以下应为用电设备。

2）施工用电动力配电与照明配电宜分箱设置，当合置在同一箱内时，动力与照明配电应分路设置。

3）配电箱、开关箱应采用钢板（厚度应大于 1.5mm）或优质阻燃绝缘材料制作，不得使用木质配电箱、开关箱及木质电器安装板。

4）配电箱、开关箱应装设在干燥、通风、无外来物体撞击的地方，其周围应有足够 2 人同时工作的空间和通道。

5）移动式配电箱、开关箱应装设在坚固的支架上，严禁于地面上拖拉。

6）开关箱应实行"一机一闸"制，不得设置分路开关。

7）配电箱、开关箱中应装设电源隔离开关、短路保护器、过载保护器、其额定值和动作整定值应与其负荷相适应。总配电箱、开关柜中还应装设漏电保护器。

8）施工用电漏电保护器的额定漏电动作参数选择应符合下列规定：

① 在开关箱（末级）内的漏电保护器，其额定漏电动作电流应不大于 30mA，额定漏电动作时间应小于 0.1s；使用于潮湿场所时，其额定漏电动作电流应不大于 15mA，额定漏电动作时间应小于 0.1s。

② 总配电箱内的漏电保护器，其额定漏电动作电流应大于 30mA，额定漏电动作时间应大于 0.1s。但其额定漏电动作电流（I）与额定漏电动作时间（T）的乘积应不大于 30mA·s。

3.5.6 照明

1）施工照明供电电压应符合下列规定：

① 一般场所，照明电压应为 220V。

② 隧道、人防工程、高温、有导电粉尘和狭窄场所，照明电压不应大于 36V。

③ 潮湿和易触及照明线路的场所，照明电压不应大于 24V。

④ 特潮湿、导电良好的地面、锅炉或金属容器内，照明电压不应大于 12V。

⑤ 行灯电压应不大于 36V。

2）施工用电照明变压器必须为隔离双绕组型，严禁使用自耦变压器。

3）施工照明室外灯具距地面不得低于 3m，室内灯具距地面不得低于 2.5m。

4）施工照明使用 220V 碘钨灯应固定安装，其高度不应低于 3m，距易燃物不得小于 500mm 并不得直接照射易燃物，不得将 220V 碘钨灯做移动照明。

5）施工用电照明器具的形式和防护等级应与环境条件相适应。

6）需要夜间或暗处施工的场所，必须配置应急照明电源。

7）夜间可能影响行人、车辆、飞机等安全通行的施工部位或设施，设备必须设置红色警戒照明。

3.6 | 施工机具安全要求

3.6.1 中小型机械

中小型机械应符合下列规定：

1）各种施工机具运到施工现场，必须经检查验收确认符合要求挂合格证后，方可使用。

2）所有用电设备的金属外壳、基座除必须与 PE 线连接外，还必须在设备负荷线的首端处装设漏电保护器。对产生振动的设备，其金属基座、外壳与 PE 线的连接点不得少于 2 处。

3）每台用电设备必须设置独立专用的开关箱，必须实行"一机一闸"，并按设备的计算负荷设置相匹配的控制电器。

4）各种设备应按规定装设符合要求的安全防护装置。

5）作业人员必须按规定穿戴劳动保护用品。

6）作业人员应按机械保养规定做好各级保养工作，机械运转中不得进行维护保养。

3.6.2 手持式电动工具

手持式电动工具应符合下列规定：

1）空气湿度小于 75% 的一般场所可选用 I 类或 II 类手持电动工具，若采用 I 类手持式电动工具，必须将其金属外壳与 PE 线连接，操作人员应穿戴绝缘用品。

2）手持式电动工具的负荷线应采用耐气候型的橡胶护套铜芯软电缆头，手持式砂轮等电动工具应按规定安装防护罩。

3.6.3 移动式电动机械

移动式电动机械应符合下列规定：

1）移动式电动机械的扶手应有绝缘防护，负荷线应采用耐气候型橡胶护套铜芯软电缆，操作人员必须按规定穿戴绝缘用品。

2）潜水泵在放入水中或提出水面时，必须先切断电源，严禁拉拽电缆或出水管。

3.6.4 固定式机械

固定式机械应符合下列规定：

1）机械安装应稳定牢固，露天应有防雨篷。开关箱与机械的水平距离不得超过 3m，其电源线路应穿管固定。操作及分、合闸时应能看到机械各部位的工作情况。

2）混凝土搅拌机作业中严禁将工具探入筒内扒料；维修、清洗前，必须切断电源并有专人监护；清理料坑时，必须用保险链将料斗锁牢。

3）混凝土泵车作业前，应支牢支腿，周围无障碍物，上面无架空线路；混凝土浇筑人员不得在布料杆正下方作业；当布料杆呈全伸状态时，不得移动车身，施工超高层建筑时，应编制专项施工方案。

4）钢筋冷拉机场地应设置防护栏杆及警告标志，卷扬机位置应使操作人员看清全部冷拉现场，并应避免断筋伤及操作人员。

5）木工平刨、电锯必须有符合要求的安全防护装置，严禁随意拆除。操作人员必须是经过培训合格的人员。严禁使用平刨和圆盘锯合用一台电动机的多功能机械。

3.6.5 机动翻斗驾驶员

机动翻斗驾驶员应满足以下要求：机动翻斗车驾驶员应持有特种作业人员合格证；行车时必须将料斗锁牢，严禁料斗内载人。在坑边卸料时，应设置安全挡块，接近坑边时应减速行驶。驾驶员离机时，应将内燃机熄火，并挂挡、拉紧驻车制动器。

3.7 电焊安全技术

电焊作业应符合下列规定：

1）电焊机露天放置应有防雨设施。每台电焊机应有专用开关箱，使用断路器控制，一次侧应装设漏电保护器，二次侧应装设空载降压装置。电焊机外壳应与 PE 线相连接。

2）电焊机二次侧进行接地（接零）时，应将二次线圈与工件相接的一端接地（接零），不得将二次线圈与焊钳相接的一端接地（接零）。

3）一次侧电源线长度不应超过 5m，且不应拖地，与电焊机接线柱连接牢固，接线柱上部应有防护罩。

4）焊接电缆应使用防水橡胶护套多股铜芯软电缆，中间不得有接头，电缆经过通道和易受损伤场所时必须采取保护措施，严禁使用脚手架、金属栏杆、钢筋等金属物搭接代替导线使用。

5）焊钳必须采用合格产品，手柄有良好的绝缘和隔热性能，与电缆连接牢靠。严禁使用自制简易焊钳。

6）焊工必须经培训合格持证操作，并按规定穿工作服、绝缘鞋、戴手套及面罩。

7）焊接场所应通风良好，不得有易燃、易爆物，否则应予清除或采取防护措施。

8）焊修其他机电设备时必须首先切断该机电设备的电源，并暂时拆除该机电设备的 PE 线后，方可进行焊修。

9）当改变焊机接头，更换焊件、改接二次回路，焊机转移作业地点，焊机检修，暂停工作或下班时，应当先切断电源。

3.8　气焊与气割安全技术

气焊与气割设备和器具由于比较简单，便于移动，在建筑施工中得到广泛应用。应用气焊与气割的设备有氧气瓶、乙炔发生器（或乙炔瓶），器具有焊炬、减压器、氧气表、回火防止器、氧气胶管、乙炔胶管等，如图 3-13 所示。

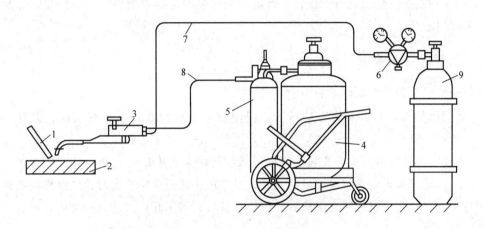

图 3-13　气焊与气割应用的设备与器具

1—焊丝　2—焊件　3—焊炬　4—乙炔发生器　5—回火防止器　6—减压器与氧气表

7—氧气胶管　8—乙炔胶管　9—氧气瓶

3.8.1　氧气瓶

氧气瓶应符合下列规定：

1）氧气瓶应有防护圈和安全帽，瓶阀不得粘有油脂。场内搬运应采用专门抬架小推车，不得采用肩扛、高处滑下、地面滚动等方法搬运。

2）严禁氧气瓶和其他可燃气瓶（如乙炔、液化石油等）同车运输或在一起存放。

3）氧气瓶距明火应大于 10m，瓶内气体不得全部用尽，应留有 0.1MPa 以上的余压。

4）氧气瓶夏季应防止暴晒，冬季当瓶阀、减压器、回火防止器发生冻结时可用热水解冻，严禁用火焰烘烤。

3.8.2　乙炔瓶

乙炔瓶应符合下列规定：

1）气焊作业应使用乙炔瓶，不得使用浮筒式乙炔罐。

2）乙炔瓶存放和使用必须立放，严禁卧放。

3）乙炔瓶的环境温度不得超过 40℃，夏季应防止暴晒，冬季发生冻结时，应采用温水解冻。

3.8.3 胶管

胶管应符合下列规定：

1）气焊、气割应使用专用胶管，不得通入其他气体和液体，两根胶管不得混用（氧气胶管为红色，乙炔胶管为黑色）。

2）胶管两端应卡紧，不得有漏气，出现折裂应及时更换，胶管应避免接触油脂。

3）操作中发生胶管燃烧时，应首先确定发生燃烧的是哪根胶管，然后折叠、切断气通路、关闭阀门。

3.8.4 气焊设备安全装置

气焊设备安全装置应符合下列规定：

1）氧气瓶和乙炔瓶必须装有减压器，使用前应进行检查，不得有松动、漏气、油污等。工作结束时应先关闭瓶阀，放掉余气，表针回零位，卸表妥善保管。

2）乙炔瓶必须安装回火防止器。当使用水封式回火防止器时，必须经常检查水位，每天更换清水，检查泄压装置应保持灵活完好；当使用干式回火防止器时，应经常检查灭火管具并应防止堵塞气孔，当遇回火爆破后，应检查装置，属于开启式应进行复位，属于泄压模式应更换膜片。

3.8.5 气焊设备在容器或管道上的焊补工作

气焊设备在容器或管道上的焊补工作应符合下列规定：

1）凡可以拆卸的，应进行拆卸，移到安全区域作业。

2）设备管理停工后，应用盲板截断与其相接的其他出入管道。

3）动火前，容器、管道必须彻底置换清洗。

4）采用置换清洗时，应不断地从设备管道内外的不同地点采取空气样品检验，置换后的结果，必须以化学分析报告为准。

5）动火焊补时，应打开设备管道所有人孔、清扫孔等孔盖。

6）进入设备管道内采用气焊作业时，点燃和熄灭焊枪均应在设备外部进行。

3.9 垂直运输机械安全要求

3.9.1 一般安全要求

1）各类垂直运输机械的安装及拆卸，应由具备相应承包资质的专业人员进行，其工作程序应严格按照原机械图及说明书规定，并根据现场环境条件制定安全作业方案。

2）转移工地重新安装的垂直运输机械，在交付使用前，应按有关标准进行试验、检验并对各安全装置的可靠度及灵敏度进行测试，确认符合要求后方可投入运行。试验资料应纳入该设备安全技术档案。

3）起重机的基础必须能承受工作状态和非工作状态下的最大荷载，并应满足起重机稳定性的要求。

4）除按规定允许载人的施工升降机外，其他起重机严禁在提升和降落过程中载人。

5）起重机司机及信号指挥人员应经专业培训、考核合格并取得有关部门颁发的操作证后，方可上岗操作。

6）每班作业前，起重机司机应对制动器、钢丝绳及安全装置进行检查，各机构进行空载运转，发现不正常时，应予排除。

7）起重机司机开机前，必须鸣铃示警。

8）必须按照垂直运输机械出厂说明书规定的技术性能、使用条件正确操作，严禁超载作业或扩大使用范围。

9）起重机处于工作状态时，严禁进行保养、维修及人工润滑作业。当需进行维修作业时，必须在醒目位置挂警示牌。

10）作业中起重机司机不得擅自离开岗位或交给非本机的司机操作。工作结束后应将所有控制手柄扳至零位，断开主电源、锁好电箱。

11）维修更换零部件应与原垂直运输机械零部件的材料、性能相同；外购件应有材质、性能说明；材料代用不得降低原设计规定的要求；维修后，应按相关标准要求试验合格；机械维修资料应纳入该机设备档案。

3.9.2 塔式起重机

塔式起重机在建筑施工中已经得到广泛的应用，成为建筑安装施工中不可缺少的建筑机械。因为塔式起重机的起重臂与塔身可成相互垂直的外形，所以可以把起重机安装在靠近施工的建筑物，其有效工作幅度优于履带、轮胎式起重机。特别是出现高层、超高层建筑后，塔式起重机的工作高度可达 100~160m，更体现其优越性，再加上本身操作方便、变幅简单等特点，综合国内外情况看，今后建筑业的起重、运输、吊装作业的主导机械仍然是塔式起重机。如图 3-14 所示是当前建筑施工中广泛应用的 QTZ.200 型塔式起重机示意图。

1. 类型

（1）按工作方法分

1）固定式塔式起重机。塔身不移动，工作范围靠塔臂的转动和小车变幅完成，多用于高层建筑、构筑物、高炉安装工程。

2）运行式塔式起重机。它可由一个工作地点移到另一工作地点，如轨道式塔式起重机，可以带负荷运行，在建筑群中使用可以不用拆卸、通过轨道直接开进新的工程栋号施工。有轨道式、履带式、轮胎式，可按照工程特点和施工条件选用。

（2）按旋转方式分

1）上旋式。塔身上旋转，在塔顶上安装可旋转的起重臂。塔身不转动使得塔臂旋转时塔身不受限制，且塔身与架体连接结构简单，但由于平衡重心在塔式起重机上部，导致重心

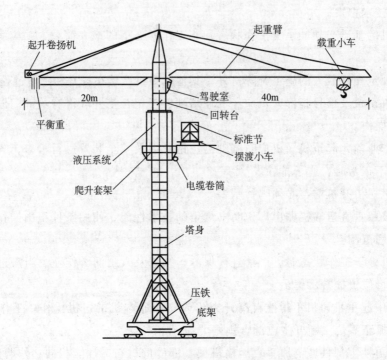

图 3-14 QTZ.200 型塔式起重机

高而不利稳定。另外，当建筑物高度超过平衡臂时，塔式起重机的旋转角度受到了限制，给工作造成了一定困难。

2）下旋式。塔身与起重臂共同旋转。这种塔式起重机的起重臂与塔顶固定，平衡重和旋转支承装置布置在塔身下部，因此重心低，稳定性好，且起重臂与塔身一同转动，塔身受力变化小。驾驶室位置高、视线好，安装拆卸也较方便。但下旋式旋转支承装置构造复杂，另外，因塔身经常旋转，需要较大的空间。

（3）按变幅方法分

1）动臂变幅。这种起重机变换工作半径是依靠变化起重臂的角度来实现的，其优点是可以充分发挥起重高度，起重臂的结构简单；其缺点是吊物不能靠近塔身，作业幅度受到限制，同时变幅时要求空载动作。

2）小车运行变幅。这种起重机的起重臂仰角固定，不能上升、下降，工作半径是依靠起重臂上的载重小车运行来完成的，其优点是载重小车可靠近塔身，作业幅度范围大，变幅迅速，而且可以带负荷变幅；其缺点是起重臂受力复杂，结构制造要求高。起重高度必须低于起重臂固定工作高度，不能调整仰角。

（4）按起重性能分

1）轻型塔式起重机。起重量在 0.5~3t，适用于 5 层以下砖混结构施工。

2）中型塔式起重机。起重量在 3~15t，适用于工业建筑综合吊装和高层建筑施工。

3）重型塔式起重机。适用于多层工业厂房以及高炉设备安装。

2. 起重机基本参数

起重机的基本参数是生产、使用、选择起重机技术性能的依据，其中有 1 个或 2 个为主的参数起主导作用。针对塔式起重机目前提出的基本参数有六项：起重力矩、起重量、最大起重量、工作幅度、起升高度和轨距，其中起重力矩确定为主要参数。

（1）起重力矩

起重力矩是衡量塔式起重机起重能力的重要参数。选用塔式起重机，不仅要考虑起重量，而且还应考虑工作幅度。即

$$起重力矩 = 起重量 \times 工作幅度$$

（2）起重量

起重量（t）以起重吊钩上所悬挂的索具与重物的重量之和计算。

关于起重量的考虑有两层含义：一是最大工作幅度时的起重量；二是最大额定起重量。在选择机型时，应按其说明书使用。因为臂式塔式起重机的工作幅度有限制范围，所以若以力矩值除以工作幅度，反算所得值并不准确。

（3）工作幅度

工作幅度也称回转半径，是起重吊钩中心到塔式起重机回转中心线之间的水平距离（m），它是以建筑物尺寸和施工工艺的要求而确定的。

（4）起升高度

起升高度（m）是在最大工作幅度时，吊钩中心线至轨顶面（轮胎式、履带式至地面）的垂直距离，该值的确定是以建筑物尺寸和施工工艺的要求而确定的。

（5）轨距

轨距（m）值的确定是从塔式起重机的整体稳定和经济效果而定。

3. 塔式起重机安拆及操作使用安全注意事项

1）塔式起重机必须是取得生产许可证的专业生产厂生产的合格产品。使用塔式起重机除需进行日常检查、保养外，还应按规定进行正常使用时的常规检验。

2）塔式起重机安装与拆卸应符合下列规定：

① 塔式起重机的基础及轨道铺设，必须严格按照安装设计图和说明书进行。塔式起重机安装前，应对路基及轨道进行检验，符合要求后，方可进行塔式起重机的安装。

② 安装及拆卸作业前，必须认真研究作业方案，严格按照架设程序分工负责，统一指挥。

③ 安装塔式起重机必须保证安装过程中各种状态下的稳定性，必须使用专用螺栓，不得随意代用。

④ 用旋转塔身方法进行整体安装及拆卸时，应保证自身的稳定性。详细规定架设程序与安全措施，对主、副地锚的埋设位置、受力性能以及钢丝绳穿绕、起升机构制动等应进行检查，并排除塔式起重机旋转过程中的障碍，确保塔式起重机旋转中途不停机。

⑤ 塔式起重机附墙杆件的布置和间隔，应符合说明书的规定。当塔身与建筑物水平距离大于说明书规定时，应验算附着杆的稳定性，或重新设计、制作，并经技术部门确认后，

由主管部门验收。在塔式起重机未拆卸至允许悬臂高度前，严禁拆卸附墙杆件。

⑥ 顶升作业时，液压系统应空载运转，排净系统内的空气；应按说明书规定调整顶升套架滚轮与塔身标准节的间隙，使起重臂力矩与平衡臂力矩保持平衡，符合说明书要求，并将回转机构制动住；顶升作业应随时监视液压系统压力及套架与标准节间的滚轮间隙。顶升过程中严禁起重机回转和其他作业。顶升作业应在白天进行，风力在4级及以上时必须立即停止，并应紧固上、下塔身连接螺栓。

3）塔式起重机必须按照现行国家标准《塔式起重机安全规程》（GB 5144—2006）及说明书规定，安装起重力矩限制器、起重量限制器、幅度限制器、起升高度限制器、回转限制器、行走限位开关及夹轨器等安全装置。

4）塔式起重机操作使用应符合下列规定：

① 塔式起重机作业前，应检查轨道及清理障碍物；检查金属结构、连接螺栓及钢丝绳磨损情况；送电前，各控制器手柄应在零位，空载运转，试验各机构及安全装置并确认正常。

② 塔式起重机作业时严禁超载、斜拉和起吊埋在地下等不明重量的物件。

③ 吊运散装物件时，应制作专用吊笼或容器，并应保障在吊运过程中物料不会脱落。吊笼或容器在使用前应按允许承载能力的2倍荷载进行试验，使用中应定期进行检查。

④ 吊运多根钢管、钢筋等细长材料时，必须确认吊索绑扎牢靠，防止吊运中吊索滑移，物料散落。

⑤ 2台及2台以上塔式起重机之间的任何部位（包括吊物）的距离不应小于2m；当不能满足要求时，应采取调整相邻塔式起重机的工作高度、加设行程限位、回转限位装置等措施，并制定交叉作业的操作规程。

⑥ 塔式起重机在弯道上不得进行吊装作业或吊物行走。

⑦ 轨道式塔式起重机的供电电缆不得拖地行走，沿塔身垂直悬挂的电缆，应使用不被电缆自重拉伤和磨损的可靠装置悬挂。

⑧ 作业完毕后，塔式起重机应停放在轨道中间位置，起重臂应转到顺风方向，并应松开回转制动器，起重小车及平衡重应置于非工作状态。

3.9.3 施工升降机

1. 概述

龙门架、井字架升降机都是用做施工中的物料垂直运输，因架体的外形结构而得名。

龙门架由天梁及两立柱组成，形如门框。井架是由四边的杆件组成，形如"井"字的截面架体，提升货物的吊篮在架体中间上下运行。

2. 构造

升降机架体的主要构件有立柱、天梁、吊篮、导轨及底盘（图3-15）。架体固定时，可在架体上拴缆风绳，其另一端固定在地锚处；或沿架体每隔一定高度，设一道附墙杆件，与建筑物的结构部位连接牢固，从而保持架体的稳定。

（1）立柱

制作立柱的材料可选用型钢或钢管，焊成格构式标准节，其断面可组合成三角形、方形，其具体尺寸经计算确定。

井架的架体也可制造成杆件，在施工现场进行组装。高度较低的井架其架体也可参照钢管扣件脚手架的材料要求和搭设方法，在施工现场按规定进行选材搭设。

（2）天梁

天梁是安装在架体顶部的横梁，是主要受力部件，以承受吊篮自重及其物料重量。其断面经计算选定，载荷 1t 时，天梁可选用 2 根 14 号槽钢，背对背焊接，中间装有滑轮及固定钢丝绳尾端的销轴。

（3）吊篮（吊笼）

吊篮是装载物料沿升降机导轨做上下运行的部件，由型钢及连接板焊成吊篮框架，其底板铺

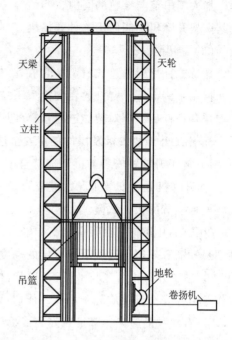

图 3-15　龙门架升降机

5cm 厚木板（当采用钢板时应焊防滑条）。吊篮两侧应有高度不小于 1m 的安全挡板或挡网，上料口与卸料口应装防护门，防止上下运行中物料或小车落下，此防护门对卸料人员在高处作业时，也可作为一个可靠的临边防护栏杆。高架升降机使用的吊篮应有防护顶板形成吊笼。

（4）导轨

导轨可选用工字钢或钢管。龙门架的导轨可做成单滑道或双滑道与架体焊在一起，双滑道可减少吊篮运行中的晃动。井字架的导轨也可设在架体内的四角，在吊篮的四角装置滚轮沿导轨运行，有较好的稳定作用。

（5）底盘

架体的最下部装有底盘，用于架体与基础连接。

（6）滑轮

装在天梁上的滑轮习惯称天轮，装在架体最底部的滑轮称地轮，钢丝绳通过天轮、地轮及吊篮上的滑轮穿绕后，一端固定在天梁的销轴上，另一端与卷扬机卷筒锚固。滑轮应按钢丝绳的直径选用，钢丝绳直径与滑轮直径的比值越大，钢丝绳产生的弯曲应力应越小，当其比值符合有关规定时，对钢丝绳的受力，基本上可不考虑弯曲的影响。

（7）卷扬机

卷扬机宜选用正反转卷扬机，即吊篮的上下运行都依靠卷扬机的动力。当前，一些施工单位使用的卷扬机没有反转，吊篮上升时靠卷扬机动力，当吊篮下降时卷筒脱开离合器，靠吊篮自重和物料的重力自由降落。虽然司机用手制动器控制，但往往因只图速度快使架体晃

动，加大了吊篮与导轨的间隙，不但容易发生吊篮脱轨现象，同时也加大了钢丝绳的磨损，尤其高架升降机不能使用这种卷扬机。

（8）摇臂把杆

摇臂把杆可运输过长材料，即在架体的一侧安装一根起重臂杆，用另一台卷扬机为动力，控制吊钩上下，臂杆的转向由人工拉缆风绳操作。臂杆可选用无缝钢管或用型钢焊成。增加摇臂把杆后，应对架体进行核算和加强。

3. 施工升降机安拆及操作使用安全注意事项

1）施工升降机安装与拆卸应符合下列规定：

① 升降机处于安装工况，应按照说明书及有关技术标准的规定，依次进行不少于两节导轨架标准节的接高试验。

② 施工升降机导轨架在接高标准节时，必须同时按说明书规定进行附墙连接，导轨架顶部悬臂部分不得超过说明书规定的高度。

③ 施工升降机吊笼与吊杆不得同时使用，吊笼顶部应装设安全开关，当人员在吊笼顶部作业时，安全开关应处于吊笼不能启动的断路状态。

④ 有载重的施工升降机在安装或拆卸过程吊笼处于无载重运行时，应严格控制吊笼内荷载及避免超速制动。

⑤ 施工升降机安装或拆卸导轨架作业不得与铺设或拆除各层通道作业上下同时进行。当搭设或拆除楼层通道时，吊笼严禁运行。

⑥ 施工升降机拆卸前，应对各机构、制动器及附墙进行检查，确认正常时，方可进行拆卸工作。

2）按照说明书要求及有关技术标准的规定，施工升降机应安装限速器、安全钩、制动器、限位开关、笼门联锁装置、停层门（或停层栏杆）、底层防护栏杆、缓冲装置、地面出入口防护棚等安全防护装置。

3）凡新安装的施工升降机，应进行额定荷载下的坠落试验，正在使用的施工升降机，应按说明书规定的时间（至少每3个月）进行一次额定荷载的坠落试验。

4）施工升降机操作使用应符合下列规定：

① 每班使用前应对施工升降机金属结构、导轨接头、吊笼、电源、控制开关在零位、联锁装置等进行检查，并进行空载运行试验及制动器可靠度试验。

② 施工升降机额定荷载试验在每班首次载重运行时，应从最低层开始上升，不得自上而下运行，当吊笼升高离地面1~2m时，停机试验制动器的可靠性。

③ 施工升降机吊笼进门明显处必须标明限载重量和允许乘人数量，司机必须经核定后，方可运行。严禁超载运行。

④ 施工升降机司机应按指挥信号操作，作业运行前应鸣笛示意。司机离机前，必须将吊笼降到底层，并切断电源，锁好电箱。

⑤ 施工升降机的防坠安全器，不得任意拆检调整，应按规定的期限，由生产厂或指定的认可单位进行鉴定或检修。

3.9.4 物料提升机

1）物料提升机应有安装设计图、计算书及说明书，并按相关标准进行试验，确认符合要求后，方可投入运行。

2）物料提升机设计、制作应符合下列规定：

① 物料提升机的结构设计计算应符合行业标准 JGJ 88《龙门架及井架物料提升机安全技术规范》、GB 50017《钢结构设计规范》的有关规定。

② 物料提升机应有标牌，标明额定起重量、最大提升高度及制造单位、制造日期。

③ 物料提升机设计提升结构的同时，应对其安全防护装置进行设计和选型，不得留给使用单位解决。

④ 物料提升机应包括以下安全防护装置。

A. 全停靠装置、断绳保护装置。

B. 楼层口停靠栏杆（门）。

C. 吊篮安全门。

D. 上料口防护门。

E. 极限限位器，信号、音响装置。

F. 对于高架（30m 以上）物料提升机，还应具备安全装置，如下极限限位器、缓冲器、超载限制器、通信装置。

3）物料提升机安装与拆卸应符合下列规定：

① 物料提升机的安装和拆卸工作必须按照施工方案进行，并设专人统一指挥。

② 物料提升机安装前，应对基础、金属结构配套及节点情况进行检查，并对缆风绳锚固及墙体附着连接处进行检查。

③ 物料提升机架体应随安装随固定，节点采用设计图规定的螺栓连接，不得任意扩孔。

④ 物料提升机稳固架体的缆风绳必须采用钢丝绳，附墙杆必须与物料提升机架体的材质相同，严禁将附墙杆连接在脚手架上，必须可靠地与建筑结构相连接。架体顶端自由高度与附墙间距应符合设计要求。

⑤ 物料提升机采用旋转法整体安装或拆卸时，必须对架体采取加固措施，拆卸时必须待起重机吊点索具垂直拉紧后，方可松开缆风绳或拆除附墙杆件；安装时，必须将缆风绳与地锚拉紧或附墙杆与墙体连接牢靠后，起重机方可摘钩。

⑥ 物料提升机卷扬机应安装在视线良好，远离危险作业的区域；钢丝绳应能在卷筒上整齐排列，其吊篮处于最低工作位置时，卷筒上应留有不少于 3 圈的钢丝绳。

4）凡安装断绳保护装置的物料提升机，除在物料提升机重新安装时进行额定荷载下的坠落试验外，对正在使用的物料提升机，应定期（至少 1 个月）进行一次额定荷载的坠落试验。

5）物料提升机操作使用应符合下列规定：

① 每班作业前，应对物料提升机架体、缆风绳、附墙架及各安全防护装置进行检查，

并经空载运行试验，确认符合要求后，方可投入使用。

②物料提升机运行时，物料在吊篮内应均匀分配，不得超载运行和物料超出吊篮外运行。

③物料提升机作业时，应设置统一信号指挥。当无可靠联系措施时，司机不得开机，高架提升机应使用通信装置联系或设置摄像显示装置。

④设有起重扒杆的物料提升机作业时，其吊篮与起重扒杆不得同时使用。

⑤不得随意拆除物料提升机安全装置，若发现安全装置失灵时，应立即停机修复。

⑥严禁人员攀登物料提升机或乘其吊篮上下。

⑦物料提升机司机下班或司机暂时离机，必须将吊篮降至地面，并切断电源，锁好电箱。

3.10 起重吊装安全要求

3.10.1 一般安全要求

1）参加起重吊装的作业人员，包括司机、起重工、信号指挥、电焊工等均应属特种作业人员，必须是经专业培训、考核取得合格证并经体检确认方可进行高处作业的人员。

2）起重吊装作业前应详细勘察现场，按照工程特点及作业环境编制专项施工方案，并经企业技术负责人审批，其内容应包括工程概况、现场环境及措施、施工工艺、起重机械的选型依据、起重扒杆的设计计算、地锚设计、钢丝绳及索具的设计选用、地耐力及道路的要求、构件堆放就位图及吊装过程中的各种防护措施等。

3）起重机械进入现场后应经检查验收，重新组装的起重机械应按规定进行试运转，包括静载、动载试验，并对各种安全装置进行灵敏度、可靠度的测试。扒杆按方案组装后应经试吊检验，确认符合要求后方可使用。

4）汽车式起重机除应按规定进行定期的维修保养外，还应每年定期进行运转试验，包括额定荷载、超载试验，检验其机械性能、结构变形及负荷能力，达不到规定时，应减载使用。

5）起重吊装索具使用前应按施工方案设计要求进行逐件检查验收。

6）起重机运行道路应进行检查，达不到地耐力要求时应采用路基箱等铺垫措施。

7）起重吊装各种防护措施用料、脚手架的搭设以及危险作业区的围圈等准备工作应符合方案要求。

8）起重吊装作业前应进行安全技术交底，内容包括吊装工艺、构件重量及注意事项。

9）当进行高处吊装作业或司机不能清楚地看到作业地点或信号时，应设置信号传递人员。

10）起重吊装高处作业人员应佩戴工具袋，并将工具及零配件装入工具袋内，不得抛掷物品。

3.10.2 索具设备

1）起重吊装钢丝绳应符合下列规定：

① 计算钢丝绳允许拉力时，应根据不同的用途按钢丝绳安全系数表选用安全系数，见表 3-3。

② 钢丝绳的连接强度不得小于其破断拉力的 80%。当采用绳卡连接时，应按照钢丝绳直径选用绳卡规格及数量，绳卡压板应在钢丝绳长头一边；当采用编结连接时，编结长度不应小于钢丝绳直径的 15 倍，且应不小于 300mm。

表 3-3　钢丝绳安全系数表

用途	安全系数
缆风绳	3.5
手动起重设备	4.5
卷扬机起重	5~6
吊索	6~7

③ 钢丝绳出现磨损断丝时，应减载使用，当磨损断丝达到报废标准时，应及时更换合格钢丝绳。

2）应根据构件的重量、长度及吊点合理制作吊索，工作中吊索的水平夹角宜取 45°~60°，不得小于 30°。

3）吊具（铁扁担）的设计制作应有足够的强度及刚度，根据构件重量、形状吊点和吊装方法确定，吊具应使构件吊点合理，吊索受力均匀。

4）应正确使用吊钩，严禁使用焊接钩、钢筋钩，当吊钩挂绳断面处磨损超过高度 10% 时应报废。

5）应按照钢丝绳直径及工作类型选用滑车，滑车直径与钢丝绳直径比值不得小于 15。

6）千斤顶使用应符合下列规定：

① 千斤顶底部应放平，并应在底部及顶部加垫木板。

② 不得超负荷使用，顶升高度不得超过活塞的标志线，或活塞总高度的 3/4。

③ 顶升过程中应随构件的升高及时用枕木垫牢，应防止千斤顶顶斜或回油引起活塞突然下降。

④ 多台千斤顶联合使用时，应采用同一型号千斤顶并应保持各千斤顶的同步性，每台千斤顶的起升能力不得小于计算承载力的 1.2 倍。

7）导链（手拉葫芦）使用应符合下列规定：

① 用前应空载检查，挂上重物后应慢慢拉动进行负荷检查，确认符合要求后方可继续使用。

② 拉链方向应与链轮一致，拉动速度应均匀，拉不动时应查明原因，不得采取增加人数强拉的方法。

③ 起重中途停止时间较长时，应将手拉小链拴在链轮的大链上。

8）手动导链使用应符合下列规定：

① 手动导链钢丝绳应选用钢芯钢丝绳，不得有扭结、接头。

② 不得采用加长扳把手柄的方法操作。

③ 当使用牵拉重物的手动导链用于载人的吊篮时，其载重能力必须降为额定载荷的 1/3，且应加装自锁夹钳装置。

9）绞磨使用应符合下列规定：

① 绞磨应与地锚连接牢固，受力后不得倾斜和悬空，起重钢丝绳在卷筒上缠绕不得少于 4 圈，工作时，应设专人拉紧卷筒后面绳头。

② 绞磨必须装设制动器，当绞磨暂时停止转动时应用制动器锁住，且推杠人员不得离开。

③ 松弛起重绳时，必须采用推杠反方向旋转控制，严禁采用松后尾拉绳的方法。

10）地锚埋设应符合下列规定：

① 地锚可按经验做法，也可经设计确定，埋设的地面不得被水浸泡。

② 木质地锚应选用落叶松、杉木等坚实木料，严禁使用质脆或腐朽木料。埋设前应涂刷防腐油并在钢丝绳捆绑处加钢管和角钢保护。

③ 重要地锚或旧有地锚使用前必须以试拉确认，可采用地面压铁的方法增加安全系数。

3.10.3 起重机吊装作业

1）构件吊点的选择应符合下列规定：

① 当采用一个吊点起吊时，吊点必须选择在构件重心以上，使吊点与构件重心的连线和构件的横截面呈垂直。

② 当采用多个吊点起吊时，应使各吊点吊索拉力的合力作用点位于构件的重心以上，使各吊索的汇交点（起重机的吊钩位置）与构件重心的连线和构件的支座面相垂直。

2）应根据建筑工程结构的跨度、吊装高度、构件重量及作业条件和现有起重机类型、起重机的起重量、起升高度、工作半径、起重臂长度等工作参数选择起重机。

3）履带式起重机应符合下列规定：

① 起重机运到现场组装起重臂杆时，必须将臂杆放置在枕木架上进行螺栓连接和穿绕钢丝绳作业。

② 起重机应按照现行国家标准《起重机械安全规程 第 1 部分：总则》（GB 6067.1—2010）和该机说明书的规定安装幅度指示器、超高限位器、力矩限制器等安全装置。

③ 起重机工作前应先空载运行检查，并检查各安全装置的灵敏可靠性。起吊重物时应离地面 200~300mm 停机，进行试吊检验，确认符合要求时，方可继续作业。

④ 当起重机接近满负荷作业时，应避免起重臂杆与履带呈垂直方位。当起重机吊物做短距离行走时，吊重不得超过额定起重量的 70%，且吊物必须位于行车的正前方，用拉绳保持吊物的相对稳定。

⑤ 采用双机抬吊作业时，应选用起重性能相似的起重机进行，单机的起吊载荷不得超过额定载荷的80%。两机吊索在作业中均应保持竖直，必须同步吊起荷载和同步落位。

4）汽车、轮胎式起重机应符合下列规定：

① 作业前应全部伸出支腿，并采用方木或钢板垫实，调整水平度，锁牢定位销。

② 起重机吊装作业时，汽车驾驶室内不得有人，重物不得超越驾驶室上方且不得在车前区吊装。

③ 起重机作业时，重物应垂直起吊，而不得侧拉，臂杆吊物回转时动作应缓慢进行。

④ 起重机吊物下降时必须采用动力控制，下降停止前应减速，不得采用紧急制动。

⑤ 当采用起重臂杆的副杆作业时，副杆由原来叠放位置转向调直后，必须确认副杆与主杆之间的连接定位销锁牢后，方可进行作业。

⑥ 起重机的安全装置除应按规定装设力矩限制器、超高限位器等安全装置外，还应装设偏斜调整和显示装置。

⑦ 起重机行驶时，严禁人员在底盘走台上站立或蹲坐，并不得堆放物件。

3.10.4 扒杆吊装、滚杠平移作业

1）扒杆吊装前应使重物离地200~300mm，检查起重钢丝绳、各导向滑车、扒杆受力及缆风绳、地锚等情况，确认符合要求后方可使用。

2）扒杆作业时，应设专人指挥，合理布置各缆风绳角度，每根缆风绳必须设专人操作。缆风绳根数应按扒杆的形式和作业条件确定，人字扒杆不得少于5根，独脚扒杆不得少于6根。

3）扒杆吊物时，向前倾角不得大于10°，必须保持吊索垂直。扒杆的后方应至少有2根固定缆风绳和1根活动缆风绳；扒杆移动时应统一指挥各缆风绳的收放与配合，应保持扒杆的角度。

4）扒杆作业中和暂停作业时，必须确认拴牢缆风绳，严禁松解缆风绳或拆除缆风绳。

5）用滚动法移动设备或构件时，运输木排应制作坚固，设备的重心较高时，应用绳索与木排拴牢，滚杠的直径应一致，其长度应比木排宽度长500mm，地面应坚实平整，操作人员严禁戴手套填滚杠。

3.10.5 混凝土构件吊装

1）混凝土构件运输、吊装时，一般混凝土构件的强度不得低于设计强度的75%，桁架、薄壁等大型构件的强度应达到100%。

2）混凝土构件运输、堆放的支承方式应与设计安装位置一致。楼板叠放各层垫木应在同一垂直线上。屋架、梁的放置，除沿长度方向的两侧设置不少于3道撑木外，可将几榀屋架用方木、钢丝绑扎连接成一稳定整条。墙板应放置在堆放架上，堆放架的稳定应经计算确定。

3）当预制柱吊点的位置设计无规定时，应经计算确定。柱吊装入基础杯口必须将柱脚

落底，吊装后及时校正，柱每侧面不得少于2个楔子固定，且应安排2人在柱两侧面同时对打。当采用缆风绳校正时，必须待缆风绳固定后，起重机方可脱钩。

4）采用双机抬吊装时，应统一指挥相互配合，两台起重机吊索都应保持与地面呈垂直状态。除应合理分配荷载外，还应指挥使两机同步将柱吊离地面和同步落下就位。

5）混凝土屋架平卧制作翻身扶直时，应根据屋架跨度确定吊索绑扎形式及加固措施，吊索与水平线夹角不应小于60°，起重机扶直过程中宜一次扶直不应有紧急制动。

6）混凝土起重机梁、屋架的安装应在柱杯口二次灌浆固定和柱间支撑安装后进行。

7）混凝土屋盖安装应按节间进行，首先应将第一节间包括屋面板、屋架支撑全部安装好形成稳定间。屋面板的安装顺序应自两边向跨中对称进行。屋架支撑应先安装垂直支撑，再安装水平支撑，先安装中部水平支撑，再安装两端水平支撑。

8）混凝土屋架安装前应在作业节间范围挂好安全平网。作业人员可沿屋架上绑扎的临时木杆上挂牢安全带行走操作，不得无任何防护措施在屋架上弦行走。

9）混凝土屋盖吊装作业人员上下应有专用走道或梯子，严禁人员随起重机吊装构件上下。屋架支座的垫铁及焊接工作，应站在脚手架或吊篮内进行，严禁站在柱顶或牛腿等处操作。

3.10.6 钢构件吊装

1）进入施工现场的钢构件，应按照钢结构安装图的要求进行检查，包括截面规格、连接板、高强螺栓、垫板等均应符合设计要求。

2）钢构件应按吊装顺序分类堆放。

3）钢柱吊装应选择在重心以上的绑扎点，并对吊索与钢柱绑扎处采取防护措施。当柱脚与基础采用螺栓固定时，应对地脚螺栓采取防护措施，采用垂直吊装法时，应将钢柱柱脚套入地脚螺栓后，方可拆除地脚螺栓防护。钢柱的校正，必须在起重机不脱钩的条件下进行。

4）钢结构吊装，必须按照专项施工方案的要求搭设高处作业的安全防护设施。严禁作业人员攀爬构件上下和无防护措施的情况下人员在钢构件上作业、行走。

5）钢柱吊装时，起重人员应站在作业平台或脚手架上作业，临边应有防护措施。人员上下应设专用梯道。

6）安装钢梁时可在梁的两端采用挂脚手架，或搭设落地脚手架。当需在梁上行走时，应设置临边防护或沿梁一侧设置钢丝绳并拴挂在钢柱上做扶手绳，人员行走时应将安全带扣挂在钢丝绳上。

7）钢屋架吊装，应采取在地面组装并进行临时加固。高处作业的防护设施，按吊装工艺不同，可采用临边防护与挂节间安全平网相结合的方法。在第一和第二节间的三榀屋架随吊装随将全部钢支撑安装紧固后，方可继续其余间屋架的安装。

3.10.7 大型墙板安装

1）大型墙板起吊时混凝土强度应按方案要求不低于设计强度或设计强度的75%。

2）大型墙板安装顺序，应从中部一个开间开始，按先内墙板、后外墙板，先横墙板、再纵墙板的顺序逐间封闭。

3）大型墙板、外墙板在焊接固定后，起重机方可脱钩。内墙板与隔墙板可在采取临时固定措施后脱钩，并应做到一次就位。

4）大型墙板同一层墙板全部安装后，应立即进行验收，并及时浇筑各墙板之间的立缝及浇筑钢筋混凝土圈梁，待强度达75%后，立即吊装楼板。

5）大型墙板框架挂板运输和吊装不得用钢丝绳兜索起吊，平吊时应有预埋吊环，立吊时应有预留孔。当无吊环和预留孔时，吊索捆绑点距板端不应大于1/5板长，吊索与水平面夹角不应小于60°，吊装时，板两端应设防止撞击的拉绳。

3.11 拆除工程施工安全技术与管理

3.11.1 拆除工程施工的特点

1）拆除工期短，流动性大。拆除工程施工速度比新建工程快得多，其使用的机械、设备、材料、人员都比新建工程施工少得多，特别是采用爆破拆除，一幢大楼可在顷刻之间夷为平地。因此，拆除施工企业可以在短期内从一个工地转移到第二个、第三个工地，其流动性很大。

2）安全隐患多，危险性大。拆除物一般是年代已久的旧建（构）筑物，安全隐患多，建设单位往往很难提供原建（构）筑物的结构图和设备安装图，给拆除施工企业编制拆除施工方案带来很多困难。此外，由于改建或扩建，改变了原结构的力学体系，因此在拆除中往往因拆除了某一构件造成原建（构）筑物的力学平衡体系受到破坏，易导致其他构件倾覆压伤施工人员。

3）施工人员整体素质较差。一般拆除施工企业的作业人员由外来务工人员和农民工组成，文化水平不高，整体素质较差，安全意识较低，自我保护能力较弱。

3.11.2 拆除工程施工方法及其适用范围

1. 人工拆除方法

人工拆除方法是指依靠手工加上一些简单工具，如钢钎、锤子、风镐、手动导链、钢丝绳等，对建（构）筑物实施解体和破碎的方法。人工拆除方法的特点：

1）施工人员必须亲临拆除点操作，进行高处作业，危险性大。

2）劳动强度大，拆除速度慢，工期长。

3）气候影响大。

4）易于保留部分建筑物。

它的适用范围：砖木结构、混合结构及上述结构的分离和部分保留拆除项目。

2. 机械拆除方法

机械拆除方法是指使用大型机械如挖掘机、镐头机、重锤机等对建（构）筑物实施解体和破碎的方法。机械拆除方法的特点：

1）施工人员无须直接接触拆除点，无须高处作业，危险性小。

2）劳动强度低，拆除速度快，工期短。

3）作业时扬尘较大，必须采取湿作业法。

4）对需要部分保留的建筑物必须先用人工分离后方可拆除。

它的适用范围：混合结构、框架结构、板式结构等高度不超过 30m 的建筑物、构筑物及各类基础和地下构筑物。

3. 爆破拆除方法

爆破拆除方法是利用炸药在爆炸瞬间产生高温高压气体对外做功，借此来解体和破碎建（构）筑物的方法。爆破拆除方法的特点：

1）施工人员无须进行有损建筑物整体结构和稳定性的操作，人身安全最有保障。

2）一次性解体，其扬尘、扰民较少。

3）拆除效率最高，特别是高耸坚固建筑物和构筑物的拆除。

4）对周边环境要求较高，对临近交通要道、保护性建筑、公共场所、过路管线的建（构）筑物必须做特殊防护后方可实施爆破。

它的适用范围：除砖木结构以外的任何建筑物、构筑物，各类地下、水下构筑物。

3.11.3 拆除工程安全技术措施

1. 一般安全技术要求

1）施工单位应对作业区进行勘测调查，评估拆除过程中对相邻环境可能造成的影响，并选择最安全的拆除方法。

2）建（构）筑物拆除施工必须编制施工组织设计或者专项拆除施工方案，其内容应包括下列各项：

① 对作业区环境（包括周围建筑、道路、管线、架空线路等）准备采取的技术措施的说明。

② 被拆除建（构）筑物的高度、结构类型以及结构受力简图。

③ 拆除方法设计及其安全技术措施。

④ 垃圾、废弃物的处理。

⑤ 采取减少对环境影响（包括噪声、粉尘、水污染等）的技术措施。

⑥ 人员、设备、材料计划。

⑦ 施工总平面布置图。

3）拆除施工前，必须将通入该建（构）筑物的各种管道及电气线路切断。

4）拆除作业区应设置围栏、警告标志，并设专人监护。

5）施工前应向全体作业人员按施工组织设计进行安全技术交底，使全体人员都清楚作业要求。

6）拆除过程中，需用带照明的电动机械时，必须另设专用配电线路，严禁使用被拆除建筑中的电气线路。

7）对于建筑改造、装修工程，当涉及建（构）筑物结构的变动及拆除时，应由建设单位提供原设计单位（或具有相应资质的单位）的设计方案，否则不得施工。

2. 高处拆除施工的安全技术措施

1）高处拆除施工的原则是按建筑物建设时相反的顺序进行。应先拆高处，后拆低处；先拆非承重构件，后拆承重构件；屋架上的屋面板拆除，应由跨中向两端对称进行。

2）高处拆除顺序应按施工组织设计要求由上到下逐层进行，不得数层同时进行交叉拆除。当拆除某一部分时，应保持未拆除部分的稳定，必要时应先加固后拆除，其加固措施应在方案中预先设计。

3）高处拆除作业人员必须站在稳固的结构部位上，当不能满足时，应搭设工作平台。

4）高处拆除石棉瓦等轻型屋面工程时，严禁踩在石棉瓦上操作，应使用移动式挂梯，挂牢后操作。

5）高处拆除时楼板上不得有多人聚集，也不得在楼板上堆放材料和被拆除的构件。

6）高处拆除时拆除的散料应从设置的溜槽中滑落，较大或较重的构件应使用吊绳或起重机吊下，严禁向下抛掷。

7）高处拆除中每班作业休息前，应拆除至结构的稳定部位。

3. 推倒法拆除施工的安全技术措施

1）建筑物不宜采用推倒方法拆除，在建筑物推倒范围内若有其他建筑物时，严禁采用推倒方法拆除。

2）当建筑物必须采用推倒法拆除时，应遵守下列规定：

① 砍切墙根的深度不得超过墙厚的 1/3。墙厚小于两块半砖时，不得进行掏掘。

② 在掏掘前应用支撑撑牢，应防止墙向掏掘方向倾倒。

③ 建筑物推倒前，应发出信号，待所有人员退至建筑物高度 2 倍以外时，方可推倒。

④ 钢筋混凝土柱的拆除，必须先用起重机将柱吊牢，再剔凿掉柱根部一侧的混凝土，用气割方法把柱一侧的钢筋割断，然后方可用拖拉机将柱拉倒。拖拉机与柱之间应有足够距离，以避免柱在拉倒时发生危险。

4. 爆破法拆除施工的安全技术措施

1）爆破法拆除施工企业应按批准的允许经营范围施工，爆破作业应由经专门培训考核取得相应资格证书的人员进行。

2）爆破法拆除作业前，应清理现场完成预拆除工作，并准备现场药包临时存放与制作场所。

3）应严格遵守拆除爆破安全规程的规定。施工方案中应预估计拆除物塌落的振动及其对附近建筑物的影响，必要时应采取防振措施。可采取在建筑物内部洒水、起爆前用消防车喷水等减少粉尘污染措施。

4）爆破法拆除时，可采用对爆破区周围道路的防护、避开道路方向或规定断绝交通时间等方法。

5）拆除爆破作业应有设计人员在场，并对炮孔逐个验收以及设专人检查装药作业，并按爆破设计进行防护和覆盖。

6）爆破法拆除时，除对爆破体表面进行覆盖外，还应对保护物做重点覆盖或设防护屏障。

7）爆破法拆除时，拆除爆破应采用电力起爆网路或导爆管起爆网路。手持式或其他移动式通信设备进入爆区前应先关闭。

8）爆破法拆除时，必须待建筑物爆破倒塌稳定后，方可进入现场检查，发现问题应立即研究处理，经检查确认爆破作业安全后，方可下达警戒解除信号。

3.11.4 拆除工程施工安全管理

1. 建设行政主管部门监督管理

（1）加强组织领导，落实管理机构

各级政府建设行政主管部门与相关主管部门应加强组织领导，成立相应的管理机构，明确岗位职责，落实人员和经费，实施拆除工程的申报备案、审查、监督、检查等监管职能。

（2）建立健全规章制度

政府相关监管部门应建立健全以下规章制度：

1）制定拆除工程技术规程。政府相关监管部门应制定拆除工程技术规程，要求各拆除施工企业必须严格按技术规程进行拆除施工。

2）实行拆除人员培训考核制。拆除施工企业管理人员和作业人员必须参加技术培训，经考核合格后方能从事拆除工作。

3）加强拆除施工企业的资质管理和安全生产许可证管理。严格执行《建筑业企业资质管理规定》中关于爆破与拆除资质的规定，加强拆除企业的资质和资质等级管理工作。同时，拆除施工企业还应取得安全生产许可证，政府监管部门应加强对拆除施工企业安全生产条件、安全生产许可证的管理。

4）加强拆除工程的备案管理。加强拆除工程施工前的备案管理工作，依据《条例》第十一条有关规定，拆除工程施工前，必须进行安全技术措施审查和备案管理。

（3）加强日常检查监督

政府相关监管部门加强日常检查监督，加大执法检查力度，对违法行为进行严肃处理。

2. 建设单位施工安全管理

（1）拆除工程发包

依据《条例》第十一条规定，建设单位应当将拆除工程发包给具有相应资质等级的施工单位。

（2）拆除工程备案

依据《条例》第十一条规定，建设单位应当在拆除工程施工15日前，将下列资料报送建设工程所在地的县级以上地方人民政府建设行政主管部门或者其他有关部门备案：

1）施工单位资质等级证明。

2）拟拆除建筑物、构筑物及可能危及毗邻建筑的说明。

3）拆除施工组织方案。

4）堆放、清除废弃物的措施。

实施爆破作业的，还应当遵守国家有关民用爆炸物品管理的规定。

3. 施工单位施工安全管理

（1）拆除前的准备工作

1）现场准备。

① 清除拆除倒塌范围内的物品、设备。

② 疏通运输道路、拆除施工中临时水、电源及设备。

③ 切断被拆建筑物的水、电、煤气、暖气、管道等。

④ 检查周围危旧房，必要时进行临时加固。

⑤ 向周围群众出安民告示，在拆除危险区设置警戒区标志。

2）技术准备工作。

① 熟悉被拆除工程的竣工图，清楚其建筑情况、结构情况、水电及设备情况。在此强调是竣工图，因在施工过程中可能有工程变更。无竣工图的拆除工程，应进行局部破坏性检查。

② 调查周围环境、场地、道路、水电、设备、管网、危房情况等。

③ 编制拆除工程施工组织设计。

④ 向进场施工人员进行详细的安全技术交底。

3）其他准备工作。成立组织领导机构，落实劳动力和机械设备材料等。

（2）拆除工程的施工组织设计

1）基本概念。拆除工程施工组织设计（方案）是指拆除工程施工准备和施工全过程的技术文件，是在确保人身和财产安全的前提下，经参与拆除活动的各方共同讨论，由拆除施工企业负责编制的文件。拆除工程施工组织设计（方案）应选择经济、合理、扰民小的拆除方案，该方案对施工准备计划、拆除方法、施工部署和进度计划、劳动力组织、机械设备和工具材料等准备情况以及施工总平面图等进行了计划和安排。

2）编制原则和依据。编制拆除工程施工组织设计（方案）的原则是应根据实际情况，在确保人身和财产安全的前提下，选择经济、合理、扰民小的拆除方案，进行科学的组织，以实现安全、经济、快速、扰民小的目标。编制拆除工程施工组织设计（方案）的依据是被拆除工程的竣工图，施工现场勘察得来的资料，拆除工程有关安全技术规范、安全操作规程和国家、地方有关安全技术规定，及本单位的技术装备条件。

3）编制内容。具体如下：

① 拆除工程概况。介绍被拆除工程的结构类型，各部分构件受力情况并附简图，介绍填充墙、隔断墙、装修做法，水、电、暖气、煤气设备情况，周围房屋、道路、管线有关情

况，这些情况必须是现在的实际情况，可用现场平面图表示。

② 施工准备工作计划。要将各项施工准备工作，包括组织机构和人员分工、技术、现场、设备器材、劳动力的准备工作全部列出，安排计划，落实到人。

③ 拆除方法。根据实际情况和建设单位要求，对比各种拆除方法，选择安全、经济、快速、扰民小的方法；要详细叙述拆除方法的全面内容，采用控制爆破拆除，要详细说明爆破与起爆方法、安全距离、警戒范围、保护方法、破坏情况、倒塌方向与范围以及安全技术措施。

④ 施工部署和进度计划。

⑤ 劳动力组织。要把各工种人员的分工及组织进行周密的安排。

⑥ 列出机械设备、工具、材料、计划清单。

⑦ 施工总平面图。施工总平面图是施工现场各项安排的依据，也是施工准备工作的依据。施工总平面图应包括被拆除工程和周围建筑及地上、地下的各种管线、障碍物、道路的布置和尺寸；起重设备的开行路线和运输道路；各种机械、设备、材料以及被拆除下来的建筑材料堆放场地位置；爆破材料及其他危险品临时库房位置、尺寸和做法；被拆除物之外建筑物倾倒方向和范围、警戒区的范围，要标明位置及尺寸；标明施工用的水、电、办公室、安全设施、消防栓的位置及尺寸。

⑧ 安全技术措施。针对所选用的拆除方法和现场情况，根据有关规定提出全面的安全技术措施。

4）审核与实施。依据《条例》第二十六条规定，施工单位在编制拆除、爆破工程施工组织设计（方案）时，应附有安全验算结果，经施工单位技术负责人、总监理工程师签字后实施，由专职安全生产管理人员进行现场监督。

5）施工组织设计（方案）变更。在施工过程中，如果必须改变施工方法，调整施工顺序，必须先修改、补充施工组织设计，并以书面形式将修改、补充意见报相关管理部门，经原审批部门重新审核批准后方可组织施工。

6）下列拆除工程的施工组织设计，宜通过专家论证审查后实施。

① 在市区主要地段或临近公共场所等人流稠密的地方，可能影响行人、交通和其他建筑物、构筑物安全的。

② 结构复杂、坚固、拆除技术性很强的。

③ 临近地下构筑物及影响面大的煤气管道，上、下水管道，重要电缆、电信网等。

④ 高层建筑、码头、桥梁或有毒有害、易燃易爆等有其他特殊安全要求的。

⑤ 其他拆除工程管理机构认为有必要进行技术论证的。

4. 监理单位拆除施工安全监理

《条例》第二十六条明确规定，监理单位应对拆除工程的施工组织设计（方案）进行审查，并签字后实施。同时，《条例》在第五十六条明确规定监理单位应对下述违法行为承担法律责任，即监理单位未对拆除工程施工组织设计（方案）进行审查的；发现事故隐患未及时要求施工单位整改，或暂时停止施工的；施工单位拒不整改或者停止施工，监理单位未及时向有关主管部门报告的。

习 题

1. 对建筑施工现场的围挡设置、材料堆放、临时设施、扬尘控制等各有哪些安全技术要求？

2. 对建筑施工现场消防要求有哪些？消火栓、灭火器应如何配置？如何设置临时消防给水管道？简述料场仓库的防火要求。

3. 建筑施工现场防火特点是什么？为什么要对施工现场进行防火检查？防火检查的内容有哪些？采取什么形式、方法进行防火检查？

4. 编写一份建筑施工现场消防安全方案。

【提示】

1）建筑施工现场消防安全方案应包括（但不限于）：①建筑施工现场火灾危险源、特点及防火要求；②消防设施、器材的配置方案；③临时消防给水管道的设置方案；④防火检查的内容、形式与方法。

2）复习已经学过的"火灾爆炸预防控制工程学"或类似课程的相关知识。

3）在老师指导下，通过到建筑施工现场实地调研、查阅有关资料及建筑施工现场火灾案例，分析总结引起建筑施工现场火灾的危险因素及特点（建筑施工现场可燃易燃材料多，明火作业频繁、点火源多，火灾蔓延迅速，消防设施、器材、水源缺乏，垂直交通不便，自救困难，消防监督管理薄弱等）。

5. 浅基坑（槽）和管沟开挖的施工安全技术要求有哪些？

6. 基坑开挖前应做哪些准备工作？哪些因素易造成基坑壁塌方？防止塌方的安全技术措施有哪些？施工时应注意的安全事项有哪些？

7. 常用的基坑降、排水方法有哪些？当降水危及基坑与周边环境安全时宜采用的处理方法有哪些？各有什么安全技术要求？

8. 模板工程安装前应做好哪些安全准备工作？大模板安装与普通模板工程安装的安全技术要求与相应的安全技术措施有哪些不同？

9. 扣件式、碗扣式、门式钢管脚手架模板支撑搭设的安全技术要求有哪些不同？

10. 安装基础及地下工程模板，柱模板、独立梁模板、悬挑结构模板，现浇多层（或高层）房屋（构筑物）模板时，各应注意哪些安全技术要求？

11. 现浇楼盖及框架结构模板工程拆除各应注意哪些安全技术要求？

12. 脚手架有哪些分类？分别解释组成脚手架的构件、技术参数及术语。

13. 脚手架基础、连墙件各有哪些安全技术要求？

14. 扣件式钢管脚手架特点有哪些？在什么范围使用？有哪些安全技术要求？搭设、拆除有哪些安全技术要求？如何进行检查与验收？

15. 简要分析高处坠落的类型及其发生原因与预防措施。

16. "三宝""四口""五临边"各指的是什么？如何进行安全防护？

17. 简述安全帽的构造及正确选择、使用方法。

18. 什么样的气候条件禁止露天高处作业？

19. 攀登作业如何进行安全防护？

20. 施工现场临时用电施工组织设计编制应注意哪些问题？

21. 临时用电安全技术档案包括哪些内容？

22. 建筑施工现场哪些场合下应使用安全特低电压照明器？

23. TN-S 系统中，导线绝缘颜色表示什么意思？工作零线与保护零线能否共用？为什么？

24. 从安全角度来理解电气设备为什么要接地？

25. 当发现有人触电时应如何急救？如何正确进行人工呼吸？

26. 简述建筑施工现场焊接的安全技术措施，使用乙炔瓶、氧气瓶应当注意哪些安全事项？

27. 电焊（气焊）作业的主要职业危害是什么？作业人员如何加强个人防护？

28. 简述建筑工程雨期施工（或北方冬期施工）有哪些特点？有什么安全技术要求？应采取哪些安全技术措施？

29. 夏季建筑施工应采取什么卫生保健措施？

30. 简述建筑物（构筑物）拆除前应做的准备工作及人工（机械、爆破）拆除的安全技术措施。

31. 起重作业吊运前的准备工作有哪些？

32. 塔式起重机使用中的基本安全技术要求有哪些？

33. 龙门架及井架物料提升机的安全防护装置及其安全技术要求都有哪些？提升装置的安全要求又有哪些？使用中的安全技术要求又有哪些？

34. 施工升降机的安全装置有哪些？安装和拆卸安全技术要求有哪些？如何进行安全管理？

35. 手持电动工具绝缘等级是如何划分的？使用时有哪些安全技术要求？一般采取哪些安全技术措施预防手持电动工具发生事故。

36. 混凝土搅拌机使用与管理需注意哪些安全事项？

37. 简述机动翻斗车的安全使用要点。

38. 卷扬机的安全使用要求有哪些？

39. 建筑施工现场常说"一禁二必须，三定四不准"是防止工地机械伤害的铁律，为什么？

40. 建筑施工现场使用的机械设备有什么安全技术要求？在哪些情况下，建筑起重机械不得出租、使用？

41. 建筑起重机械的安装单位、使用单位、施工总承包单位及监理单位各应履行哪些安全职责？

42. 建筑起重机械的安全技术档案应当如何建立？其安装、拆卸的工程档案应包括哪些资料？

43. 当今，随着深基坑支护工程越来越多，因支护方面的问题而导致的工程事故已成为建筑行业关注的工程焦点问题。长安大学汪班桥等研究者在对国内外基坑锚杆脱黏事故案例发生原因分析的基础上，认为基坑锚杆脱黏引发锚杆失效是导致基坑失稳而坍塌的原因之一。汪班桥等研究得出的造成基坑锚杆脱黏事故的基本事件及其发生概率的经验估计值见表 3-4。[注]

请应用表 3-4 所列资料，完成以下工作。

表 3-4　造成基坑锚杆脱黏事故的基本事件及其发生概率

基本事件	基本事件含义描述	基本事件概率
X_1	荷载过大	0.0165
X_2	预应力施加过早过大	0.0278
X_3	锚固段表面未清理干净	0.0017
X_4	砂浆配合比不合理	0.024

㊀ 详细内容参阅汪班桥、段旭发表于《安全与环境学报》的论文《FTA 在基坑锚杆脱黏安全评价中的应用研究》（2013 年）。

（续）

基本事件	基本事件含义描述	基本事件概率
X_5	养护不当	0.0012
X_6	浆体密实度不足	0.021
X_7	灌浆方式不合理	0.021
X_8	锚固段长度设计不足	0.0348
X_9	锚固体表面积过小	0.0219
X_{10}	雨水或管道水渗漏	0.030
X_{11}	防排水措施不力	0.011
X_{12}	地下水位降得不够	0.025
X_{13}	坑底存在砂性土层	0.004
X_{14}	承压水压力水头较大	0.0022
X_{15}	未做封底处理	0.0132
X_{16}	$kj>\gamma'$，是上层滞水或潜水引起涌水（涌砂）的条件公式，γ'为土的浮重度，k为安全系数，j为最大渗流力	0.0129
X_{17}	$\sum\gamma_i h_i<\gamma_w h$，是承压水引起涌水（土）的条件公式，$\gamma_i$、$h_i$为基坑开挖后底面至含水层顶板的土层的重度、高度，$\gamma_w$为水的重度，$h$为承压水头高于含水层顶板的高度	0.025

1）请运用事故树分析法（FTA），建造基坑锚杆支护结构脱粘的事故树图。

2）求解事故树的最小割集，计算顶事件的概率。

3）根据2）得到的事故树顶事件的概率做敏感性分析，揭示基本事件对发生顶事件的贡献率。

【提示1】

图 3-16 是锚杆脱粘事故树图，可做参考。

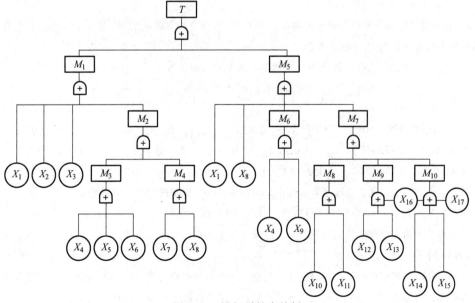

图 3-16　锚杆脱粘事故树

【提示2】

（1）最小割集的确定

建议使用下行法求解事故树的最小割集。该方法是沿事故树从顶事件往下逐级进行，若遇到与门，则把与门下面的所有输入事件都排在同一行上；若遇到或门，则把或门下面的所有输入事件都排在同一列上。以此类推，逐级往下，一直到全部为底事件为止。这样得到的底事件集合称为布尔显示割集，经过布尔代数的吸收归并运算后便可得到最小割集为 $\{X_4\}$，$\{X_1\}$，$\{X_2\}$，$\{X_3\}$，$\{X_{10},X_{11}\}$，$\{X_8\}$，$\{X_{12}, X_{13},X_{16}\}$，$\{X_{14},X_{15},X_{17}\}$，$\{X_7\}$，$\{X_9\}$，$\{X_5\}$，$\{X_6\}$。

最小割集实质上是事故可能发生的途径，代表了系统的危险性，最小割集越多，系统越危险。事故树的最小割集中，有1个割集发生，顶上事件就发生。基本事件越少的割集，越容易发生，通过这一途径发生事故的可能性就越大，故对基本事件少的割集应重点采取预防措施。

由此可见，基坑锚杆支护结构体系发生脱粘事故的可能途径有12种，每个最小割集包含的基本事件只有1个到3个不等，即当只有1~3个基本事件同时发生时系统就会发生脱粘事故，说明该类事故的发生条件很容易满足，事故发生的可能性较大。

（2）顶事件的概率计算

若各个最小割集中彼此无重复的基本事件，顶事件的发生概率为

$$p(T) = \bigcup_{r=1}^{N_0} \prod_{x_i \in G_r} q_i \tag{1}$$

式中 r——最小割集序数；

   i——基本事件序数；

   q_i——第 i 个基本事件的概率；

   N_0——系统中最小割集数；

   G_r——第 r 个最小割集。

为方便计算特做如下简化：

1）将各个基本事件的概率记为 q_i。

2）将所有只含一个事件的最小割集（记为 G_1），含有2个事件的最小割集（记为 G_2），含有3个事件的最小割集（记为 G_3）分开考虑。

G_1，G_2，G_3 无任何交集，故顶事件 T 的发生概率可以简化为

$$P(T) = P(G_1) + P(G_2) + P(G_3) \tag{2}$$

由式（1）可看出

① G_1 每个部分都互相独立，又因仅含一个事件，将它们所含事件概率相加，可得 $P(G_1) = 0.1699$。

② G_2 只有一个最小割集，$G_2 = \{X_{10},X_{11}\}$，按式（2）计算，得 $P(G_2) = 0.030 \times 0.011 = 0.00033$。

③ G_3 共有2个最小割集，分别为 $\{X_{12},X_{13},X_{16}\}$，$\{X_{14},X_{15},X_{17}\}$，每个最小割集含有3个独立事件，将各事件的概率相乘，所得结果非常小，对顶事件发生概率的贡献可以忽略。

则 $P(T) = 0.1699 + 0.00033 = 0.17023$，即顶事件的概率为 0.17023。

参考地下工程风险概率等级标准可知，该类事件属于偶尔发生的事故。

【提示3】

敏感性分析。根据事故树计算顶事件的概率，一方面可以确定出整个锚杆支护系统可能发生脱粘事故的概率，另一方面可以通过敏感性分析，揭示基本事件对于顶事件的贡献程度。

基本事件敏感系数：

$$CI_g(i) = \frac{\frac{\partial Q}{\partial q_i}}{\frac{Q}{q_i}} = \frac{\partial Q}{\partial q_i} \frac{q_i}{Q} \tag{3}$$

式中　Q——顶事件的发生概率，即 $P(T)$；

　　　q_i——第 i 个底事件的发生概率。

各基本事件敏感性排序见表 3-5。

表 3-5　各基本事件敏感性排序

序号	基本事件	敏感系数
1	X_8	0.194
2	X_2	0.159
3	X_4	0.144
4	X_7	0.133
4	X_6	0.133
5	X_9	0.124
6	X_{17}	0.092
6	X_1	0.092
7	X_3	0.010
8	X_5	0.008
9	X_{10}	0.0018
9	X_{11}	0.0018
10	X_{12}	0.0006
10	X_{13}	0.0006
11	X_{14}	0.0002
11	X_{15}	0.0002
11	X_{16}	0.0002

第4章
建筑工程施工现场危险源辨识与控制

4.1 概述

4.1.1 建筑工程施工现场危险源辨识与控制的重要意义

建筑工程施工现场危险源又称建设施工危险源，它是指建筑施工过程中各类容易引发事故的不安全因素。

危险源由三个要素构成：潜在危险性、存在条件和触发因素。

危险源的潜在危险性是指一旦触发事故，可能带来的危害程度或损失大小，或者说危险源可能释放的能量强度或危险物质量的大小。

危险源的存在条件是指危险源所处的物理、化学状态和约束条件状态。

危险源的触发因素是危险源转化为事故的外因，每一类型的危险源都有相应的敏感触发因素。

建筑工程施工现场危险源广泛存在于施工过程各阶段，并且具有多样性、复杂性、突发性、时效性、长期性等特点。与化工、机械制造等行业相比，建筑施工过程中，由于施工作业面随着工程进展不断改变、多工种交叉作业、机械化作业程度低、劳动者素质参差不齐、手工劳动密集、繁杂等因素的影响，建筑施工过程中的危险源是随工程的进展而不断变化的，呈现动态性。

建设工程施工危险源与现场环境影响因素是建设工程施工生产安全事故的根源，为了控制和减少建设工程施工现场的施工风险和施工现场环境影响，实现安全生产目标，并持续改进安全生产业绩，预防发生建筑工程施工事故，需要对建筑工程施工危险源与现场环境影响因素进行辨识，这也是建立施工现场安全生产保证计划的一项主要工作内容（详见第3章）。因此，建筑工程施工现场危险源通常使用危险性较大的分部分项工程来划定并进行管理。

4.1.2 建筑工程施工现场危险源辨识与控制策划的基本过程

建筑工程施工安全控制的基本思路是，辨识与施工现场相关的所有危险源与环境影响因素，评价出重大危险源与重大环境影响因素，在此基础上，制定具有针对性的安全控制措施和安全生产管理方案，明确危险源与环境影响因素的辨识、评价和控制活动与安全生产保证计划其他各要素之间的联系，对其实施进行安全控制。

对建筑工程施工危险源与现场环境影响因素辨识，各项工程开工前便应成立危险源辨识评价工作组，由主管经理任组长，安全部门负责人任副组长，小组成员由各部门相关人员组成。组长应组织工作组成员进行有关法律、法规、标准、规范和辨识方法、评价方法的学习和培训，并做好相关记录。各项工程一开工，工作组就应立即对本工程项目存在的危险源进行辨识、评价，填写相关表格上报本企业安全管理部门。工作组还应根据实际情况，不断评价、更新本工程项目的重大风险和危险源及其控制计划，并及时上报企业安全管理部门。

对危险源安全风险和环境影响因素的控制是一个随施工进度而动态发展、不断更新的过程，需要建设工程项目全体员工的共同参与。它通常由辨识、评价、编制安全保证计划，实施安全控制措施计划和检查五个基本环节构成。在建设工程项目施工过程中，项目管理人员应根据法律法规、标准规范、施工方案、施工工艺、相关方要求与群众投诉等客观情况的变化，以及安全检查中发现所遗漏的危险源、环境影响因素或新发现的危险源、环境影响因素，定期或不定期地对原有辨识、评价和控制策划结果进行及时评审，必要时进行更新，不断地改进、补充和完善，并呈螺旋式上升。每经过一个"戴尔循环"过程，就需要制定新的安全目标和新的实施方案，使原有的安全生产保证计划不断完善，持续改进，达到一个新的运行状态。因此，危险源与环境影响因素的辨识、评价和控制策划是一个不断完善、更新的动态循环、持续改进的过程。

4.1.3　建筑工程施工现场危险源辨识活动的范围与内容

施工现场危险源辨识活动的范围包括施工作业区、加工区、办公区和生活区；企业机关和基层单位所在的办公场所和生活场所。危险源辨识与评价活动的内容包括四方面：

1）凡进入施工现场的相关方（分包队伍、合同人员、来访者、供方等）可能存在的危险源都要进行辨识。

2）对非常规作业活动进行辨识，包括基层单位、项目部未能按照正常作业计划（如抢工期、交叉作业）或冬期、雨期、夜间施工可能发生的危险源。

3）对工作场所常规作业活动及设施、设备、材料、物资进行辨识，包括：

① 企业机关、基层单位、各部（科）室在辨识小组领导下，对管辖区域内的办公设施（包括办公室、厂院、楼道等）进行辨识。

② 行政管理部门和各基层单位相关科室负责对所管辖的生活区域（包括食堂、浴室、俱乐部、宿舍、厕所等）的设施进行辨识，并监督项目部对办公区、生活区的辨识。

③ 工作场所的设施无论是企业自有的、企业租赁的、分包方自带的、业主提供的等均在辨识范围内。

④ 项目部辨识小组负责对施工现场的办公区、生活区（包括分包队伍的食堂、宿舍等）、加工区（包括钢筋、木工、混凝土搅拌棚等）、施工作业区（包括四口防护、安全通

道、作业面的材料码放、架子搭设、临时用电架设等）设施进行辨识。

4）按照正常作业计划，按分项、分部工程，对施工作业和加工作业进行辨识和评价。目前，可按照《危险性较大的分部分项工程安全管理办法》（建质〔2009〕87号）要求，采用分部分项的概念，对危险性较大的、超过一定规模的危险性较大的分部分项工程范围和内容进行辨识和评价，具体见表4-1和表4-2。

表 4-1 危险性较大的分部分项工程范围和内容

序号	分部分项工程	工程内容
1	基坑支护、降水工程	开挖深度超过3m（含3m）或虽未超过3m但地质条件和周边环境复杂的基坑（槽）支护降水工程
2	土方开挖工程	开挖深度超过3m（含3m）的基坑（槽）的土方开挖工程
3	模板工程及支撑体系	（1）各类工具式模板工程，包括大模板、滑模、爬模、飞模等工程 （2）混凝土模板支撑工程，搭设高度5m及以上；搭设跨度10m及以上；施工总荷载10kN/m² 及以上；集中线荷载15kN/m 及以上；高度大于支撑水平投影宽度且相对独立无联系构件的混凝土模板支撑工程 （3）承重支撑体系，用于钢结构安装等满堂支撑体系
4	起重吊装及安装拆卸工程	（1）采用非常规起重设备、方法，且单件起吊重量在10kN及以上的起重吊装工程 （2）采用起重机械进行安装的工程 （3）起重机械设备自身的安装、拆卸
5	脚手架工程	（1）搭设高度24m及以上的落地式钢管脚手架工程 （2）附着式整体和分片提升脚手架工程 （3）悬挑式脚手架工程 （4）吊篮脚手架工程 （5）自制卸料平台、移动操作平台工程 （6）新型及异型脚手架工程
6	拆除、爆破工程	（1）建筑物、构筑物拆除工程 （2）采用爆破拆除的工程
7	其他	（1）建筑幕墙安装工程 （2）钢结构、网架和索膜结构安装工程 （3）人工挖扩孔桩工程 （4）地下暗挖、顶管及水下作业工程 （5）预应力工程 （6）采用新技术、新工艺、新材料、新设备及尚无相关技术标准的危险性较大的分部分项工程

表 4-2 超过一定规模的危险性较大的分部分项工程范围和内容

序号	分部分项工程	工程内容
1	深基坑工程	（1）开挖深度超过5m（含5m）的基坑（槽）的土方开挖、支护、降水工程 （2）开挖深度虽未超过5m，但地质条件、周围环境和地下管线复杂，或影响毗邻建筑物（构筑物）安全的基坑（槽）的土方开挖、支护、降水工程

（续）

序号	分部分项工程	工程内容
2	模板工程及支撑体系	（1）工具式模板工程，包括滑模、爬模、飞模工程 （2）混凝土模板支撑工程，搭设高度 8m 及以上；搭设跨度 18m 及以上；施工总荷载 $15kN/m^2$ 及以上；集中线荷载 20kN/m 及以上 （3）承重支撑体系，用于钢结构安装等满堂支撑体系，承受单点集中荷载 700kg 以上
3	起重吊装及安装拆卸工程	（1）采用非常规起重设备、方法，且单件起吊重量在 100kN 及以上的起重吊装工程 （2）起重量 300kN 及以上的起重设备安装工程；高度 200m 及以上内爬起重设备的拆除工程
4	脚手架工程	（1）搭设高度 50m 及以上落地式钢管脚手架工程 （2）提升高度 150m 及以上附着式整体和分片提升脚手架工程 （3）架体高度 20m 及以上悬挑式脚手架工程
5	拆除、爆破工程	（1）采用爆破拆除的工程 （2）码头、桥梁、高架、烟囱、水塔或拆除中容易引起有毒有害气体（液体）或粉尘扩散、易燃易爆事故发生的特殊建筑物（构筑物）的拆除工程 （3）可能影响行人、交通、电力设施、通信设施或其他建筑物（构筑物）安全的拆除工程 （4）文物保护建筑、优秀历史建筑或历史文化风貌区控制范围的拆除工程
6	其他	（1）施工高度 50m 及以上的建筑幕墙安装工程 （2）跨度大于 36m 及以上的钢结构安装工程；跨度大于 60m 及以上的网架和索膜结构安装工程 （3）开挖深度超过 16m 的人工挖孔桩工程 （4）地下暗挖工程、顶管工程、水下作业工程 （5）采用新技术、新工艺、新材料、新设备及尚无相关技术标准的危险性较大的分部分项工程

4.1.4　建筑工程施工现场危险源辨识、评价和控制策划的基本步骤

建筑工程施工现场危险源与环境影响因素辨识、评价和控制策划的基本步骤如图 4-1 所示，主要包括：

（1）危险源与环境影响因素识别

辨识与各类施工作业和管理业务活动有关的所有危险源与环境影响因素，考虑谁会受到伤害或影响及如何受到伤害或影响。因此，应对施工现场业务活动分类，编制一份施工现场业务活动表，其内容包括施工现场各类作业与管理业务活动涉及的场所、设施、设备、人员、工序、作业活动、管理活动，并收集有关信息。

（2）安全风险与环境影响评价

在假定的计划（方案）或现有的控制措施适当的情况下，对与各项危险源与环境影响因素有关的安全风险与环境影响做出主观评价。评价人员应考虑安全控制的有效性以及安全

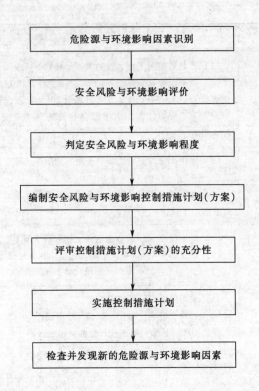

图 4-1 危险源与环境影响因素辨识、评价和控制策划步骤

控制失败所造成的后果。

（3）判定安全风险和环境影响程度

判定假定的计划（方案）或现有的控制措施是否足以把危险源与环境影响因素控制住，并符合法律法规、标准规范以及项目经理部自身的要求和其他要求，并据此对危险源与环境影响因素按安全风险和环境影响程度的大小进行分类，确定重大危险源与重大环境影响因素。

（4）编制安全风险与环境影响控制措施计划（方案）

针对评价中发现的重大危险源与重大环境影响因素，项目经理部应编制安全生产保证计划、控制措施计划、专项施工方案等，以处理需要重视的任何问题，并确保新的和现行的控制措施仍然适用和有效。

（5）评审论证控制措施计划（方案）的充分性

针对已修正的控制措施计划（方案），重新评价安全风险与环境影响，并检查是否足以把危险源与环境影响因素控制住，并符合法律法规、标准规范以及项目经理部自身的要求和其他要求。

（6）实施控制措施计划

对已经评审的控制措施计划（方案）具体落实到建议工程施工安全生产过程中。

（7）检查发现与调整改进

建筑工程施工过程中，一方面，要对各项安全风险与环境影响控制措施计划的执行情况不断地进行检查，并评审各项控制措施的执行效果；另一方面，当工程施工的内外条件发生变化时，要确定是否需要提出不同的控制措施及相应的处理方案。此外，还需要检查是否有被漏检的危险源、环境影响因素或新发现的危险源、环境影响因素，当发现新的危险源、环境因素时，就要进行新的危险源、环境影响因素的辨识、评价，并制定新的控制措施（管理条例或企业标准）。

4.2 建筑工程施工现场业务活动分类

对建筑工程施工现场业务活动进行分类是为了便于对危险源和环境影响因素的辨识和评价，因此分类应考虑危险源与环境影响因素的易于控制程度和必要信息的收集。施工现场业务活动的分类既要包括日常的施工生产和管理活动，又要包括不常见的维修任务等。施工现场业务（作业与管理）活动的分类方法一般包括：

1）施工现场场界内外的不同场所。如施工作业区、辅助生产区、生活区、办公区、相邻社区等。这些场所又可进一步分为若干个更小的场所，如辅助生产区又可分为木工棚、钢筋加工区、危险品仓库、搅拌站等场所，生活区又可分为宿舍、食堂、澡堂、厕所等场所。

2）施工阶段、工序、活动。如土方开挖阶段、基础阶段、主体阶段、安装阶段、装饰阶段等。这些阶段又可进一步分为若干个工序、过程，如打桩作业、土石方挖运、脚手架搭拆、模板安装拆除、钢筋绑扎、混凝土浇捣、砌筑作业、高处作业、施工用电、焊接作业、起重设备安装拆除、机械作业、防水作业、冬期施工、暑期施工、雨期施工、危险化学品管理等。

项目管理人员可按 JGJ 59《建筑施工安全检查标准》和 GB 50300《建筑工程施工质量验收统一标准》进行划分、确定。

3）计划的和被动的工作。

4）确定的任务。

5）不经常发生的任务。项目管理人员应设计一种简单危险源和环境影响因素辨识、风险评价和控制策划表格，一般内容如下：

① 施工现场业务（作业与管理）分类。

② 危险源（环境影响因素）。

③ 现场控制措施。

④ 安全风险（环境影响）评价的内容或数据。

⑤ 安全风险（环境影响）水平与分类。

⑥ 根据评价结果而需采取的措施或行动。

⑦ 其他管理要求，如评价人、日期等。

4.3 建筑工程施工现场危险源分类

建筑工程施工现场危险源识别、分类、分级管理，是加强施工安全管理，预防事故发生的基础性工作。按各种危险源在事故发生发展过程中的作用或特征进行分类有利于危险源的辨识工作。

4.3.1 按危险源在事故发生发展过程中的作用分类

根据能量意外释放理论，能量或危险物质的意外释放是伤亡事故发生的物理本质。因此，将生产过程中存在的，可能发生意外释放的能量（能源或能量载体）或危险物质称为第一类危险源；将物的故障、人的失误和环境影响因素等称为第二类危险源。

施工现场的危险源是客观存在的，这是由于在施工过程中需要相应的能量和物质。施工现场中所有能产生、供给能量的能源和载体在一定条件下都可能因释放能量而造成危险，这是最根本的危险源。施工现场中有害物质在一定条件下能损伤人体的生理机能和正常代谢功能，破坏设备和物品的效能，它也是最根本的危险源。为了防止第一类危险源导致事故，必须采取措施约束、限制能量或危险物质，控制危险源。

正常情况下，生产过程中的能量或危险物质受到约束或限制，不会发生意外释放，即不会发生事故。但是，一旦这些约束或限制能量或危险物质的措施受到破坏或失效（故障），则将发生事故。这些导致能量或危险物质约束或限制措施破坏或失效的各种因素即为第二类危险源。

（1）物的故障

物包括机械设备、设施、装置、工具、用具、物质、材料等。根据物在事故发生中的作用，可分起因物和致害物两种，起因物是指导致事故发生的物体或物质，致害物是指直接引起伤害或中毒的物体或物质。

物的故障是指机械设备、设施、装置、元部件等在运行或使用过程中由于性能（含安全性能）低下而不能实现预定的功能（包括安全功能）时产生的现象。不安全状态是存在于起因物上的，是使事故能发生的不安全的物体条件或物质条件。从安全功能的角度，物的不安全状态也是物的故障。物的故障可能是由于设计、制造缺陷造成的；也可能由于安装、搭设、维修、保养、使用不当或磨损、腐蚀、疲劳、老化等原因造成的；还可能是由于认识不足、检查人员失误、环境或其他系统的影响等造成的。但故障发生的规律是可知的，通过定期检查、维修保养和分析总结可使多数故障在预定期间内得到控制（避免或减少）。因此，掌握各类故障发生的规律和故障率是防止故障发生造成严重后果的重要手段。

发生故障并导致事故发生的这种危险源，主要表现在发生故障、错误操作时的防护、保险、信号等装置缺乏、缺陷；设备、设施在强度、刚度、稳定性、人机关系上有缺陷等。例如，安全带及安全网质量低劣为高处坠落事故提供了条件，超载限制或高度限位安全装置失效使钢丝绳断裂、重物坠落，电线和电气设备绝缘损坏、漏电保护装置失效造成触电伤人，都是物的故障引起的危险源。

（2）人的失误

人的失误是指人的行为结果偏离了被要求的标准，即没有完成规定功能的现象。人的失误会造成能量或危险物质控制系统故障，使屏蔽破坏或失效，从而导致事故发生。广义的屏蔽是指可以约束、限制能量，防止人体与能量接触的措施。

人的失误包括人的不安全行为和管理失误两个方面。

1）人的不安全行为。人的不安全行为是指违反安全规则或安全原则，使事故有可能或有机会发生的行为。违反安全规则或安全原则包括违反法律法规、标准、规范、规定，也包括违反大多数人都知道并遵守的不成文的安全原则，即安全常识。

根据 GB 6441《企业职工伤亡事故分类》，人的不安全行为包括操作错误，忽视安全，忽视警告；造成安全装置失效；使用不安全设备；手代替工具操作；物体存放不当；冒险进入危险场所；攀、坐不安全位置；在起吊物下作业、停留；机器运转时进行加油、修理、检查、调整等工作；有分散注意力行为；在必须使用个人防护用具的作业或场合中，忽视其使用；不安全装束；对易燃、易爆等危险物品处理错误。

例如，在起重机的吊钩下停留，不发信号就起动机器；吊索具选用不当，吊物绑挂方式不当使钢丝绳断裂，吊物失稳坠落；拆除安全防护装置等。

人的不安全行为可以是本不应做而做了某件事，可以是本不应该这样做（应该用其他方式做）而这样做的某件事，也可以是应该做某件事但没做成。

有不安全行为的人可能是受伤害者，也可能不是受伤害者。

不能仅仅因为行为是不安全的就定为不安全行为，如高处作业有明显的安全风险，但可以通过采取适当的预防措施克服，因此，这种作业不应被认为是不安全行为。

2）管理失误。管理失误表现在以下三个方面：

① 对物的管理失误，又称技术缺陷（原因），包括技术、设计、结构上的缺陷，作业现场、作业环境的安排设置不合理，防护用品缺少或有缺陷等。

② 对人的管理失误，包括教育、培训、指示、对施工作业任务和施工作业人员的安排等方面的缺陷或不当。

③ 管理工作失误，包括施工作业程序、操作规程和方法、工艺过程等的管理失误，安全监控、检查和事故防范措施等的管理失误，对采购安全物资的管理失误等。

（3）环境影响因素

人和物存在的环境，即施工生产作业环境中的温度、湿度、噪声、振动、照明或通风换气等方面的问题，会促使人的失误或物的故障发生。环境影响因素包括以下三个方面：

1）物理因素。包括噪声、振动、温度、湿度、照明、风、雨、雪、视野、通风换气、色彩等物理因素。

2）化学因素。包括爆炸性物质、腐蚀性物质、可燃液体、有毒化学品、氧化物、危险气体等化学因素。化学性物质的形式有液体、粉尘、气体、蒸气、烟雾、烟等，化学性物质可通过呼吸道吸入、皮肤吸收、误食等途径进入人体。

3）生物因素。包括细菌、真霉菌、昆虫、病毒、植物、原生虫等生物因素，感染途径有食物、空气、唾液等。

事故的发生往往是两类危险源共同作用的结果。第一类危险源产生的根源是能量与有害物质，是事故发生的能量主体，其在事故发生时释放出的能量导致人员伤害或财物损坏、决定着事故后果的严重程度。当系统具有的能量越大，存在的有害物质数量越多时，系统的潜在危险性和危害性也越大。第一类危险源的存在是第二类危险源出现、引发事故发生的前提，第二类危险源是第一类危险源造成事故的必要条件，决定事故发生的可能性。两类危险源相互关联、相互依存。因此，危险源辨识的首要任务是辨识第一类危险源，在此基础上再辨识第二类危险源。

4.3.2　按引发事故的起因物类型分类

根据 GB 6441《企业职工伤亡事故分类》，综合考虑事故的起因物、致害物、伤害方式等特点，将危险源及危险源造成的事故分为20类：

1）物体打击，是指落物、滚石、锤击、碎裂崩块、碰伤等伤害，包括因爆炸而引起的物体打击。

2）车辆伤害，包括挤、压、撞、倾覆等。

3）机械伤害，包括绞、碾、碰、割、戳等。

4）起重伤害，是指起重设备或操作过程中所引起的伤害。

5）触电，包括雷击伤害。

6）淹溺。

7）灼烫。

8）火灾。

9）高处坠落，包括从架子、屋顶上坠落及从平地坠入地坑等。

10）坍塌，包括建筑物、堆置物、土石方倒塌等。

11）冒顶片帮。

12）透水。

13）放炮。

14）火药爆炸，是指生产、运输、储藏过程中发生的爆炸。

15）瓦斯爆炸，包括煤尘爆炸。

16）锅炉爆炸。

17）容器爆炸。

18）其他爆炸，包括化学爆炸，炉膛、钢液包爆炸等。

19）中毒和窒息，是指煤气、油气、沥青、化学、一氧化碳中毒等。

20）其他伤害，如扭伤、跌伤、野兽咬伤等。

此种分类方法所列的危险源与企业职工伤亡事故处理调查、分析、统计、职业病处理及职工安全教育的口径基本一致，也易于接受和理解，便于实际应用。

因此，施工现场危险源辨识时对危险源或其造成的伤害的分类多采用这种分类方法。其中高处坠落、物体打击、触电事故、机械伤害、坍塌事故、火灾和爆炸是建设工程施工中最主要的事故类型。

4.3.3　按导致事故和职业危害的直接原因分类

工程建设项目安全管理人员，在对建筑施工过程中发生生产安全事故和职业危害的危险源进行分析和辨识时，可结合实际工程特点，按 GB/T 13861《生产过程危险和有害因素分类与代码》所列危险（危害）因素，分析建筑施工工程生产安全事故和职业危害的直接原因。

《生产过程危险和有害因素分类与代码》于 1992 年首次发布，2009 年第一次修订，现行版本为 GB/T 13861—2022，是 2022 年 3 月 9 日由国家市场监督管理总局、国家标准化管理委员会批准发布的第二次修订版，自 2022 年 10 月 1 日起正式实施。

GB/T 13861—2022 按可能导致生产过程中危险和有害因素的性质，把生产过程危险和有害因素分为"大类""中类""小类""细类"四个层次，代码为层次码，用 6 位数字表示。第一层（大类）与第二层（中类）分别用一位数字表示，第三层（小类）与第四层（细类）分别用两位数字表示，代码结构如图 4-2 所示，代码意义见表 4-3。GB/T 13861—2022 把生产过程危险和有害因素分为 4 大类、15 中类、94 小类、723 细类，见表 4-4，实际使用时，请查阅 GB/T 13861—2022。

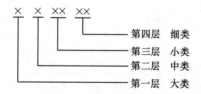

图 4-2　GB/T 13861—2022 的代码结构

表 4-3　生产过程危险和有害因素代码的意义

层次		第一层	第二层	第三层	第四层
名称		大类	中类	小类	细类
代码位数		1	1	2	2
举例	危险和有害因素名称	物的因素	职业安全卫生管理制度不完善或未落实	交通环境不良（包括道路、水路、轨道、航空）	指挥失误（包括生产过程中各级管理人员的指挥）
	代码	2	42	3206	120101
	代码意义	第 2 大类	第 4 大类（管理因素）的第 3 中类	第 3 大类（环境因素）的第 2 中类（室外作业场地环境不良）的第 6 小类	第 1 大类（人的因素）的第 2 中类（行为性危险和有害因素）的第 1 小类（指挥错误）的第 1 细类

注：本表由作者根据 GB/T 13861—2022《生产过程危险和有害因素分类与代码》制作。

表 4-4　生产过程危险和有害因素分类

第一层（大类）	第二层（中类）	第三层（小类）	第四层（细类）
11　人的因素	11　心理、生理性危险和有害因素	6	1101 下分 4 项细类 1104 下分 4 项细类 1105 下分 3 项细类
	12　行为性危险和有害因素	4	1201 下分 3 项细类 1202 下分 3 项细类
2　物的因素	21　物理性危险和有害因素	16	2101 下分 14 项细类 2102 下分 6 项细类 2103 下分 7 项细类 2104 下分 4 项细类 2105 下分 4 项细类 2107 下分 7 项细类 2108 下分 9 项细类 2110 下分 4 项细类 2111 下分 4 项细类 2112 下分 6 项细类 2113 下分 7 项细类 2115 下分 7 项细类
	22　化学性危险和有害因素	3	2201 下分 16 项细类 2202 下分 10 项细类
	23　生物性危险和有害因素	5	2301 下分 4 项细类
3　环境因素	31　室内作业场所环境不良	15	—
	32　室外作业场地环境不良	19	3206 下分 3 项细类
	33　地下（含水下）作业环境不良	9	—
	39　其他作业环境不良	3	—
4　管理因素	41　职业安全卫生管理机构设置和人员配备不健全	—	
	42　职业安全卫生责任制不完善或未落实	—	
	43　职业安全卫生管理制度不完善或未落实	7	
	44　职业安全卫生投入不足	—	
	46　应急管理缺陷	7	
	49　其他管理因素缺陷	—	

注：本表由作者根据 GB/T 13861—2022《生产过程危险和有害因素分类与代码》制作。

GB/T 13861—2022 适用于各行业在规划、设计和生产经营活动全过程中，对危险和有害因素的预测、预防，伤亡事故原因的辨识和分析，也适用于职业安全健康信息的处理与交换，经过适当的选择调整后，可作为生产经营活动全过程中分析生产安全事故和职业危害的直接原因的提示表使用。

GB/T 13861—2022 的分类科学合理、详细具体，是通过标准化技术手段，科学指导行业主管部门、生产经营单位开展安全生产预防、管控工作的基础，适应了安全生产发展新需求，有助于安全监管部门及生产经营单位实施安全生产双重预防机制，对行业主管部门、生产经营单位提升安全生产管理的科学水平具有重要意义。

4.3.4　按职业病分类

经诊断，凡因从事接触有毒有害物质或不良环境的工作而造成急慢性疾病，属于职业病。2013 年国家卫生计生委、安全监管总局、人力资源社会保障部和全国总工会联合组织调整、颁布了《职业病分类和目录》，并列出职业病为 10 大类，共 132 种。该目录中所列的 10 大类职业病如下：尘肺病及其他呼吸系统疾病 19 项，职业性皮肤病 9 项，职业性眼病 3 项，职业性耳鼻喉口腔疾病 4 项，职业性化学中毒 60 项，物理因素所致职业病 7 项，职业性放射性疾病 11 项，职业性传染病 5 项，职业性肿瘤 11 项，其他职业病 3 项。

建筑施工现场引发职业病的主要危害因素的种类主要有：

1. 粉尘

粉尘是指在生产过程中发生并能较长时间浮游在空气中的固体微粒。施工现场主要是含游离的二氧化硅粉尘、水泥尘（硅酸盐）、石棉尘、木屑尘、电焊烟尘、金属粉尘引起的粉尘，其中含游离的二氧化硅粉尘直接决定粉尘对人体的危害程度。粉尘对人身的危害主要表现：当吸入肺部的生产性粉尘达到一定数量时，就会引起肺组织逐渐硬化，失去正常的呼吸功能，即尘肺病、肺部疾病、粉尘致癌、粉尘的中毒、粉尘的其他局部作用。

2. 生产性毒物

生产性毒物是指在生产中产生或使用的有毒物质，它可使大气、水、土层等环境因素受到污染，被人体接触或吸收，可引起急性或慢性中毒，如铅、苯、二甲苯、聚氯乙烯、锰、二氧化碳、一氧化碳、亚硝酸盐等。

生产性毒物对人身的危害主要表现：职业中毒，致突变、致畸胎、致癌作用，其他作用。施工现场职业中毒主要包括苯中毒、锰中毒、一氧化碳中毒，以及汞中毒、铅中毒、汽油中毒、高分子化合物中毒、刺激性气体中毒等。

（1）苯中毒

苯又称香蕉水，施工现场中用于油漆、喷漆、环氧树脂、黏结、塑料及机件的清洗等。苯对人身的危害主要表现：急性苯中毒，造成中枢神经系统麻醉，神志丧失，血压降低，以至呼吸循环衰竭而死亡；慢性苯中毒，造成神经衰弱症，损害造血机能，出现再生障碍性贫血，严重呈苯白血病。

（2）锰中毒

施工现场中焊接时发生锰烟尘。锰对人身的危害主要表现：中毒后损害人体的神经系统，导致神经衰弱症、植物神经紊乱、震撼麻痹综合征、精神失常、肌张力改变等。

（3）一氧化碳中毒

一氧化碳中毒使氧在人体内的输运或组织利用氧的功能发生障碍，造成组织缺氧。一氧化碳对人身的危害主要表现：急性中毒，中枢神经系统受到损害，意识模糊或安全丧失，严重因呼吸麻痹而死亡；慢性中毒，出现头痛、头晕、四肢无力、体重下降、全身不适等神经衰弱症候群。

3. 噪声

噪声是建筑施工过程及构件加工过程中，存在的多种无规则的音调及杂乱声音。施工现场噪声主要来源于打桩机、搅拌机、电动机、混凝土振动棒、钢筋加工机械、模板安装与拆除等。噪声对人体的危害主要表现：长期在强烈噪声环境中劳动，内耳器官会发生器质性病变，造成永久性听阈偏移，即慢性噪声性耳聋。

4. 振动

振动就是物体在力的作用下，沿直线或弧线经过某一个中心位置（或平衡位置）的来回重复运动。振动病是长期接触强烈振动而引起的以肢端血管痉挛、上肢骨及关节骨质改变和周围神经末梢感觉障碍的职业病。振动对人体的危害主要表现：长期在振动环境中作业可造成手指麻木、胀痛、无力、双手颤抖、手腕关节骨质变形，指端白指和坏死等。

4.3.5 按建筑工程施工现场危险源存在的作业区域分类

按建设工程施工现场作业区域，危险源一般划分为三类，即施工现场作业区域危险源、临时建筑设施危险源、施工现场周围地段危险源，见表4-5。

表4-5 按建设工程施工现场作业区域划分危险源

施工现场作业区域	区域内存在的危险源	工程内容
施工现场作业区域存在的危险源	与人的行为有关的危险源	"三违"（违章指挥、违章作业、违反劳动纪律）
		不进行入场安全生产教育
		不进行安全技术交底等
	存在于分部分项工艺过程施工机械运行和物料运输过程中的危险源	（1）脚手架搭设、模板支撑工程、起重设备安装和运行（塔式起重机、施工电梯、物料提升机等）、人工挖孔桩、深基坑及基坑支护等局部结构工程失稳，造成机械设备倾覆、结构坍塌
		（2）高层施工或高度大于2m的作业面（包括高处"四口、五临边"作业），因为安全防护不到位或安全网内积存建筑垃圾、施工人员未配系安全带等，造成人员踏空、滑倒等高处坠落摔伤或坠落物体打击下方人员等事故
		（3）现场临时用电不符合《施工现场临时用电安全技术规范》（JGJ 46—2005）标准，各种电气设备的安全保护（如漏电、绝缘、接地保护、一机一闸）不符合要求，造成人员触电、火灾等事故
		（4）工程材料、构件及设备的堆放与频繁吊运、搬运过程中，因各种原因发生堆放散落、坠落、撞击人员等事故
		（5）防水施工作业、焊接、切割、烘烤、加热等动火作业应配备灭火器材，设置动火监护人员进行现场监护。可燃材料及易燃易爆危险品应按计划限量进场，分类专库储存，库房内应通风良好，设置严禁明火标志
	存在于施工自然环境中的危险源	（1）挖掘机作业时，损坏地下燃气管道或供电管线，造成爆炸和触电、停电事故。有限空间、窨井、坑道内施工作业，室内装修作业因通风排气不畅，造成人员窒息或中毒事故
		（2）五级（含五级）以上大风天气，高处作业、起重吊装、室外动火作业等，造成施工人员高坠或高处坠物和火灾事故

（续）

施工现场作业区域	区域内存在的危险源	工程内容
临时建筑设施区域存在的危险源		（1）由于受自然气象条件如台风、汛、雪、雷电、风暴潮等侵袭易发生临时建筑倒塌造成群死群伤意外 （2）临时简易帐篷搭设不符合消防安全间距要求，如果发生火灾意外，火势会迅速引燃其他帐篷 （3）生活用电电线私拉乱接，直接与金属结构或钢管接触，易发生触电及火灾等意外 （4）临建设施撤除时房屋发生整体坍塌，作业人员踏空、踩虚造成伤亡意外等 （5）厨房与临建宿舍安全间距不符合要求，易燃易爆危险化学品临时存放或使用不符合要求、防护不到位，造成火灾或人员窒息中毒意外 （6）工地饮食因卫生不符合卫生标准，造成集体中毒或疾病意外。
施工现场周围地段存在的危险源		（1）深基坑工程、隧道、地铁、竖井、大型管沟的施工，紧邻居民聚集居住区或临街道路，因为支护、支撑、大型机械设备等设施失稳、坍塌，不但造成施工场所破坏，而且往往引起地面、周边建筑和城市道路等重要设施的坍塌、坍陷、爆炸与火灾等意外 （2）基坑开挖、人工挖孔桩等施工降水，有可能造成周围建筑物因地基不均匀沉降而倾斜、开裂、倒塌等意外 （3）高层施工临街一侧安全防护不到位，可能发生高处落物情况对过往行人造成物体打击伤害 （4）占道施工或码放材料未做安全防护或没有警示标志 （5）施工现场围墙因为基础失稳造成墙体倒塌，对临街一侧车辆、行人造成伤害或对物品造成损坏

4.4 环境影响因素分类

4.4.1　按影响环境的污染物分类

施工现场产生的污染物是对环境造成污染的根源，主要有以下七类：

1）噪声，包括施工机械、运输设备、电动工具、模板与脚手架等周转材料的装卸、安装、拆除、清理和修复等造成的噪声。

2）粉尘，包括场地平整作业、土堆、砂堆、石灰、现场路面、水泥搬运、混凝土搅拌、木工房锯末、现场清扫、车辆进出等引起的粉尘。

3）废水，包括施工过程搅拌站、洗车处等产生的生产废水、生活区域的食堂、厕所等产生的生活废水。

4）废气，包括油漆、油库、化学材料泄漏或挥发等引起的有毒有害气体排放。

5）固体废弃物，包括建筑渣土、建筑垃圾、生活垃圾、废包装物、含油抹布等的处置与排放。

6）振动，包括打桩、爆破等施工对周边建筑物和构筑物、道路桥梁等市政公用设施的影响。

7）光，包括施工现场夜间照明灯光产生的光污染。

4.4.2 按环境影响因素的影响对象分类

施工现场环境影响因素的影响对象，通常分为六类：

1）向大气排放，包括粉尘、有毒有害气体排放。

2）向水体排放，包括生产废水、生活废水排放。

3）废弃物管理，包括建筑渣土、建筑垃圾、生活垃圾、废包装物、含油抹布等废弃物的处置管理。

4）土地污染，包括油品、化学品的泄漏。

5）原材料与自然资源的使用。

6）当地环境和社区性问题，包括噪声、振动、光污染等。

4.5 建筑施工危险源分级

在建筑施工过程中，结合工程施工特点和所处环境对危险源实施等级划分，可以使各级管理人员分级管理的安全责任更加明确，提高施工作业人员生产安全防范意识，是预防事故发生、加强建筑施工安全管理的基础工作。依据危险源等级的危险性大小对危险源进行分级管理，可以突出施工现场安全管理的重点，确定预防措施，将人力、财力、物力合理分配，协同解决施工现场存在的各类生产安全问题。

《建筑施工安全技术统一规范》（GB 50870—2013）中基本规定的要求，根据发生生产安全事故可能产生的后果，应将建筑施工危险源等级划分为Ⅰ、Ⅱ、Ⅲ级，建筑施工安全技术量化分析中，建筑施工危险等级系数的取值应符合表4-6的规定。

建筑施工危险等级的划分与危险等级系数，是对建筑施工安全技术措施的重要性认识及计算参数的定量选择。危险等级的划分是一个难度很大的问题，很难定量说明，因此，采用了类似结构安全等级划分的基本方法。危险等级系数的选用与现行国家标准 GB 50068《建筑结构可靠性设计统一标准》重要性系数相协调。

表 4-6 建筑施工危险等级系数

危险等级	事故后果	危险等级系数
Ⅰ	很严重	1.10
Ⅱ	严重	1.05
Ⅲ	不严重	1.00

按照住房和城乡建设部颁发的《危险性较大的分部分项工程安全管理办法》（建质〔2009〕87号）的要求，根据发生生产安全事故可能产生的后果（危及人的生命、造成经济损失、产生不良社会影响），采用分部分项的概念：超过一定规模的、危险性较大的分部

分项工程可对应于Ⅰ级危险等级的要求；危险性较大的分部分项工程可对应于Ⅱ级危险等级的要求。这样做可以较好地与现行管理制度衔接，危险等级划分内容见表4-7。

表 4-7 危险等级划分内容

危险等级	分部分项工程	工程内容
Ⅰ级	一、人工挖桩、深基坑及其他地下工程	（1）开挖深度超过5m（含5m）的基坑（槽）的土方开挖、支护、降水工程 （2）开挖深度虽未超过5m，但地质条件、周边环境和地下管线复杂，或影响毗邻建筑物（构筑物）安全的基坑（槽）的土方开挖、支护、降水工程 （3）开挖深度超过16m的人工挖孔桩工程 （4）地下暗挖工程、顶管工程、水下作业工程
	二、模板工程及支撑体系	（1）工具式模板工程，包括滑模、爬模、飞模工程 （2）混凝土模板支撑工程，搭设高度8m及以上；搭设跨度18m及以上；施工总荷载15kN/m²及以上；集中线荷载20kN/m及以上 （3）承重支撑体系，用于钢结构安装等满堂支撑体系，承受单点集中荷载700kg以上
	三、起重吊装及安装拆卸工程	（1）采用非常规起重设备、方法，且单件起吊重量在100kN及以上的起重吊装工程 （2）起重量300kN及以上的起重设备安装工程；高度200m及以上内爬起重设备的拆除工程
	四、脚手架工程	（1）搭设高度50m及以上落地式钢管脚手架工程 （2）提升高度150m及以上附着式整体和分片提升脚手架工程 （3）架体高度20m及以上悬挑式脚手架工程。
	五、拆除爆破工程	（1）采用爆破拆除的工程 （2）码头、桥梁、高架、烟囱、水塔或拆除中容易引起有毒有害气（液）体或粉尘扩散、易燃易爆事故发生的特殊建、构筑物的拆除工程 （3）可能影响行人、交通、电力设施、通信设施或其他建、构筑物安全的拆除工程 （4）文物保护建筑、优秀历史建筑或历史文化风貌区控制范围的拆除工程
	六、其他	（1）应划入危险等级Ⅰ级的采用新技术、新工艺、新材料、新设备及尚无相关技术标准的危险性较大的分部分项工程 （2）其他在建筑工程施工过程中存在的、应划入危险等级Ⅰ级的可能导致作业人员群死群伤或造成重大不良社会影响的分部分项工程
Ⅱ级	一、基坑支护、降水工程	开挖深度超过3m（含3m）或虽未超过3m，但地质条件和周边环境复杂的基坑（槽）支护、降水工程

（续）

危险等级	分部分项工程	工程内容
Ⅱ级	二、土方开挖、人工挖桩、地下及水下作业工程	（1）开挖深度超过3m（含3m）的基坑（槽）的土方开挖工程 （2）人工挖孔桩工程 （3）地下暗挖、顶管及水下作业工程
	三、模板工程及支撑体系	（1）各类工具式模板工程，包括大模板、滑模、爬模、飞模等工程 （2）混凝土模板支撑工程，搭设高度5m及以上；搭设跨度10m及以上；施工总荷载10kN/m² 及以上；集中线荷载15kN/m 及以上；高度大于支撑水平投影宽度且相对独立无联系构件的混凝土模板支撑工程 （3）承重支撑体系，用于钢结构安装等满堂支撑体系
	四、起重吊装及安装拆卸工程	（1）采用非常规起重设备、方法，且单件起吊重量在10kN及以上的起重吊装工程 （2）采用起重机械进行安装的工程 （3）起重机械设备自身的安装、拆卸 （4）建筑幕墙安装工程 （5）钢结构、网架和索膜结构安装工程 （6）预应力工程
	五、脚手架工程	（1）搭设高度24m及以上的落地式钢管脚手架工程 （2）附着式整体和分片提升脚手架工程 （3）悬挑式脚手架工程 （4）吊篮脚手架工程 （5）自制卸料平台、移动操作平台工程 （6）新型及异型脚手架工程
	六、拆除、爆破工程	（1）建筑物、构筑物拆除工程 （2）采用爆破拆除的工程
	七、其他	（1）应划入危险等级Ⅱ级的采用新技术、新工艺、新材料、新设备及尚无相关技术标准的危险性较大的分部分项工程 （2）其他在建筑工程施工过程中存在的、应划入危险等级Ⅱ级的可能导致作业人员群死群伤或造成重大不良社会影响的分部分项工程
Ⅲ级		除Ⅰ级、Ⅱ级以外的其他工程施工内容

　　表4-7规定了不同危险等级的施工活动进行安全技术分析时的宏观差别，体现高危险、高安全度要求的基本原则，同时对量化差别提出指导性意见。考虑到问题的复杂性，量化指标可由各类具体建筑施工安全技术规定确定。选择安全技术时所考虑的因素应包括工程的施工特点，结构形式，周边环境，施工工艺，毗邻建筑物和构筑物，地上、地下各类管线以及工程所处地的天气、水文等。应采取诸多方面的综合安全技术，并从防止事故发生和减少事故损失两方面考虑，其中防止事故发生的安全技术有辨识和消除危险源、限制能量或危险物

质、隔离、故障安全设计、减少故障和失误等，减少事故损失的安全技术有隔离、个体防护、避难与救援等。

4.6 危险源和环境影响因素的辨识

4.6.1 危险源辨识方法

辨识施工现场危险源方法有许多，如现场调查、工作任务分析、安全检查表、危险与可操作性研究、事件树分析、故障树分析等，项目管理人员主要采用现场调查的方法。

（1）现场调查方法

通过询问交谈、现场观察、查阅有关记录，获取外部信息，加以分析研究，可辨识有关的危险源。

（2）工作任务分析

通过分析施工现场人员工作任务中所涉及的危害，可辨识出有关的危险源。

（3）安全检查表

运用编制好的安全检查表，对施工现场和工作人员进行系统的安全检查，可辨识出存在的危险源。

（4）危险与可操作性研究

危险与可操作性研究是一种对工艺过程中的危险源实行严格审查和控制的技术。它是通过指导语句和标准格式寻找工艺偏差，以辨识系统存在的危险源，并确定控制危险源风险的对策。

（5）事件树分析（ETA）

事件树分析是一种从初始原因事件起，分析各环节事件"成功（正常）"或"失败（失效）"的发展变化过程，并预测各种可能结果的方法，即时序逻辑分析判断方法。应用这种方法，通过对系统各环节事件的分析，可辨识出系统的危险源。

（6）故障树分析（FTA）

故障树分析是一种根据系统可能发生的或已经发生的事故结果，去寻找与事故发生有关的原因、条件和规律。通过这样一个过程分析，可辨识出系统中导致事故的有关危险源。

上述几种危险源辨识方法从着入点和分析过程上，各有特点，也有各自的适用范围或局限性。因此，项目管理人员在辨识危险源的过程中，使用单一方法，还不足以全面地辨识其所存在的危险源，必须综合地运用两种或两种以上方法。

4.6.2 环境影响因素辨识方法

环境影响因素辨识方法有以下九种：

1）产品生命周期分析。

2）物料测算。

3）问卷调查。

4）现场调查。

5）专家咨询。

6）水平对比。

7）纵向对比。

8）查阅文件和记录。

9）测量。

4.6.3 现场调查方法介绍

（1）询问交谈

对于施工现场的某项工作和作业有经验的人，往往能指出其工作和作业中的危险源与环境影响因素，从中可初步分析出该项工作和作业中存在的各类危险源与环境影响因素。

（2）现场观察

通过对施工现场作业环境的现场观察，可发现存在的危险源与环境影响因素，但要求从事现场观察的人员具有安全、环保技术知识，掌握建设工程安全生产、职业健康安全与环境的法律法规、标准规范。

（3）查阅有关记录

查阅企业的事故、职业病记录，可从中发现存在的危险源与环境影响因素。

（4）获取外部信息

从有关类似企业、类似项目、文献资料、专家咨询等方面获取有关危险源与环境影响因素信息，加以分析研究，有助于辨识本工程项目施工现场有关的危险源与环境影响因素。

（5）检查表

运用已编制好的检查表，对施工现场进行系统的安全、环境检查，可以辨识出存在的危险源与环境影响因素。

4.6.4 危险源与环境影响因素辨识应注意的事项

1）应充分了解危险源与环境影响因素的分布。

从范围上讲，应包括施工现场内受到影响的全部人员、活动与场所，以及受到影响的社区、排水系统等，也包括分包商、供应商等相关方的人员、活动与场所可施加的影响。

从状态上，应考虑以下三种状态：

① 正常状态，是指固定、例行性且计划中的作业与程序。

② 异常状态，是指在计划中，但不是例行性的作业。

③ 紧急状态，是指可能或已发生的紧急事件。

从时态上，应考虑以下三种时态：

① 过去，以往发生或遗留的问题。

② 现在，现在正在发生的，并持续到未来的问题。

③ 将来，不可预见什么时候发生且对安全和环境造成较大的影响。

从内容上，应包括涉及所有可能的伤害与影响，包括人为失误，物料与设备过期、老化、性能下降造成的问题。

2）弄清危险源或环境影响因素伤害与影响的方式或途径。

3）确认危险源、环境影响因素伤害与影响的范围。

4）要特别关注重大危险源与重大环境影响因素，防止遗漏。

5）对危险源与环境影响因素保持高度警觉，持续进行动态辨识。

6）充分发挥全体员工对危险源与环境影响因素辨识的作用，广泛听取每一个员工，包括分包商、供应商的员工的意见和建议，必要时还可征求上级单位、设计单位、监理单位、专家、社会和政府主管部门的意见。

4.7 危险源和环境影响因素的评价

危险源的安全风险评价和环境影响因素的环境影响评价是建立安全生产保证计划的一项重要工作内容，通过对建设工程施工全过程的全部风险与影响进行评价分级，并根据评价分级结果有针对性地进行风险与影响因素进行控制，从而取得良好的安全业绩，达到持续改进的目的。

以上所说的"评价"，是指对危险源的安全风险和环境影响因素，在采用当前的（或者是以后拟采用的）技术及管理措施对其进行控制的状态下，评价危险源的安全风险还有多大、环境影响因素还存在哪些影响。

4.7.1 危险源的风险评价

（1）评价方法

评价应围绕可能性和后果两个方面综合进行。安全风险评价的方法很多，如专家评估法、作业条件危险性评价法、安全检查表法、头脑风暴法、预先危险分析法等，每一种方法都有一定的局限性。项目管理人员一般通过定量和定性相结合的方法进行危险源的评价，让每个员工充分参与，从中筛选出应优先控制的重大危险源，主要采取专家评估法直接判断，必要时可采用作业条件危险性评价法、安全检查表判断。

1）专家评估法。组织有丰富知识，特别是有系统安全工程知识的专家、熟悉本工程项目施工生产工艺的技术和管理人员组成评价组，专家通过经验和判断能力，从管理、人员、工艺、设备、设施、环境等方面已辨识的危险源中，评价出对本工程项目施工安全有重大影响的重大危险源。

2）作业条件危险性评价法（LEC法）。作业条件危险性评价法是一种定量评价方法，

用危险性分值 D 表示事故或危险事件发生的危险程度, 用公式表示如下:

$$D = LEC$$

式中　L——发生事故的可能性大小;

　　　E——人体暴露于危险环境的频繁程度;

　　　C——发生事故可能造成的后果。

其中, 将 L 值用概率表示时, 绝对不可能发生的事故概率为0, 但是, 从系统安全角度考虑, 绝对不发生事故是不可能的, 因此, 人为地将发生事故可能性极小的分数定为0.1, 最大定为10, 在0.1~10定出若干个中间值。将 E 值最小定为0.5, 最大定为10, 在0.5~10定出若干个中间值。把需要救护的轻微伤害程度 C 值规定为1, 把造成许多人死亡的可能性值规定为100, 其他情况值为1~100。L、E、C 的值可参考表4-8选取。危险性分值 D 对应的危险性等级见表4-9。

表 4-8　危险性影响因素 L、E、C 值

危险性影响因素	发生危险的概率及后果的描述	分数值
L　事故发生的可能性	完全可能预料	10.0
	相当可能	6.0
	可能, 但不经常	3.0
	可能性小, 可以设想	1.0
	很不可能, 可以设想	0.5
	极不可能	0.2
	实际不可能	0.1
E　人体暴露于危险环境的频繁程度	连续暴露	10.0
	每天工作时间内暴露	6.0
	每周一次或偶然暴露	3.0
	每月一次暴露	2.0
	每年几次暴露	1.0
	非常罕见地暴露	0.5
C　发生事故可能产生的后果	10人以上死亡	100.0
	3~9人死亡	40.0
	1~2人死亡	15.0
	严重	7.0
	重大, 伤残	3.0
	引人注意	1.0

表 4-9 危险性分值 *D* 对应的危险性等级

D 值	危险等级	危险性程度描述
>320	5	极其危险，不能作业，需降低风险
160~320	4	高度危险，需立即整改
70~160	3	显著危险，需要整改
20~70	2	一般危险，需要注意
<20	1	稍有危险，可以接受

3）安全检查表。把过程加以展开，列出各层次的不安全因素，然后确定检查项目，以提问的方式把检查项目按过程的组成顺序编制成表，按检查项目进行检查或评审。

（2）重大危险源的判定依据

1）严重不符合法律法规、标准规范和其他要求。

2）相关方有合理抱怨和要求。

3）曾发生过事故，且没有采取有效防范控制措施。

4）直接观察到可能导致危险的错误，且无适当控制措施。

5）通过作业条件危险性评价方法，总分高于 160 分高度危险的。

重大危险源具体评价时，应结合工程过程和服务的主要内容进行，并考虑日常工作中的重点。

（3）评价结果

安全风险评价结果应形成评价记录，一般可与危险源辨识结果合并记录，通常列表记录。对确定的重大危险源还应另列清单，并按优先考虑的顺序排列。

4.7.2 环境因素的环境影响评价

1. 评价方法

环境影响评价的方法很多，如产品生命周期分析、物料测算、问卷调查、现场调查、专家评估法、水平对比法、纵向对比法等，每一种方法都有一定的局限性，项目管理人员一般通过定量和定性相结合的方法进行环境影响的评价，从中筛选出优先控制的重大环境影响因素，主要是采取专家评估法直接判断，必要时可采用打分法判断。

1）专家评估法。组织熟悉本项目生产经营活动、工程产品和服务过程的专业技术及环境保护方面的专家，利用他们的知识和经验进行分析和评价，必要时可寻求企业和社会的帮助。

2）打分法。对污染物（粉尘、废气、废弃物、废水等）及噪声排放从法规符合性、发生频率、影响规模与范围、影响程度、社区关注度五个方面按表 4-10 规定进行打分。

表4-10　打分表

评价分类	评价标准	得分
法规符合性	超标	5
	接近超标	3
	未超标准	1
发生频率	持续发生	5
	间歇发生	3
	偶然发生	1
影响规模与范围	超出社区	5
	周围社区	3
	场界内	1
影响程度	严重	5
	一般	3
	轻微	1
社区关注度	严重	5
	一般	3
	基本不关注	1

2. 环境影响因素的判定依据

1）环境影响的规模和范围。

2）环境影响的严重程度。

3）发生的频率和持续时间。

4）环境法律法规遵循情况。

5）社区、相关方的关注程度和抱怨程度。

如用打分法进行评价时，除"发生频率"外的四方面有一项为5分，或总分不小于14时，可确定为重大环境影响因素。在对重大环境影响因素进行评价时，应结合工程、过程和服务活动的主要内容进行，并考虑日常工作中的重点。

3. 环境影响评价结果

环境影响评价结果应形成的评价记录。一般可与环境影响因素辨识结果合并记录，通常列表记录。对确定的重大环境影响因素还应另外建立清单，并按优先考虑的顺序排列。

4.8 危险源和环境影响因素控制措施的策划

4.8.1　选择控制措施时应考虑的因素

选择控制措施时应考虑的因素有以下九项：

1）如果可能，完全消除危险源或风险。

2）如果不可能消除，应努力降低风险。

3）利用科技进步，改善控制措施。

4）保护工作人员的措施。

5）将技术管理与程序控制结合起来。

6）引入安全防护措施。

7）使用个人防护用品。

8）引入预防性监测控制措施。

9）考虑应急方案等。

4.8.2 按危险源与环境影响因素的评价分级采取控制措施

按危险源与环境影响因素的评价分级确定的控制措施如下：

1）对未列为重大危险源和重大环境影响因素的安全风险和环境影响因素，一般可由项目管理相关责任部门或人员，按现有的运行控制措施，加强管理。

2）对列为重大危险源和重大环境影响因素的，应制定相应的具体技术与管理控制措施和改善计划及相应的资金计划，控制措施有

① 制定目标、指标和专项技术及管理方案。

② 制定管理程序、规章制度与安全操作规程。

③ 组织针对性的培训与教育。

④ 改进现有控制措施。

⑤ 加强现场监督检查和监测。

⑥ 制定应急预案。

通常一个重大危险源或重大环境影响因素的控制措施可以是上述措施的全部或部分的组合。控制措施策划应广泛听取员工和有关方面的意见，必要时寻求企业和社会帮助，不断优化。策划的结果应形成记录，一般可与危险源或环境影响因素辨识、评价结果合并列表记录。对重大危险源或重大环境影响因素控制策划的具体措施计划可与重大危险源或重大环境因素清单合并，通常可列表反映。

4.8.3 控制措施评审

控制措施在实施前应进行充分性评审，其评审内容如下：

1）计划的控制措施是否能使安全风险或环境影响降低到可接受或可容许的水平，即对法律法规、标准规范、相关方的要求及其他要求和本工程项目的安全目标，是合理可行的最低水平。

2）是否会产生新的危险源或环境影响因素。

3）是否已选定了投资效果最佳的解决方案，资金是否能够保证。

4）受影响的相关方如何评价计划的预防措施的必要性和可行性。

5）计划的控制措施是否会被应用于实际工作中，可操作性如何。

施工现场危险源辨识、评价结果参考表见表 4-11、表 4-12，施工现场重大危险源控制措施参考表见表 4-13，施工现场重大危险源控制目标和管理方案参考表见表 4-14，施工现场重大环境影响因素辨识评价结果参考表见表 4-15，施工现场重大环境影响因素控制措施参考表见表 4-16、表 4-17，施工现场重大环境因素控制目标、指标和管理方案参考表见表 4-18。

表 4-11　施工现场危险源辨识、评价结果参考表（按作业活动分类编制）

序号	施工阶段	作业活动	危险源	可能导致事故	风险级别	现有控制措施

表 4-12　施工现场危险源辨识、评价结果参考表（按造成的危害分类编制）

序号	事故名称	危险源	可能对安全生产发生的影响	可能性	严重性	得分	评价结果	策划结果

表 4-13　施工现场重大危险源控制措施参考表

序号	作业活动场所	重大危险源	可能导致事故	控制措施

表 4-14　施工现场重大危险源控制目标和管理方案参考表

序号	重大危险源	目标	技术和管理措施	责任部门	相关部门	完成时间

表 4-15　施工现场重大环境影响因素辨识评价结果参考表

序号	施工阶段	作业活动	环境影响因素	可能导致污染	影响级别	现有控制措施

表 4-16　施工现场重大环境影响因素控制措施参考表（按作业活动分类编制）

序号	作业活动/场所	危险环境的因素	环境影响	控制措施

表 4-17　施工现场重大环境影响因素控制措施参考表（按环境影响分类编制）

序号	重大环境影响因素	工序/部位	环境影响	时态	状态	管理方式

表 4-18　施工现场重大环境因素控制目标、指标和管理方案参考表

序号	重大环境影响因素	目标	指标	技术和管理措施	责任部门	相关部门	完成时间

4.9 危险源管理

通过对危险源辨识和安全技术分析、施工安全风险评估、施工安全技术方案分析，可以建立施工现场重大危险源申报、分级制度。其中安全技术分析涉及各种各样施工过程，应尽可能采用具体的定量分析方法，同时应根据建筑施工安全标准和工作经验进行定性分析并制定有效的管理方案，明确危险源的管理责任和管理要求，使危险源管理规范化、制度化。逐步实现工程项目危险源全面控制机制是危险源管理的目的。

1. 危险源分析

根据工程特点对可能影响生产安全的危险因素进行分析。在分析危险因素时，应覆盖与建筑施工相关的所有场所、环境、材料、设备、设施、方法、施工过程中的危险源；应对分析范围加以限定，以便在合理的、有限的范围内进行分析；应列出所有可能影响生产安全的危险因素，找出危险点，提出控制措施。

2. 危险源评估

1）应根据过去的经验教训，进行施工安全风险评估，分析可能出现的危险因素，并确定危险源可能产生的严重性及其影响，确定危险等级。

2）根据工程特点查清危险源，明确给出危险源存在的部位、根源、状态和特性，即危险因素存在于施工现场哪个子系统中。

3）识别转化条件，找出危险因素变为危险状态的触发条件和危险状态变为事故的必要条件。

4）依据施工安全技术方案划分危险等级，排出先后顺序和重点。对重点危险因素首先采取预控或消除、隔离措施。根据危险等级分析安全技术的可靠性，制定出安全技术方案实施过程中的控制指标和控制要求。

5）制定控制事故的预防措施。

6）指定落实控制措施的分包单位和人员，并且必须监督到位。

3. 危险源预控

危险源预控的一般步骤如下：

1）全面了解即将开始施工作业的场内场外情况，认真分析工程特点以及本项目安全工作重点。同时，将过去完成的同类施工作业中所积累的安全生产经验教训，作为预测工程危险源点和制定安全防范措施的参照。

2）对大型危险专业项目，应事先召开专题会议对其进行分析预测，寻找存在的危险点，明确作业中应重点加以防范的危险点，并提出控制办法。

3）围绕确定的危险源点，制定切实可行的安全防范措施，并向所有参加作业的人员进行交底。

4）工作结束后对作业危险源点预控工作进行检查回顾，认真总结经验教训。在下一次同类作业前要把遗漏的危险点都寻找出来，并结合以前的预测结果，制定出更完善的预控危险点方案。

4. 危险源预控工作

1）执行建筑施工企业安全生产三级教育制度，认真编制标准化、规范化的危险性因素控制表。首先，从班组开始，以自下而上、上下结合，施工队、项目管理人员共同把关为原则，组织所有参建分包单位管理人员做好危险性因素分析和预防工作。结合本专业、本岗位的各种作业（操作）形式，找出危险源点，对照《安全操作规程》《安全检查标准》及有关制度措施，初步提出作业项目危险因素控制措施，形成危险性因素控制表。经施工队专业技术人员、安全员审查、补充、完善后报项目部安监部门审查、备案。

2）三级安全生产教育编制的主要内容，应该以施工队、班组为单位，按不同专业列出经常从事的作业项目。由各专业针对作业内容、工作环境、作业方法、使用的工具、设备状况和劳动保护的特点及以往事故经验教训，分析并列出人身伤害的类型和危险因素。对每项危险因素都要制定相应的控制措施，每项措施均应符合《安全操作规程》的规定和标准化、规范化的要求。同时，要明确监督责任人。

3）以危险因素控制表为准，按分部分项为单元进行安全技术交底工作。由安全生产负责人或班组长组织全体作业人员，分析查找该项目作业过程中可能出现的威胁人身、设备安全的危险因素。一般性施工作业项目的安全技术交底由班组长负责填写，交工长审核，经施工队指定的专业技术人员或安全员审批后执行。对于危害等级高的施工作业项目，全部由施工队、专业分包、项目部、安监部及主管生产的负责人主持召开施工作业前的准备会议，针对该项目的各个环节，分析查找危险因素，并按专业制定安全技术措施方案；明确施工队和专业分包应控制的危险因素及落实安全技术措施的负责人；由各分包单位负责人组织本单位作业班组长了解熟悉安全技术措施方案，明确各自应控制的危险因素及落实安全技术措施的指定负责人；由指定负责人组织作业人员，根据安全技术措施方案内容学习了解和分析。危害等级高的作业项目安全技术交底，应由施工队和项目部技术人员、安监部负责审核，项目总工程师批准后执行。

5. 危险因素控制措施的实施

1）项目部应在施工作业项目开工前将制定、审核、批准的安全技术措施方案转交施工队和班组，在有项目管理人员参加的情况下组织施工作业人员学习和了解，同时进行安全技术交底并履行签字手续。

2）班长应在班前会上，结合当天的施工作业点部位、具体工作内容、周围环境及施工人员身体健康状态等情况宣讲生产安全注意事项；在班后会上总结危险因素控制措施执行中存在的问题，并提出改进意见。

3）每日施工作业开工前，项目部安全负责人在向全体作业人员宣讲安全注意事项的同时，应宣读本工程项目针对重大危险源管理必须遵守的原则事项，详细讲解保证当班工艺、工法顺利实现的具体安全措施及注意事项。

4）施工作业过程中，全体人员应严格遵守《安全操作规程》的规定，认真执行安全技术交底所规定的各项要求。安全负责人在进行安全检查时，应随时监督检查每个作业人员执行安全措施的情况，及时纠正不安全行为。

5）项目部负责人和全体项目管理人员、各分包单位安全员，应经常深入施工现场监督检查人、机、物、料方面是否存在安全生产隐患；安全操作规程、安全标准是否得以正确执行，及时纠正违章现象。

6）每次分部分项施工作业结束后，应及时进行工作总结，不断改进完善安全技术交底内容，为下次进行同类施工作业提供安全可靠的经验。

6. 危险因素控制措施的安全责任

1）项目部主要负责人要认真贯彻执行安全生产方针政策和法规，落实企业安全生产各项规章制度，结合本工程项目的特点及施工全过程，组织制定本工程项目安全生产管理办法，并监督实施。作为本工程项目安全生产第一责任人，项目部主要负责人应对本工程项目安全生产负全面管理责任，组织本工程项目管理人员、施工队、班组长、专业分包单位召开本工程项目危险因素分析会，做到危险因素分析工作全面、充分。同时，项目部主要负责人应制定正确完备的危险因素控制措施，在开工前宣讲危险因素控制措施，并且检查各项措施、方案、安全交底是否得到正确执行，监督、督促管理人员遵守各项安全管理制度，正确执行各项安全管理措施。

2）项目部技术负责人是方案科学性、工艺选择、结构安全性的直接责任人，通过对结构的监控、监（检）测，校核结构设计的安全性。

3）项目部安全生产负责人是安全监督的第一责任人，指导、协调、监督业务人员、业务部门履职，做到巡查到位、通报到位、督促整改到位。

4）项目部生产负责人是隐患整改的直接责任人，负责管辖范围内隐患整改工作，杜绝无方案施工、不按方案施工，杜绝因生产组织和工序衔接问题带来的安全隐患，这体现着"管生产必须管安全""管业务必须管安全"的核心要义。

5）工长、班长是所管辖区域内安全生产的第一责任人，对所管辖范围内的安全生产负直接责任。工长、班长应根据施工作业情况负责组织全体人员召开危险因素分析会，做到危险因素分析准确、全面；负责审查危险因素控制措施是否符合实际，是否正确完善，是否具有可操作性；宣讲危险因素产生和预防注意事项，对危险源点要强调只能做什么，绝对不能做什么；总结危险因素控制措施执行中存在的问题及改进要求；深入现场检查各作业点危险因素控制措施是否正确执行和落实。

6）项目部现场施工作业人员是安全生产的第一责任人，认真执行安全生产规章制度及《安全操作规程》，积极参加危险因素分析会，对防范措施提出意见或建议；严格遵守《安全操作规程》，认真执行安全技术交底各项内容，不许做的绝对不做，保证做到"三不伤害"；工作中，在保证自身安全的同时，要及时纠正作业班其他人员的违章行为。

7）项目部技术人员、安全负责人、施工队负责人等，应组织相关人员制定危害等级较高的危险因素控制措施，做到正确完备；在开工前召开专题会议，布置危险因素控制措施，并且检查各项措施得到正确执行；对所制定、审批的安全、组织、技术措施方案和危险因素控制措施是否正确、完备负责；深入作业现场监督检查安全技术措施和危险因素控制措施是否得到正确执行，及时纠正违章现象，对违章责任者提出处罚意见。

7. 危险因素控制措施的要求

1）项目管理人员应熟悉掌握和确认施工现场分部分项危险源点，认真履行安全生产技术交底程序；做到危险源点分析准确，措施严密，职责明确，不断提高自身生产安全管理水平，使施工现场作业达到标准化、规范化水准。

2）制定的危险因素控制措施，必须符合《建筑施工安全检查标准》《安全生产操作规程》、专业技术工艺规程及有关规定并符合现场实际，并且要有针对性和可操作性。

3）为使作业危险因素控制措施能认真贯彻执行，避免走过场，项目负责人、分包单位负责人、项目安全负责人、工长、班长必须认真履行各自的生产安全职责，做到责任到位，确保作业全过程的安全。

4）特殊工种作业人员应持证上岗，岗位证书经项目安全员验证登记备案后才能上岗作业。实习人员和短期施工人员必须进行入场安全生产培训教育，经考试合格后方可上岗作业。现场管理人员应对实习人员和短期施工人员的现场作业加强监护和指导。

5）所有参加作业的人员在工作中应严格遵守《安全操作规程》和安全管理制度，认真执行安全生产检查标准，规范作业行为，做到标准化作业，确保人身、设备安全。

6）作为三大事故多发行业的建筑业应通过科学、有效、长期手段对施工现场的危险源采取全过程的监控，将安全生产工作真正转移到预防为主的轨道上来，并最终降低事故率。

8. 危险源档案管理

《安全生产法》规定生产经营单位对重大危险源应当登记建档，进行定期检测、评估、监控，并制定应急预案，告知从业人员和相关人员在紧急情况下应当采取的应急措施。生产经营单位应当按照国家有关规定将本单位重大危险源及有关安全措施、应急措施报有关地方人民政府安全生产监督管理部门和有关部门备案。重大危险源档案类别及其内容见表4-19。

表 4-19　重大危险源档案类别及其内容

序号	类别	内容
1	重大危险源安全管理制度	(1) 年度重大危险源控制目标 (2) 重大危险源安全管理责任制 (3) 重大危险源关键部位、责任部门、责任人
2	施工现场重大危险源的基本情况	(1) 重大危险源周边环境基本情况（重大危险区域位置、平面图） (2) 施工现场重大危险源基本特征表
3	重大危险源辨识	(1) 危险性较大的分部分项工程清单 (2) 重大危险源辨识类别表 (3) 重大危险源及风险辨识表。
4	重大危险源安全评价	(1) 重大危险源安全评价的主要依据 (2) 施工现场及周边环境安全评估表 (3) 重大危险源评价报告
5	重大危险源监控实施方案	(1) 危险性较大的分部分项工程安全专项施工方案编审 (2) 专家审查论证登记计划表
6	重大危险源监控检查表	(1) 重大危险源点监控设施清单 (2) 重大危险源监控系统、监测、检验结果 (3) 重大危险源各项检查记录
7	重大危险源应急救援预案	(1) 重大危险源场所安全警示标志的设置情况 (2) 重大危险源事故应急预案、评审意见 (3) 重大危险源点应急预案演练计划和评估报告

　　建立健全重大危险源档案工作是贯彻实施《安全生产法》《建设工程安全生产管理条例》的必然要求。建筑施工企业对施工过程中产生的重大危险源负有监控责任和管理责任，一旦发生安全事故必然承担主体责任，因此，重大危险源档案是建筑施工企业安全管理减责、免责的重要依据。

习　题

　　1. 什么是建筑施工危险源？有什么特点？简述建设工程施工现场危险源辨识与控制的重要意义。

　　2. 用程序框图表述建设工程施工安全控制的基本过程。

　　3. 简述建设工程施工危险源辨识活动的范围与内容。

　　4. 建筑施工危险源分为几类？

　　5. 建筑施工危险源分为几级？

　　6. 建筑施工危险源辨识方法有哪几种？危险源辨识应注意的事项有哪些？

　　7. 建筑施工危险源的风险评价评价方法有哪几种？

　　8. 建筑施工单位为什么要制定建筑施工危险源管理方案？其管理责任和管理要求是什么？

　　9. 建筑施工单位对重大危险源如何登记建档？重大危险源档案应包括哪些内容？应当向哪些部门备案？

　　10. 在对作业条件进行危险性评价时，用"危险性分值 D"表示事故或危险事件发生的危险程度，请问"危险性分值 D"取决于哪些因素？

第5章

建筑施工安全生产检查与安全生产评价

5.1 建筑施工安全生产检查的意义

安全生产检查是促进建筑施工现场安全生产管理的有效工作方式之一，通过安全生产检查可以发现建筑施工中的不安全因素、危害或污染环境的问题，从而采取技术或管理对策，消除不安全因素或环境影响因素，保障安全生产。在安全生产检查中所了解的安全生产状态是分析安全生产形势，研究加强安全管理的信息基础和依据。

安全生产检查实质上也是一次群众性的安全教育。通过安全生产检查，可进一步宣传、贯彻、落实党和国家安全生产方针、政策，各项安全生产法律法规及企业安全生产管理规章制度，增强领导和群众安全意识，纠正违章指挥、违章作业，提高做好安全生产的自觉性和责任感。通过安全生产检查，可以互相学习、总结经验、吸取教训、取长补短，有利于进一步促进安全生产工作。

5.2 安全生产检查的内容、形式和方法

5.2.1 安全生产检查的内容及形式

安全生产检查内容应根据建设工程建筑施工特点，制定检查项目、标准，主要是查思想、查制度、查机械设备、查安全生产设施、查安全教育培训、查操作行为、查劳动防护用品的使用、查伤亡事故的处理等。

安全生产检查有经常性的、定期制度性的、突击性的、专业性的和季节性的等各种形式。安全生产检查的组织形式，应根据检查目的、内容而定，参加检查的组成人员也不完全相同。对存在的主要安全生产问题开展的安全生产检查具有针对性、调查性，也有批评性。同时，通过安全生产检查、总结，扩大了安全生产经验的传播面，对基层安全生产工作的推动作用较大。

1. 定期安全生产检查

企业内部必须建立定期分级安全生产检查制度。但由于企业规模、内部建制等不同，要求也不尽相同。一般中型以上的企业（公司）每季度组织一次安全生产检查，分公司每月组织一次安全生产检查，项目部每半月组织一次制度性的全面安全生产检查。施工现场比较集中的公司可以每月组织一次安全生产检查，项目部半月或每旬组织一次。总之，各单位可根据本单位具体情况与上级要求而建立定期安全生产检查制度，每次安全生产检查应由单位领导或总工程师（技术领导）带队，工会、安全、动力设备、保卫等部门派人员参加。这种制度性的定期检查内容，属于全面性和考核性的检查。

2. 专业性安全生产检查

专业性安全生产检查应由企业有关业务部门组织有关专业人员对某项专业安全生产问题或施工中普遍存在的安全生产问题进行单项检查。这类检查专业性强，也可以结合单项评比进行。参加专业安全生产检查组的人员，主要应由专业技术人员、懂专业技术的安全技术管理人员和有实际操作、维修能力的技术工人参加。新搭设的脚手架、施工升降机、塔式起重机等重要设施和设备在使用前的验收工作属于专业性安全生产检查。

3. 经常性安全生产检查

在建筑施工过程中进行经常性的预防检查，能及时发现隐患、消除隐患，保证建筑施工正常进行。经常性安全生产检查形式通常有：

1）班组进行班前、班后岗位安全生产检查。

2）各级安全员及安全值日人员巡回安全生产检查。

3）各级管理人员在检查生产的同时检查安全。

4. 季节性及节假日前后安全生产检查

季节性安全生产检查是针对气候特点（如冬季、暑季、雨季、风季等）可能给安全建筑施工带来的危害而组织的安全生产检查。节假日（特别是重大节日，如元旦、春节、劳动节、国庆节）前后，为防止职工纪律松懈、思想麻痹等，也要进行安全生产检查。检查时应由单位领导组织有关部门人员进行。节日加班，更要重视对加班人员的安全教育，同时要认真检查安全防范措施的落实情况。

5.2.2　安全生产检查的方法及要求

安全生产检查要讲科学、讲效果。因此，安全生产检查方法很重要。以往安全生产检查主要靠感性和经验，进行目测、口讲，安全评价也往往是进行"安全"或"不安全"的定性估计。随着安全管理科学化、标准化、规范化，安全生产检查工作也不断地进行改革、深化。目前安全生产检查基本上都采用安全生产检查表和实测、实量的检测手段，大致可以归纳为"看""量""测""动作试验"。

"看"：主要查看管理资料、持证上岗、现场标志、交接验收资料、"三宝"（安全帽、安全带、安全网）的使用情况、"四口"（楼梯口、电梯井口、预留洞口、通道口）与"临边"防护情况、部分设备的防护装置等。

"量"：主要是用尺进行实测实量，如测量脚手架各种杆件间距、塔式起重机道轨距离、电气开关箱安装高度、在建工程与邻近高压线的距离等。

"测"：主要是用仪器、仪表实地进行测量，如用水平仪测量道轨纵向、横向倾斜度，用地阻仪摇测地阻值等。

"动作试验"：由操作人员对各种限位装置进行实际动作试验，检验其灵敏程度，如塔式起重机的力矩限制器和行走限位、龙门架的超高限位装置、翻斗车制动装置等。总之，能测量的数据或动作试验，均不应以"估算""步量""差不多"等模糊词汇来代替具体数据。

不论何种类型的安全生产检查，都应做到以下几点：

1）组织领导。各种安全生产检查都应该根据检查要求配备力量，特别是大范围、全面性安全生产检查，要明确检查负责人，抽调专业人员参加检查，并进行分工，明确检查内容、标准及要求。

2）检查目的。各种安全生产检查都应有明确的检查目的和检查项目、内容及标准。重点项目（如在安全管理上，应着重检查安全生产责任制的落实，安全技术措施经费的提取使用等）、关键部位（如安全设施、安全生产保证项目等）要认真仔细地检查。大面积或数量多的相同内容的项目，可采取系统的观感和一定数量的测点相结合的检查方法。检查时尽量采用检测工具，用数据说话。对现场管理人员和操作工人不仅要检查是否有违章指挥和违章作业行为，还应进行应知、应会抽查，以便了解管理人员及操作工人的安全素质。

3）检查记录。安全生产检查记录是安全评价的依据，因此要认真、详细记录，特别是对隐患的记录必须具体翔实，如隐患的部位、危险性程度及处理意见等。采用安全生产检查评分表的，应记录每项扣分的原因。

4）安全评价。安全生产检查后要认真、全面地进行系统分析，进行定性定量评价。哪些检查项目已达标；哪些检查项目基本达标，还有哪些方面需要进行完善；哪些项目没有达标，存在哪些问题需要整改。接受检查的单位（即使本单位自检也需要进行安全评价）应根据安全评价研究对策，进行整改，加强安全管理。

5）整改复查。整改是安全生产检查工作重要的组成部分，是检查结果的归宿。整改工作包括隐患登记、整改、复查、销案。

检查中发现的隐患应该进行登记，不仅是作为整改的备查依据，而且是提供安全动态分析的重要信息渠道。如在安全生产检查中发现各单位（或多数单位）都存在同类型事故隐患，说明该类事故隐患是"通病"。若某单位安全生产检查中经常出现相同隐患，说明没有整改或整改不彻底，形成"顽固症"。应根据隐患记录信息流，做出指导安全生产管理的决策。

安全生产检查中查出隐患，除进行登记外，还应发出隐患整改通知单，引起整改单位重视。对凡是有即发性事故危险的隐患，检查人员应责令停工，被查单位必须立即整改。对于违章指挥、违章作业行为，检查人员可以当场指出，进行纠正。被检查单位领导对查出的隐患，应立即研究整改方案，进行"三定"（即定人、定期限、定措施），立项进行整改，负责整改的单位、人员在整改完成后要及时向上级安全管理部门及有关部门专题报告整改情况。上级安全管理部门应会同有关部门立即派员进行复查，经复查合格，可以销案。

开展建筑施工安全生产检查活动的一般工作流程如图 5-1 所示。

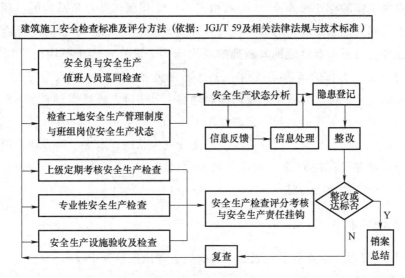

图 5-1   建筑施工安全生产检查活动的一般工作流程

5.3 | 安全生产检查标准与评分方法

5.3.1   概述

当前，开展建筑施工安全生产检查工作的主要是依据 JGJ 59—2011《建筑施工安全检查标准》，本节将着重介绍其主要内容。

JGJ 59—1999《建筑施工安全检查标准》是我国建设行政主管部门在 20 世纪末根据当时蓬勃发展的工程建设领域安全生产态势的迫切需要，颁布实施的一部行业标准。现行使用的版本 JGJ 59—2011，是编制组根据住房和城乡建设部《关于印发〈2009 年工程建设标准规范制定、修订计划〉的通知》（建标〔2009〕88 号）的要求，在广泛调查研究、认真总结实践经验、参考有关国际标准和国外先进标准并广泛征求意见的基础上，进行修订，后由住房和城乡建设部于 2011 年 12 月 7 日颁发、2012 年 7 月起正式施行的版本。

现行 JGJ 59—2011 与沿用了近 13 年的 JGJ 59—1999 相比，在章节安排、评定项目、评分方法及等级评定等方面均有较大调整，与建筑施工安全生产领域相继出台的《建设工程安全生产管理条例》（2003 年）、《建筑施工企业安全生产许可证管理规定》（2003 年）等规章制度及一系列行业标准、规范衔接、配套，适应了建筑施工安全生产工作的需求，在促进建筑施工现场安全生产、文明施工等方面发挥了重要作用，已成为我国建筑施工安全管理领域内一项重要的标准，对做好建筑安全生产监督管理工作具有十分重要的意义。

JGJ 59—2011 第 1.0.2 条表述为"本标准适用于房屋建筑工程施工现场安全生产的检查评定",而 JGJ 59—1999 第 1.0.2 条的表述则是"本标准适用于建筑施工企业及其主管部门对建筑施工安全工作的检查和评价",两者相比,2011 年版标准对所适用的工程类别界定得更加清晰,十分明确地指出适用对象为"房屋建筑工程施工现场",没有对标准的适用群体予以限定。这样,就更加有效地扩大标准的应用范围,没有将应用范围仅仅局限在对"建筑施工现场安全生产工作的检查与评价"上,可使更多行业内的相关专业技术人员参考、使用有关条文。这样,标准的适用对象内涵表述得十分明确,外延也很清晰,能更好地发挥其对建筑施工安全生产工作的指导、促进作用。

标准主要由正文 5 章与 2 个附录构成。正文分别为总则、术语、检查评定项目、检查评分方法、检查评定等级,共 87 条。附录分别为建筑施工安全检查评分汇总表和建筑施工安全分项检查评分表,共 20 张表格。

5.3.2 检查评定的项目

JG 59—2011 在第 3 章规定了建筑施工安全检查评定项目为 19 项,分别是:

1）安全管理。

2）文明施工。

3）扣件式钢管脚手架。

4）门式钢管脚手架。

5）碗扣式钢管脚手架。

6）承插型盘扣式钢管脚手架。

7）满堂脚手架。

8）悬挑式脚手架。

9）附着式升降脚手架。

10）高处作业吊篮。

11）基坑工程。

12）模板支架。

13）高处作业。

14）施工用电。

15）物料提升机。

16）施工升降机。

17）塔式起重机。

18）起重吊装。

19）施工机具。

标准在附录中所附的 19 张建筑施工安全分项检查评分表与上述规定的 19 个检查评定项目相对应,相辅相成,构成一体。19 张评分表是对 19 个检查评定项目的具体检查内容及其依据或来源、保证项目与一般项目的划分、评定方法、评判标准的细化与说明，实际操作性很强，因此，19 张分项检查评分表是安全检查评定的工作指南、工作载体与工作结果。

分项检查评分表中设立了保证项目和一般项目，标准在第 2 章给出定义：保证项目（assuring items）是检查评定项目中，对施工人员生命、设备设施及环境安全起关键性作用的项目；一般项目（general items）是检查评定项目中，除保证项目以外的其他项目。同时，标准第 4.0.1 条表述"建筑施工安全检查评定中，保证项目应全数检查"，并将此条定为强制性条文。

标准在附录中附了 1 张建筑施工安全检查评分汇总表，用来汇总各个分项检查评分结果。汇总表共列出安全管理（满分 10 分）、文明施工（满分 15 分）、脚手架（满分 10 分）、基坑工程（满分 10 分）、模板支架（满分 10 分）、高处作业（满分 10 分）、物料提升与施工升降机（满分 10 分）、施工机具（满分 5 分）等 10 个分项安全检查结果的得分，可以利用汇总表的得分来评估建筑施工现场（受检查的工地）系统总体安全生产状态及公司或项目部的安全生产管理工作情况。

5.3.3　检查评分方法

各分项检查评分表的评分应符合下列六项规定：

1）分项检查评分表和检查评分汇总表的满分分值均应为 100 分，评分表的实得分值应为各检查项目所得分值之和。

2）评分应采用扣减分值的方法，扣减分值总和不得超过该检查项目的应得分值。

3）保证项目的评分原则为当按分项检查评分表评分时，保证项目中有一项未得分或保证项目小计得分不足 40 分，则此分项检查评分表不应得分。

4）检查评分汇总表中各分项检查项目实得分值应按下式计算：

$$A_1 = \frac{BC}{100} \tag{5-1}$$

式中　A_1——汇总表各分项检查项目实得分值；

　　　B——汇总表中该项应得满分值；

　　　C——该项检查评分表实得分值。

5）当评分遇有缺项时，分项检查评分表或检查评分汇总表的总得分值应按下式计算：

$$A_2 = \frac{D}{E} \times 100 \tag{5-2}$$

式中　A_2——遇有缺项时总得分值；

　　　D——实查项目在该表的实得分值之和；

　　　E——实查项目在该表的应得满分值之和。

6）脚手架、物料提升机与施工升降机、塔式起重机与起重吊装项目的实得分值应为所对应专业的分项检查评分表实得分值的算术平均值。

5.3.4 检查评定等级

一个施工现场的安全生产状态是以建筑施工安全检查在汇总表的总得分以及保证项目的达标情况来评价的，评价结果分为优良、合格、不合格三个等级。

（1）优良

分项检查评分表无零分，汇总表得分值应在 80 分及以上。

（2）合格

分项检查评分表无零分，汇总表得分值应在 80 分以下，70 分及以上。

（3）不合格

1）当汇总表得分值不足 70 分时。

2）当有一分项检查评分表为零时。

当一个建筑施工现场的安全生产状态被检查评定的等级为"不合格"时，《建筑施工安全检查标准》第 5.0.3 条规定"必须限期整改达到合格"。这也是该标准设置的一条强制性条文。《建筑施工安全检查标准》作为政府主管部门颁发的行业标准，以强制性条文的形式，对建筑施工现场的安全生产状态与管理工作提出规范性要求，有利于安全检查工作有效开展，切实起到消除施工现场事故隐患的作用。

5.4 建筑施工企业安全生产评价

5.4.1 概述

当前，开展建筑施工安全生产评价工作的主要是依据 JGJ/T 77—2010《施工企业安全生产评价标准》，本节将着重介绍其主要内容。

JGJ/T 77—2003《施工企业安全生产评价标准》是我国建设行政主管部门，根据当时蓬勃发展的工程建设领域安全生产态势的迫切需要，于 2003 年 10 月 24 日发布第 188 号公告，并于 2003 年 12 月 1 日起实施的一部行业标准。现行使用的《施工企业安全生产评价标准》（JGJ/T 77—2010），是编制组按照住房和城乡建设部的要求，在广泛调查研究、认真总结实践经验、参考有关国际标准和国外先进标准并广泛征求意见的基础上，依据《安全生产法》《建筑法》等有关法律法规，结合当时国家标准 GB/T 28001—2001《职业健康安全管理体系　规范》要求而修订的，由住房和城乡建设部颁发，自 2010 年 11 月 1 日起实施。

《施工企业安全生产评价标准》适用于建筑施工企业及政府主管部门对建筑施工的安全生产条件、业绩进行科学评价，以及在此基础上对建筑施工企业的安全生产能力做综合性评价。该标准提出了评价企业安全生产的量化体系，对指导施工企业改善安全生产条件，提高施工企业安全生产管理水平，促进施工企业安全生产工作标准化、规范化具有重要意义。

5.4.2　施工企业安全生产评价内容

标准规定，施工企业安全生产条件应按安全生产管理、安全技术管理、设备和设施管理、企业市场行为和施工现场安全管理等五项内容进行考核。

1）安全生产管理评价。为了考核企业安全管理制度建立和落实情况，安全生产管理评价的内容包括安全生产责任制度、安全文明资金保障制度、安全教育培训制度、安全检查及隐患排查制度、生产安全事故报告处理制度、安全生产应急救援制度六个评定项目。

2）安全技术管理评价。为了考核企业安全技术管理工作情况，安全技术管理评价内容包括法规、标准和操作规程配置、施工组织设计、专项施工方案（措施）、安全技术交底、危险源控制五个评定项目。

3）设备和设施管理评价。为了考核企业设备和设施安全管理工作情况，设备和设施管理评价的内容包括设备安全管理、设施和防护用品、安全标志、安全检查测试工具四个评定项目。

4）企业市场行为评价。为了考核企业安全管理市场行为，企业市场行为评价的内容包括安全生产许可证、安全生产文明施工、安全质量标准化达标、资质机构与人员管理制度四个评定项目。

5）施工现场安全管理评价。为了考核企业所属施工现场安全状况，施工现场安全管理评价的内容包括施工现场安全达标、安全文明资金保障、资质和资格管理、生产安全事故控制、设备设施工艺选用、保险六个评定项目。

6）对建筑施工企业按标准规定的以上五项内容进行安全生产评价内容与指标权重见表 5-1。

表 5-1　施工企业安全生产评价内容与指标权重

施工企业安全生产评价内容			指标权重系数
无施工项目	①	安全生产管理	0.3
	②	安全技术管理	0.2
	③	设备和设施管理	0.2
	④	企业市场行为	0.3
有施工项目	①②③④加权值		0.6
	⑤	施工现场安全管理	0.4

施工企业安全生产能力综合评价内容和体系如图 5-2 所示。

5.4.3　施工企业安全生产评价结果的确认与评价等级

建筑施工企业（有施工项目）安全生产评价结果分为"合格""基本合格""不合格"三个等级，见表 5-2。

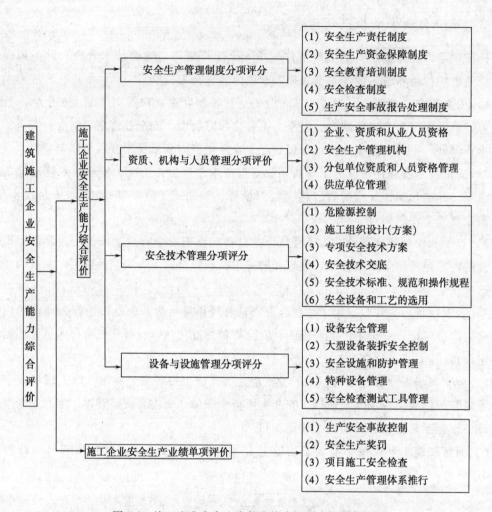

图 5-2　施工企业安全生产能力综合评价内容和体系

表 5-2　施工企业安全生产考核评价等级划分

考核评价等级	考核内容		
	各项评分表中的实得分 为零的项目数/个	各评分表实得分数/分	汇总分数/分
合格	0	≥70 且其中不得有一个施工现场 评定结果为不合格	≥75
基本合格	0	≥70	≥75
不合格	出现不满足基本合格条件的任意一项时		

习　题

1. 简述对建筑施工现场开展安全生产检查的意义。

2. 对建筑施工现场进行安全生产检查采取哪些形式和方法，检查哪些内容？有什么要求？

3. 编制对某建筑施工现场进行安全生产检查的工作方案。

4. 简述建筑施工现场安全生产检查评分方法与标准。

5. 建筑施工现场安全生产检查结果分为几个等级？如何评定？

6. 如在《安全管理检查评分表》中实得分为 76 分，换算在汇总表中其安全管理分项实得分应为多少分？

7. 某工地没有塔式起重机，则塔式起重机在汇总表中有缺项，其他各分项检查在汇总表实得分为 84 分，计算该工地在汇总表实得总分为多少分？

8. 在《施工用电检查评分表》中，"外电防护"缺项（该项应得分值为 20 分），其他各项检查实得分为 64 分，计算该分表实得多少分？换算到汇总表中应为多少分？

9. 在《施工用电检查评分表》中，"外电防护"这一保证项目缺项（该项为 20 分），另有其他保证项目检查实得分合计为 20 分（应得分值为 40 分），该分项检查表能得多少分？

10. 某工地有多种脚手架和多台塔式起重机，检查时落地式脚手架实得分为 86 分，悬挑脚手架实得分为 80 分，甲塔式起重机实得分为 90 分，乙塔式起重机实得分为 85 分。计算汇总表中脚手架、塔式起重机实得分为多少分？

11. 某劳务分包企业，使用《施工企业安全生产评价标准》中的表 A-3 进行设备和设施管理分项评分，其中评分项目"1. 设备安全管理""2. 大型设备装拆安全控制""4. 特种设备管理""5. 安全检查测试工具管理"等均是缺项，仅有评分项目"3. 安全设施和防护管理"得 15 分（应得分为 20 分），则该劳务分包企业"设备与设施管理"分项评分的实得分为多少分？

12. 某企业安全生产管理制度，资质、机构与人员管理，安全技术管理和设备与设施管理的分项实得分分别为 76 分、85 分、80 分、90 分，则该施工企业安全生产条件单项评分实得分应为多少分？

13. 某企业的一个工程，在获得了市级文明工地称号的基础上，被推荐参加省级文明工地评选，又获得了省级文明工地的称号，市级文明工地、省级文明工地称号均在同一个评价年度内获得。根据"安全生产奖罚"评分项目中有关"文明工地，国家级每项加 15 分，省级加 8 分，地市级加 5 分，县级加 2 分"的条款进行计分，则该企业此项评分的得分应为多少分？

14. 某一承包施工企业，其安全生产管理制度，资质、机构与人员管理，安全技术管理，设备与设施管理各分项的实得分分别为 90 分、82 分、92 分、66 分。则该施工企业安全生产条件单项评分实得分为（90×0.3+82×0.2+92×0.3+66×0.2）分 = 84.2 分，超过了评价等级为"合格"的分值。但"设备与设施管理"分项实得分为 66 分，这个得分值表明，该企业对设备与设施管理极不重视，管理水平达不到基本要求，即企业的安全生产条件还存在较严重缺陷，不能确保企业安全生产。请问，该施工企业安全生产条件单项评价等级能否核定为"合格"？

15.《建筑施工安全检查标准》中哪几条是强制性条文？请简述将那几条设置为强制性条文的意义。

16. 对建筑施工企业开展安全生产评价工作的主要依据是什么？有何意义？

17. 从哪些方面考核评价建筑施工企业安全生产条件？

18. 建筑施工企业安全生产评价结果分为几个等级？如何评定？

19. 简述构建建筑施工现场安全生产保证体系的思想及其基本构成。

20. 根据安全生产保证体系的基本要素，编制一篇建筑施工现场安全生产保证计划。

21. 实践活动：到建筑施工现场做一次安全生产检查。

第6章

建筑施工安全生产应急管理

6.1 建筑施工安全生产应急管理概述

6.1.1 建筑施工安全生产应急管理概念

我国建筑施工企业应对突发生产安全事故采取应急处置的能力相对薄弱，而建筑施工企业一旦突然发生事故，就有可能造成较大人员伤亡、财产损失。因此，建筑施工企业提高安全生产应急管理能力，是保证持续健康发展的重要举措。建筑施工企业应采取健全组织体系、建立有效的突发事件监控预警机制、制定应急预案等措施，以便在建筑施工现场突发生产安全事故时，可以做出正确的应对决策，采取快速、高效的应急处置措施，协调各应急组织机构的行动，控制事故发展态势，遏制衍生事故发生，从而降低突发事故引起的人员伤亡和财产损失。建筑施工安全生产应急管理是建筑施工安全生产管理的重要环节。

6.1.2 建筑施工安全生产应急管理特点

建筑施工安全生产应急管理具有突发性、时效性、复杂性、长期性四大特点。

1. 突发性

建筑施工危险因素存在不可预知性和不确定性。由于建筑施工过程是动态变化的，施工人员心理素质、气候、周边环境等因素也是动态变化的，目前尚无法预测事故发生的具体时间和地点。突发性是建筑施工生产安全事故显著特点。

2. 时效性

建筑工程施工现场作业人员具有线性集中或面性集中的特点，突发的建筑施工生产安全事故，极易危害集中作业人员的生命安全与身体健康，极易造成群死群伤，产生不可估量的后果。因此，必须在最短时间内展开有效的应急救援活动，最大限度地保护遭遇事故人员的生命安全，控制事故发展，防止次生灾害发生。

3. 复杂性

建筑施工安全生产应急管理是一项巨系统管理工作。它不仅涉及国家、省、市、县的各级政府有关应急管理部门、社会团体、机构、新闻媒体、生产经营单位等，还涉及法律、交通、通信、信息、工业等诸多领域，涉及道路交通、市政管线、通信线路、周边街道及居民的安全等周边环境。此外，建筑施工安全生产的应急救援资源构成不仅有安全生产监督管理部门，还有交通、医疗、消防、街道社区、建设单位、设计单位、监理单位、施工单位等。现代建筑中，超高层建筑、超深基坑、超大型楼盘项目层出不穷，各个层面工序的平面、立体交叉施工更加频繁。随着建筑施工管理工作本身越来越复杂，建筑施工安全生产应急管理的复杂性也越来越被人们所认识。

4. 长期性

目前，在应急管理体制不够健全、监测预警体系建设滞后、应急救援队伍有待加强、生产安全事故时有发生的严峻形势下，建筑施工安全生产应急管理工作呈现长期性特点。

6.1.3 建筑施工安全生产应急管理基本原则

上述建筑施工安全生产应急管理的四大特点表明，建筑施工现场应急管理面临的往往是非常紧迫的情形，需要应急管理人员迅速做出决策，及时协调、平衡各方主体间利益冲突和资源占用的问题，因此需要制定一些应急管理基本原则，以降低突发事件带来的危害。

1. 以人为本，减少伤亡原则

建筑施工安全生产应急管理的目的是为保障人员生命安全。在建筑施工现场突发生产安全事故，开展应急救援期间，应明确指令"黄金时间"内的第一任务是抢救伤员，应优先采用先进的智能化救援设备、合理可行的救援措施，最大限度确保人员安全、减少人员伤亡，特别是要避免发生次生灾害，造成人员伤亡或二次伤害。

2. 预防为主，防控结合原则

《突发事件应对法》明确规定突发事件应对工作实行预防为主、预防与应急相结合的原则，因此，应急管理要遵循此原则，坚持预防与应急相结合，常态与非常态相结合，针对可能发生的突发事件，在总结经验教训和借鉴相关研究成果的基础上，制定综合预防和应对措施，做好应对突发安全事件的各项准备工作，并使整个应对突发事件的紧急处置过程制度化。

3. 应急优先，尽快恢复原则

应急优先是指建筑施工现场突发生产安全事故时，应迅速组织、优先调度各种资源（包括资源的优先占用权、道路的优先通行权等），在限定的可控时间内妥善应对、处置突发事件；应充分考虑突发事件的潜在危害性，尽快协调各方关系，尽早恢复常态，避免使事件的影响和造成的损失进一步扩大。

4. 属地为主，协同应对原则

《突发事件应对法》明确规定，在突发事件应急管理过程中，各级地方政府要承担主要角色，发挥主导作用。由地方政府统一指挥、组织协调所辖地区各部门、企事业单位、社区等其他社会力量的各种应急资源、应急救援力量参与应急救援，争分夺秒抢救人员，控制事态发展趋势，防止恶化。

5. 统一领导，分工协作原则

建筑施工安全生产应急管理工作涉及多个不同职责的系统，"统一领导、分工协作"既是有效开展应急管理工作的要求，更是应急管理具有综合性特点的本质要求。应急救援工作实行领导负责制，统一指挥，分级负责，这种方式有利于科学决策，可避免因多级指挥产生决策数据统计混乱，实施指令交叉、重复等现象，确保合理使用应急资源，确保应急救援正常进行。

6. 依靠科技，加强管理原则

提升应对突发事件能力、水平、实效，要依靠安全科学技术进步，要依靠公众自救、互救与应对各类突发公共事件科学素养的提升，要依靠先进的监测、预测、预警、预防和应急处置技术及设施。应建立科学化、数据化、标准化的应急管理体系；充分利用专家队伍和专业人员的智慧和良好的知识素养，充分发挥专家队伍和专业人员的作用，汇总专业化、合理化建议，优化决策方案；引进先进的管理模式，提高应对突发事件的科技水平和指挥能力，避免发生次生灾害。应依据有关法律和行政法规，加强应急管理，维护企业及员工的合法权益，建立健全应急管理机制，明确机构设置、层级、权利与责任，使应对突发事件的工作规范化、制度化、法制化。

6.1.4 建筑施工安全生产应急管理体系基本框架

建筑施工安全生产应急管理是安全生产中的重要组成部分。我国应急管理体系的基本框架由应急预案，应急管理体制、机制和法制（又称一案三制）构成。一案三制是基于四个维度的综合体系。

预案是前提，体制是基础，机制是关键，法制是保障，它们具有各自不同的内涵特征和功能定位，是应急管理体系不可分割的核心要素。由一案三制构成的应急管理体系基本框架是我国在应急管理工作实践基础上总结、凝练、提升的理论成果。

建筑施工安全生产应急管理体系基本框架是在国家应急管理体系基础上，依照一案三制构建的，其基本框架如图6-1所示。

1. 建筑施工安全生产应急预案

建筑施工安全生产应急预案是建筑企业针对在建筑施工现场可能发生的重大事故（件）或灾害，预先制定的工作方案，以保证迅速、有序、有效地开展应急救援行动，降低事故造成的人员伤亡和财产损失。

《建设工程安全生产管理条例》和《建设工程重大质量安全事故应急预案》对建筑施工安全生产应急预案都有着明确的要求，要建立、健全和完善"纵向到底，横向到边"的重大事故应急预案体系。

"纵"，即按垂直管理的要求，从国家到省到市、县、乡镇各级政府和基层单位乃至建筑施工企业，都要制定应急预案，从上至下，相互衔接，不可出现断层。这样，就形成了我国建筑施工安全生产应急预案体系。

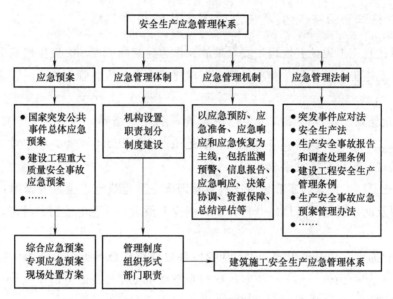

图 6-1　建筑施工安全生产应急管理体系基本框架

"横"，即所有种类的突发事件都要有部门管，都要制定专项预案和现场处置方案，不可或缺。相关预案之间要做到互相衔接，逐级细化。

应急预案的管理包括预案的编制和公布、预案的培训演练、预案的评估和修订等。

2. 建筑施工安全生产应急管理体制

应急管理体制包括应急管理机构设置、职责划分及其相应的制度建设。我国应急管理体制建设的重点主要是建立健全集中统一、坚强有力的组织指挥机构，建立健全以事发地党委、政府为主，有关部门和相关地区协调配合的领导责任制；建立健全应急处置的专业队伍、专家队伍。我国建筑施工安全生产应急管理体制与国家突发事件应急管理体制是一致的，主要通过组织形式和制度建设来体现。

3. 建筑施工安全生产应急管理机制

应急管理机制是以基本运作流程为基础，以应急管理的四大主要环节（应急预防、应急准备、应急响应和应急恢复）为主线，建立健全监测预警机制、信息报告机制、应急决策协调机制、分级负责和响应机制、公众沟通与动员机制、资源配置与征用机制、奖惩机制和城乡社区管理机制等。建筑施工安全生产应急管理的运作流程是指建筑施工企业在突发安全事件发生前、发生时、发生后进行应急管理的具体措施和步骤，其过程依次为监控→预警→应急准备→接警→判断响应级别→启动应急预案→开展救援行动→事态控制→应急恢复→应急结束。

4. 建筑施工安全生产应急管理法制

应急管理法制建设是指要把法治精神贯穿于应急管理工作的全过程。应急管理工作及其相应的制度建设，必须纳入法制轨道，依法实施应急处置工作，应急预案的编制也须符合有关法律法规的要求。

6.1.5 建筑施工企业安全生产应急管理体系的构建策略

为了应对建筑施工现场突发生产安全事故，作为建筑施工现场突发生产安全事故的第一责任主体的建筑施工企业及其工程项目部，在构建安全生产应急管理体系时，应遵循以下基本原则。

1）全员化原则。建筑施工安全生产应急管理要注重培养、提升企业全体员工应急理念，尊重生命、救助工友、共同应对突发事故是每位员工职责与义务，应注重平常应急救援演练，切实提升员工应对突发事故技能。

2）全程化原则。建筑施工安全生产应急管理要注重建筑施工全过程管理，在施工的每一阶段，都要及时准确地进行风险分析，要在制度上预防、过程中控制、后期总结评估，持续改进完善。

3）整合化原则。建筑施工安全生产应急管理要注重整合各类应急资源，应与本企业之外的政府部门、社会团体、相关的组织机构与企事业单位保持良好的协作互动关系，争取更多的社会应急资源，实现资源共享，提升企业应对突发事故的综合实力。

4）集权化原则。建筑施工安全生产应急管理要夯实组织基础，建立健全应急组织机构，厘清各组织机构之间的隶属关系，通过责任制度明确各组织机构的权责及协作配合义务。

5）全面化原则。建筑施工安全生产应急管理要确保能够正确识别涵盖本工程项目施工过程所有环节中的一切危险源，提升对事故突发的预见性，制定预控其发生与发展的技术措施。

6.2 建筑施工安全生产应急管理制度

6.2.1 建筑施工安全生产应急管理制度的内容

应急管理制度是建筑施工企业为应对突发事件而采取的组织方法。建筑施工企业着力建立健全应急管理制度，从制度上保障应急管理工作有效实施，是其应对突发性生产安全事件，从被动应付型向主动保障型转变的一个关键性举措。应急管理涉及的相关主体众多、工作内容丰富，建筑施工企业应根据有关法律法规的要求和建筑施工现场应急管理工作特点，针对工程项目制定相应的应急管理制度。应急管理制度的内容应该充分体现各相关方的协调性。

1. 责任制度

建筑施工现场应急管理责任制度作为保障突发事件应对的重要组织手段，是各项应急管理制度中最基本的一项制度。应急管理责任制度应根据有关法律法规的要求编制，其内容包括管理要求、职责权限、工作内容、工作程序、工作分解、监督检查、考核奖罚的具体规定。

2. 危险源管理制度

危险源管理是应急管理的重要内容之一。建筑施工现场危险源管理制度是以制度的形式对建筑施工现场所涉及的各类危险源的识别、处理与风险管控的具体规定，是保证应急管理工作规范化的重要组织手段。危险源管理制度包括危险源辨识与分析、危险源风险评估、危险源监控预警、危险源控制、危险源信息管理和危险源档案管理等方面的内容。

3. 应急预案编制与管理制度

建立健全应急预案编制与管理制度可以有效地保证建筑施工企业根据本企业和工程项目的实际情况，按照《突发事件应对法》和《建设工程安全生产管理条例》等法律法规的要求，编制应急预案并形成体系，保证预案的形式和内容科学化、标准化、规范化。应急预案编制与管理制度具体规定了应急预案的编制要求、编制程序、编制内容、预案启动条件、预案持续改进等内容。

4. 应急救援制度

应急救援制度直接具体地指导应急救援行动的实施，是现场人员采取救援行动的行为准则和规范，是应急管理制度体系中最重要的一项制度。应急救援制度要对救援形式、工作程序、工作内容、人员职责权限及救援过程中的决策指挥权、不同主体间的协调、救援的优先级等做出具体规定。

5. 善后处置制度

善后处置制度包括建筑施工企业对已发生产安全事故所造成的人员伤亡和财产损失进行登记、报告、调查处理、统计分析、现场清理、恢复正常生产生活秩序等工作，是按照科学化、规范化、标准化要求实施的组织手段，是总结提升应对突发事故经验教训、持续改进应急救援管理工作的一个重要环节，是应急管理制度体系中一项重要制度。善后处置制度就是要对上述内容做出详细规定，以规范工作程序和方法。

6. 教育培训制度

人员的教育培训是应急管理的重要环节，是提高全员应急意识和应急能力的一项基础性工作。教育培训的对象是建筑施工现场的全体人员。教育培训制度是对组织实施教育培训的形式、内容、考核方式做出详细具体规定。

6.2.2　建筑施工安全生产应急管理制度的制定原则

制定应急管理制度应遵循以下六项原则，现分述如下。

1. 符合性原则

制定建筑施工现场应急管理制度，须符合《突发事件应对法》《国家突发公共事件总体应急预案》等法律法规、标准规范的相关要求；须符合施工企业和工程项目实际情况及自身特点，如企业的规模、经营范围、主要风险、管理的模式和水平、工作流程、组织结构等及具体工程项目的规模、施工环境、施工技术特点、项目组织结构、人员安排等；再次须符合突发事件应急管理的特点，应对处置突发事件不同于一般事件，在以最大限度优先保障人员生命安全为最高原则的前提下，要求应急人员快速反应，果断决策，因此，在制定应急管理制度时就要特别注重这些方面，在制度上要体现应急管理的特点。

2. 针对性原则

制定应急管理制度要弄清楚各项制度管理规范的对象，以增强针对性。

3. 可操作性原则

建筑施工现场应急管理制度要具备实际可操作性，脱离实际的应急管理制度不仅是不便操作运用的问题，而且是会影响应急救援工作不能有效实施、顺利进行的大问题。

4. 有效实施原则

建筑施工现场应急管理制度必须具有严肃性和很强的约束力，一旦公布就必须不折不扣地严格执行，通过严格的奖励惩戒制度保证制度全面有效地实施，切勿走形式。

5. 利于教育培训原则

建筑施工现场应急管理制度要简单明了、易懂易记，切勿冗长烦琐、用词晦涩、难以理解，应便于通过对员工展开的教育培训，使员工在短时间内就能熟悉掌握，以利员工有效地实施。

6. 持续改进原则

建筑施工现场应急管理制度实施后，既要保持相对稳定，又不能一成不变。经过不断实践，总结经验教训，要以严肃、认真、谨慎的态度，及时修正、持续改进更新应急管理制度的内容，改进管理过程。这样，建筑施工安全生产应急管理就会呈现一个逐渐上升、持续健康发展的过程。

6.3 建筑施工安全生产应急管理组织结构与职责

6.3.1 建筑施工安全生产应急管理组织机构层次

当今，建筑施工企业通常采用公司与工程项目部两个层次来管理企业。一般来说，正常状态下，建筑施工企业各职能部门与人员都在各自岗位上，各司其职，保证企业生产正常运行。当建筑施工现场突然发生意外事件，建筑施工企业就由正常运行的生产状态立即转变为应急管理状态（又称突发事件应对状态），其各职能部门与人员也都立即在各自岗位上转变为预先设定的应急管理状态下的应急岗位，履行预先设定的应急岗位职责，保证应急救援工作顺利展开。一般来说，状态的转变不增加任何机构部门与人员，不影响各职能部门原来的职责，不改变人员原来的工作岗位。因此，建筑施工企业应急管理组织机构设置为公司级与项目部级两个层次，分别如图 6-2 和图 6-3 所示。

当建筑施工现场发生意外事件，建筑施工企业即转变为应急管理状态。应对突发事件时，项目部是应急管理的行为主体，上下两级应急管理机构呈联动状态，及时沟通，互相配合，积极落实各项应对措施。应急组织机构是为应对突发事件而形成的一个临时性组织机

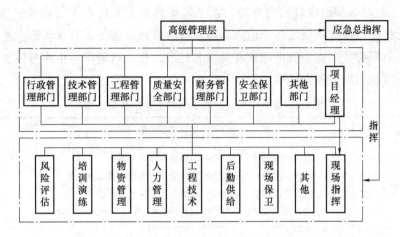

图 6-2　建筑施工企业公司级应急管理组织机构

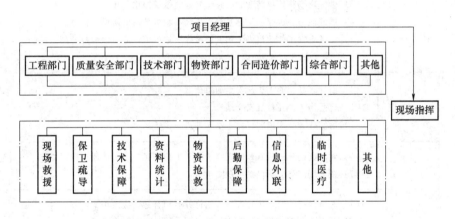

图 6-3　建筑施工企业项目部级应急管理组织机构

构，有很好的灵活性，但也具有一定的稳定性。应急管理组织的结构设置，是按照应急响应工作直接需要而设立的，具有很强的目标导向性。

6.3.2　建筑施工安全生产应急管理职责

建筑施工企业的应急管理分为两级，即：

1）公司级应急系统，由公司主要负责人（通常是指总经理）担任应急总指挥。该应急系统各个职能部门的工作人员，由从公司原有职能部门中抽调的各类专业人员组成。为避免抽调人员因接受双重领导而造成权责不清，在应急管理制度中应规定：在正常生产运行管理工作中，各类工作人员归其隶属的原职能部门领导，但与应急管理有关的工作应该优先于其他工作完成；在应急管理状态下，所有抽调的各类专业人员归其所在的应急职能部门领导指挥，各应急职能部门的职能和职责主要是按应急总指挥的部署，有效地组织所属人员展开各种应急救援工作，为突发事故现场的应急救援工作提供技术支持、后勤服务、协调协助应急资源调度、信息沟通发布等工作。

2）工程项目部级事故现场应急系统，由工程项目部主要负责人（通常是指项目经理）担任现场应急指挥。该应急系统各个应急小组在应急管理状态下，具体实施现场应急指挥的指令，履行应急职责，迅速高效地完成各项应急处置工作。现场应急指挥与应急小组在应急管理状态下的工作职能与职责见表6-1。

表 6-1　应急指挥与应急小组的工作职能与职责

组织机构		工作职能与职责
应急总指挥		（1）启动应急反应组织，指挥、协调应急反应行动 （2）协调、组织和获取应急所需资源、设备以支援应急操作 （3）组织风险评估，确定升高或降低应急警报级别 （4）与企业外部进行联络，通报外部机构和决定请求外部援助
现场指挥		（1）识别突发事件的性质和严重程度，做出决策并启动应急预案 （2）确保应急人员安全和应急行动的执行 （3）做好现场指挥权转变后的移交和应急救援协助工作 （4）做好消防、医疗、交通管制等各公共救援部门的协调工作 （5）负责突发事件的报告工作，协调好企业内部、应急组织与外部组织的关系，获取应急行动所需资源和外部援助
应急小组	现场救援	（1）引导现场作业人员从安全通道疏散 （2）将受伤人员营救至安全地带 （3）落实各种技术措施，阻止事态的进一步扩大
	保卫疏导	（1）对场区内外进行有效的隔离工作和维护现场应急救援通道畅通工作 （2）疏散场区外的居民撤出危险地带
	技术保障	（1）对事件进行情景风险评估，制订并启动合适的应急预案 （2）分析应急中面临的技术难题，运用必要的工程技术排除险情
	资料统计	（1）对突发事件进行跟踪预警 （2）收集分析各方面的信息，为决策提供信息依据
	物资抢救	（1）抢运可以转移的场区内物资 （2）转移可能引起新危险源的物品至安全地带
	后勤保障	（1）迅速调配抢险物资和现场抢险人员安全配备 （2）及时组织并输送后勤供给物品至施工现场 （3）组织施工现场内外部的可用物资
	信息外联	（1）上报企业和相关部门事件发展态势和应对情形 （2）对外发布突发事件信息
	临时医疗	（1）对受伤人员进行简易的抢救和包扎 （2）及时转移受伤人员到医疗机构
	专家咨询	为应急管理过程各环节提供技术咨询服务

6.4 建筑施工安全生产应急管理机制

6.4.1 建筑施工安全生产应急管理过程与运行机制

1. 建筑施工安全生产应急管理过程

建筑施工安全生产应急管理过程包括应急预防、应急准备、应急响应和应急恢复四个阶段。

（1）应急预防

建筑施工安全生产应急预防工作，主要通过建筑施工现场的安全生产管理过程来实现，包括建立健全施工现场安全生产责任制度，依据建筑施工安全生产有关标准规范实施管理；通过宣传教育增加预防工程生产安全事故的常识和防范意识，提高防范能力和应急反应能力；通过规范化作业提高建筑施工安全生产工作水平，将施工现场突发生产安全事故的风险降到最低限度；通过开展安全生产检查和风险评估，及时消除事故发生隐患。

（2）应急准备

建筑施工企业应急准备的内容，主要包括施工现场危险源的辨识和风险评价，危险源的处置，现场的监控预警，应急预案的编制、培训和演练，现场的应急教育等。同时，在开展应急能力评估的基础上，应不断加强应急预案、应急队伍和应急物资等基本应急保障能力的建设。

（3）应急响应

应急响应是建筑施工现场应急管理的核心，目的是保护生命，使财产、环境破坏减少到最小程度，并利于恢复。应急响应的基础是应急管理的预防和准备工作，并依赖于应急准备工作的经验积累。建筑施工企业应急响应程序按过程可分为接警、警情判断与响应决策、启动相应的应急预案、开展救援、扩大应急、应急恢复和应急结束等。同时，在应急响应过程中，应按照《生产安全事故报告和调查处理条例》等法律法规的有关规定，及时将事故上报。

（4）应急恢复

应急恢复可以使生产、生活恢复到正常状态或得到进一步的改进。建筑施工企业在应急恢复阶段应对事故发生原因、损失等进行调查，评估应对过程并修订和完善应急预案，尽快恢复工程项目正常施工。应急恢复工作主要包括恢复与重建、人员安置赔偿、事件调查与报告、损失评估、应急预案评估和修订等环节。

建筑施工生产安全应急管理是一个动态过程，上述四个应急管理阶段贯穿于突发事件的"发生前""发生中""发生后"的全过程。这四个阶段没有明确界线，各阶段之间交叉重叠，但应急管理的每个阶段都有每个阶段的目标，且成为下一个阶段的一部分。

2. 建筑施工安全生产应急管理运行机制

机制是指其内部组织和运行变化的规律，建筑施工安全生产应急管理运行机制可用其运行流程表示（图6-4）。

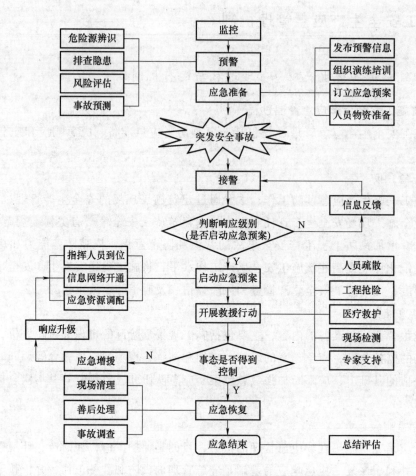

图6-4　建筑施工安全生产应急管理运行流程

6.4.2　建筑施工安全生产应急管理保障机制

为保证应急救援、恢复重建等应急管理工作有序进行、有效实施，建筑施工企业在组织、制度、资源等方面应提供切实保障。

1. 组织保障

组织保障包括组织机构保障和人员保障两方面。合理的组织机构是应急管理顺利实施的前提条件，人员的合理安排可以充实组织机构，是组织机构高速有效运转的基础与保障，主导应急管理工作的顺利展开。

2. 制度保障

制度作为应急管理一项保障要素的意义：使全体人员在应急救援活动中都能按照规定的分工、操作程序、工作准则，迅速有效地处置所遇到的事务，它可以保证应急管理工作规范实施。

3. 资源保障

作为应急管理对象，建筑施工安全生产应急资源是指为了有效开展建筑施工安全生产应急活动、保障各项应急处置工作顺利进行的各类应急资源总和，包括人力、资金、物资、信息、技术和在应急状态下可以调配到的外部社会资源等。应急资源是应急预案编制的基础，是有效开展应急管理的基础。应急管理工作包括事前的预防与准备，事中的处置与救援，事后的恢复与重建。品种齐全、数量充足、及时供应配备的应急资源，为突发事件的有效处置、正确决策提供了坚实的具体的物资基础，是应急管理目标得以实现的可靠的关键性保障。应急资源也是应急综合能力的具体体现，应急资源越充足，应急响应的限制就越少，应急能力也就越强。对应急资源的配置应遵循效率性原则、协调性原则、管控结合原则。遵循效率性原则是指反应要快、行动要敏捷；遵循协调性原则是指依照应急资源属性，对各类应急资源及其供给和实际需求进行协调，要有效协调、聚合各类应急资源，发挥应急资源的整体效用，提高应急资源配置效率和运行效率；遵循管控结合原则是指应急资源配置要坚持由决策人员统一指挥控制、调度配置，切实保证关键信息、应急人员、安全设施、应急救援物资等核心资源用于应对突发事件，为控制突发事件总体局面的发展态势提供坚实可靠的基础与强有力支撑。

6.5 建筑施工安全生产应急预案的编制与管理

6.5.1　概述

1. 预案的编制目的

建筑施工安全生产应急预案（以下简称预案），是国家安全生产应急预案体系的重要组成部分。建筑施工企业编制预案，是贯彻落实"安全生产、预防为主、综合治理"方针的重要措施。编制预案可规范建筑企业应急管理工作、提高预防应对事故的能力，可控制消除事故蔓延条件、在最短时间内有效地把事故控制在局部范围，防止事故扩大或发生次生事故，保证员工生命安全，最大限度地减少财产损失、环境损害和社会影响。

2. 预案的作用

预案的作用主要体现在以下几个方面。

1）预案使建筑企业的应急准备、应急管理、培训演练等工作有据可依、有章可循。

2）预案使建筑企业明确了企业的应急救援范围和体系，明确了应急救援各方的职责和响应程序，对应急救援工作具有指导作用。

3）预案有利于建筑企业及时做出应急救援响应，降低事故造成的损失，为事故后恢复生产创造有利条件。

4）预案有利于提高建筑企业员工的安全风险防范意识，增加应急救援知识，提高应急救援能力。

3. 预案的分类

根据《生产经营单位生产安全事故应急预案编制导则》（GB/T 29639—2020），建筑施工安全生产应急预案由综合应急预案、专项应急预案和现场处置方案构成。

（1）综合应急预案

综合应急预案是建筑企业从总体上阐述生产安全事故的应急方针和政策、应急组织结构和应急职责、应急行动、措施和保障的基本要求和程序，是应对生产安全事故的综合性文件。

原则上，每个建筑企业都应编制一个综合应急预案，明确建筑企业应对各类突发事件和生产安全事故的基本程序和基本要求。

综合应急预案的主要内容包括总则、单位概况、组织机构及职责、风险因素和风险源识别、预防与预警、应急响应、信息发布、后期处置、保障措施、培训与演练、奖惩、附则12个部分。

建筑企业综合应急预案一般由建筑企业成立专门机构组织制定。

（2）专项应急预案

专项应急预案是建筑企业根据生产过程中可能遇到的突发事件和存在的风险因素、危险源，按照综合应急预案的程序和要求，为应对某一类型或某几种类型事故，或针对重要生产设施、重大危险源、重大活动等，编制的应急救援工作方案。

专项应急预案用于指导应对可能出现的突发事件和事故，制定相应的预防、处置和救援措施，可作为综合应急预案的附件并入综合应急预案。

专项应急预案的主要内容包括事故类型和危害程度分析、应急处置的基本原则、组织机构及职责、预防和预警、信息报告程序、应急处置、应急物资与装备保障七个部分。

专项应急预案一般由企业安全生产管理部门和施工项目部组织制定。

（3）现场处置方案

现场处置方案是工程项目部根据项目的施工部位、施工工序、施工设备、施工工艺及项目周边环境情况，对可能造成事故的风险因素和危险源，制订的详细具体、合理有效的处置措施。

现场处置方案是应急预案的重要组成部分，其作用是当施工现场发生突发事件或生产安全事故时，现场人员能够按照应急处理程序采取有效处置措施，迅速控制事故，最大限度减少人员伤亡和财产损失，并为事故后恢复创造有利条件。

现场处置方案主要包括事故风险分析、应急组织与职责、应急处置、注意事项等几项内容。

工程项目部须对本工程项目进行风险评估，针对危险源逐一编制现场处置方案，通过培训和演练使相关人员做到应知应会，熟练掌握，迅速反应，正确处置。

建筑施工企业生产安全事故应急预案体系如图6-5所示。

6.5.2 建筑施工生产安全应急预案的编制

1. 预案的编制原则

建筑施工生产安全应急预案的内容应遵循以下原则。

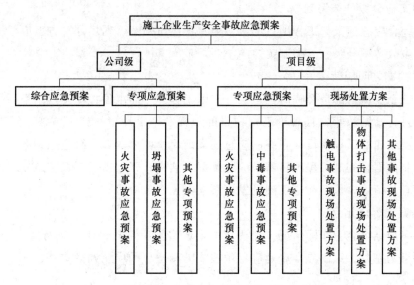

图 6-5 建筑施工企业生产安全事故应急预案体系

（1）以人为本

预案的编制应坚持"以人为本"的基本思想，将保护人民群众的生命安全放在首要位置。

（2）依法依规

预案的内容应符合国家相关法律法规、标准和规范的要求，编制工作必须遵守相关法律法规的规定，以保证预案的合法合规性和权威性。

（3）符合实际

建筑工程施工项目各不相同，特点各异，因此建筑施工安全生产应急预案不具备通用性。建筑企业应结合本企业的管理特点和对工程项目的风险分析，针对项目重大危险源、可能产生的突发事件、重要施工部位、关键施工工序、管理薄弱环节等编制预案，制定与本企业管理相适应的、有效的、先进的决策程序、处置方案和应急手段，保证预案的科学性。

（4）注重实效

预案的可操作性是指当施工现场一旦突然发生意外事件，建筑施工企业的应急组织、人员可以按照预案的规定，迅速、有序、有效地开展应急救援行动，有效控制事故发展态势，最大限度减少人员伤亡和财产损失。

（5）协调兼容

建筑施工企业编制的预案，应与上级部门应急预案、地方政府应急预案、分支机构应急预案、项目部应急预案相互衔接，确保发生事故或突发事件时能够及时启动各方应急预案，快速、有效地进行应急救援。

2. 预案的编制要求

编制预案的基本要求如下：

（1）预案应分级分类编制

公司级综合应急预案与工程项目部级各类专项应急预案、现场处置方案应根据施工现场可能发生的事故类型分级、分类制定。

（2）各预案之间应衔接好

建筑施工企业项目部是个临时性组织。它因工程开工而组建，随工程结束而终止，其寿命短则几个月，长则数年，且每个工程项目的规模、施工环境、施工方法、管理人员都不同。因此，新组建的工程项目部在编制应急预案前应全面分析公司级应急预案，以公司级应急预案为编制依据，编制工程项目部级应急预案。这样，工程项目部级应急预案才能与公司级应急预案有效衔接，保证在施工现场发生事故时能有效应对。

（3）预案内容应结合实际

编制预案应结合企业实际情况，先要对本企业实际应急救援能力进行实事求是的评估，并以评估结果为基础，编制与本企业应急救援能力相适应的应急预案。

（4）预案应有可读性

建筑施工现场的作业人员流动性大，且其科学文化素养普遍不高，学习时间少，因此在编制应急预案时应注意预案的可读性，语言要通俗易懂、简洁明了，尽量以图表的形式表达。

3. 预案的编制要素

应急预案的编制要素分为关键要素和一般要素。

关键要素是指必须规范的内容。这些要素涉及建筑企业日常应急管理和应急救援的关键环节，具体包括危险源辨识和风险分析、组织机构及职责、信息报告与处置和应急相应程序与处置技术等要素。关键要素必须符合建筑企业实际和有关规定要求。

一般要素是指可简写或可省略的内容。这些要素不涉及建筑企业日常应急管理和应急救援的关键环节，具体包括应急预案中的编制目的、编制依据、工作原则、单位概况等。

根据《生产经营单位生产安全事故应急预案编制导则》，建筑施工安全生产综合应急预案、专项应急预案和现场处置方案的要素见表 6-2 和表 6-3。

表 6-2　综合应急预案的要素

综合应急预案要素	一般要素	关键要素
总则	编制目的	适用范围
	编制依据	
	应急预案体系	
	应急工作原则	
事故风险描述		
应急组织机构及职责		
预警及信息报告	预警	信息报告
应急响应	应急结束	响应分级
		响应程序
		处置措施

（续）

综合应急预案要素	一般要素	关键要素
信息公开		
后期处置		
保障措施	其他保障	通信与信息保障
		应急队伍保障
		物资装备保障
应急预案管理		应急预案培训
		应急预案演练
		应急预案修订
		应急预案备案
		应急预案实施

表 6-3　专项应急预案和现场处置方案的要素

专项应急预案要素	现场处置方案要素
事故风险分析	事故风险分析
应急指挥机构及职责	应急工作职责
处置程序	应急处置
处置措施	具体处置措施及注意事项

4. 预案的编制步骤

根据国家标准《生产经营单位生产安全事故应急预案编制导则》，建筑施工安全生产应急预案的编制包括以下六个步骤。

（1）成立应急预案编制工作组

建筑企业应结合本企业职能部门设置和分工，成立以企业主要负责人为组长的应急预案编制小组，编制小组成员应由本企业各方面专业技术人员组成，包括预案制定和实施过程中所涉及或受影响的部门负责人及具体执笔人员。对于重大、重要或工程规模大、施工环境复杂的施工项目，必要时，可以要求项目所在地的地方政府相关部门代表与行业专家作为成员。

编制小组成立后，应明确编制任务、职责分工，制订工作计划。

（2）资料收集

收集应急预案编制所需的各种资料是一项非常重要的基础工作。掌握的相关资料越多，资料内容越翔实，越有利于编制高质量的应急预案。

建筑企业编制安全生产应急预案需要收集的资料包括（但不限于）：

1）适用的法律法规、标准和规范。

2）本企业相关资料，包括企业的管理模式、组织机构和职责、应急人员技能、应急物资数量、应急设备的状况、事故案例等。

3）工程项目概况、结构形式、施工工序和工艺、施工机械、现场布置等。

4）工程项目现场事故隐患排查资料，建筑工程事故资料及事故案例分析。

5）项目所在地的地质、水文、自然灾害、气象资料，道路、管线、建筑物等施工现场周边情况。

6）项目所在地政府相关应急预案。

7）其他相关资料。

（3）风险评估

危险源辨识和风险评估是编制应急预案的关键，所有应急预案都建立在风险评估的基础之上。建筑施工企业风险评估包括以下内容：

1）分析本企业存在的危险因素，确定事故危险源。识别危险因素，确定危险源是风险评估的基础。建筑施工企业与其他企业不同，工作内容和工作地点是随项目的不同而不断变化的，项目的差异决定了建筑施工企业必须按项目逐一进行危险因素识别和危险源确定。

2）分析可能发生的事故类型及后果，并判断出可能产生的次生、衍生事故。建筑企业应根据施工现场周边环境条件、施工现场作业环境条件、现场布置、设备布置、施工工序、管理模式等进行综合分析，确定危险源及可能产生的事故类型和后果。

3）评估事故的危害程度和影响范围，提出风险防控措施。针对可能产生的事故类型，评估事故的危害程度和影响范围是制定风险防控措施的基础，制定防控措施的目的是预防事故的发生或最大限度减少事故损失，特别是防止发生人员伤亡。因此，建筑施工企业一定要根据本企业的实际情况，有针对性地制定风险防控措施，保证风险防控措施的可行性。

（4）应急资源调查

应急资源调查是指全面调查本地区、本单位第一时间可以调用的应急资源状况和合作区域内可以请求援助的应急资源状况。

建筑企业应急能力评估是根据项目风险评估的结果，对建筑企业及其项目部应急能力的评估，主要包括对人员、设备等应急资源准备状况的充分性评估和进行应急救援活动所具备能力的评估。实事求是地评价本企业的应急装备、应急队伍等的应急能力，明确应急救援的需求和不足，为编制应急预案奠定基础。

建筑企业应急救援能力一般包括以下几个方面：

1）应急人员（企业和项目部的各级指挥员、应急专家、应急救援队伍等）。

2）通信、联络和报警设备（移动电话、传真、警笛、扩音器等）。

3）个人防护用品（安全帽、防护口罩、绝缘鞋、绝缘手套、其他辅助工具等）。

4）应急救援设备、物资（消防设备、供电及照明设备、起重设备、沙袋等）。

5）监测、检测设备（经纬仪、水准仪、卷尺、混凝土强度回弹仪等）。

6）药品和救护设备。

7）治安、保卫。

8）保障制度（责任制度，值班制度，培训制度，应急救援物资、药品、设备等检查制度，维护制度，演练制度等）。

9）其他应急能力。

应急能力评估可以采用检查表的形式，通过专家打分的形式进行评估。

（5）应急预案编制

在上述工作的基础上，针对可能发生的事故，按照有关规定编制应急预案。应急预案编制过程中，应注意全体人员的参与与培训，使所有与事故有关人员均掌握危险源的危险性、应急处置方案和技能。应急预案应充分利用社会应急资源，与地方政府预案、上级主管单位以及相关部门的预案相衔接。

建筑施工安全生产应急预案编制格式还应满足国家标准和行业标准的格式要求，见表6-4。

表 6-4 建筑施工安全生产应急预案编制格式

编制格式	具体内容和要求
封面	1）应急预案编号 2）应急预案版本号 3）建筑企业名称 4）应急预案名称 5）编制单位名称 6）颁布日期等
批准页	应急预案应经建筑企业主要负责人（或分管负责人）签字批准后，方可发布
目次	应急预案应设置目次，目次所列内容的顺序依次如下： 1）批准页 2）章的编号和标题 3）带有标题的条的编号和标题（需要时列出） 4）附件（用符号表明其顺序）
印刷装订	推荐采用 A4 版本印刷，活页装订

（6）应急预案评审发布

《生产安全事故应急预案管理办法》明确规定，应急预案编制完成后，应组织评审或论证。

评审分为内部评审和外部评审。内部评审由建筑企业主要负责人组织有关部门和人员，依据《生产经营单位生产安全事故应急预案评审指南（试行）》中规定的评审方法、评审程序和评审要点进行评审；外部评审由建筑企业邀请相关主管部门有关人员和行业安全专家进行评审。生产经营规模小、人员少的单位，可以采取演练的方式对应急预案进行论证。

应急预案评审通过后，按规定报有关部门备案，经单位主要负责人签署发布，并进行备案管理。

6.5.3 建筑施工安全生产应急预案的管理

1. 应急预案的备案

按《生产安全事故应急预案管理办法》等法律法规的有关规定，建筑施工企业应将已批准的应急预案上报备案，以利与相关部门的预案衔接。有关备案的具体要求如下：

（1）备案要求

1）建筑施工企业编制的应急预案，应自公布之日起，在20个工作日内，按照分级属地原则，将已批准的应急预案向安全生产监督管理部门和有关部门进行告知性备案。

2）中央企业总部（上市公司）编制的应急预案，报国务院负有安全生产监督管理职责的行业主管部门备案，并抄送国务院代表政府履行安全生产监督管理职责的行政主管部门；其所属单位的应急预案，应报所在地的省（区、市）或者设区的市级人民政府负有安全生产监督管理职责的行业主管部门备案，并抄送同级代表政府履行安全生产监督管理职责的行政主管部门。

3）其他生产经营单位应急预案的备案，由省（区、市）人民政府负有代表政府履行安全生产监督管理职责的行政主管部门确定。

（2）备案材料

建筑施工企业在向有关主管部门申请应急预案备案时，应提交的备案材料如下：

1）应急预案备案申请表。

2）应急预案评审或者论证意见。

3）应急预案文本及电子文档。

4）风险评估结果和应急资源调查清单。

2. 预案的修订与改进

建筑企业应对应急预案实行动态管理，保证其与企业的规模、经营范围、机构设置、管理人员数量、管理效率以及应急资源等状况相一致。随着时间的迁移和企业的发展变化，应急预案中所包含的信息可能会发生变化，建筑企业应根据本企业的实际情况定期对应急预案进行评估，及时修订和更新应急预案，并按照应急预案的要求配备相应的应急物资及装备，建立使用状况档案，定期检测和维护，使其处于良好状态，保证其有效性和实效性。

有下列情形之一的，应急预案应当及时修订：

1）本企业因兼并、重组、转制等导致隶属关系、经营方式、法定代表人发生变化的。

2）本企业主营业务和经营范围发生变化的。

3）周围环境发生变化，形成新的重大危险源的。

4）应急组织指挥体系或职责已经调整的。

5）依据的法律法规、规章和标准发生变化的。

6）应急预案演练评估报告要求修订的。

7）上级管理部门要求修订的。

建筑企业应当及时向有关部门报告应急预案的修订情况，并按照有关应急预案报备程序重新备案。

6.6 建筑施工安全生产应急培训与演练

建筑施工企业应定期对企业各级管理人员、工程项目管理人员、应急救援人员、现场施工人员等进行安全生产法律法规、安全技术与管理知识、应急救援知识、应急救援技能、应急预案与应急救援案例等教育培训与演练，这也是实施安全生产管理、保证安全生产的一项基础性工作。

6.6.1 建筑施工安全生产应急培训

1. 培训目的

建筑施工企业开展安全生产应急管理宣传教育培训可实现以下目的：

1）使本企业员工熟悉企业应急预案，掌握本岗位事故预防措施和具备基本应急技能。

2）使本企业应急救援人员熟悉应急救援知识，熟悉和掌握应急处置程序，提高应急救援技能。

3）提高应急救援人员和员工应急意识。

2. 培训内容

建筑施工企业开展安全生产应急管理宣传教育培训的内容包括以下几个方面（但不限于）：

（1）报警

1）应急队员和现场施工人员利用身边工具最快最有效报警的方法。

2）应急队员和现场施工人员发布紧急情况通告的方法。

3）应急队员和现场施工人员在现场贴发警示标志的方法。

（2）疏散

1）应急队员在事故现场安全、有序地疏散被困人员或周围人员的方法。

2）施工人员关于紧急避险（撤离危险场所/事故发生地）的知识、技能和注意事项。

（3）救援

1）基础救援知识、基本救援技能、救援设施设备与器材的使用方法。

2）基础自救知识、基本自救技能。

（4）指挥与配合

指挥人员、各救援队伍、应急队员、现场施工人员及事故现场被困人员或周围人员，在应急救援过程中，相互配合，协同行动的重要性、原则、方法与注意事项。

3. 培训方式

1）理论授课。

2）案例研讨。

3）模拟演练。

4. 培训实施

1）制订培训目标与培训计划。

2）课程设计和课程准备（含授课计划、教学辅助设施、教材及学习资料）。

3）根据培训对象、培训内容，选择合适培训方式。

4）做好培训记录和效果评价，建立培训档案。

6.6.2 建筑施工安全生产应急演练

1. 应急演练的目的

1）检验预案。检验、发现应急预案中存在的问题、缺陷，提高应急预案的科学性、实用性和可操作性。

2）锻炼队伍。促使应急人员学习、掌握应急预案，提升其在紧急情况下妥善处置事故的能力。

3）磨合机制。完善应急管理相关部门、单位和人员的工作职责，提高协调配合能力。

4）宣传教育。普及应急管理知识，提升企业全体员工的风险防范意识和自救互救、避险疏散能力。

5）完善准备。完善应急管理和应急处置技术，补充应急装备和物资，提高其适用性和可靠性。

6）其他需要解决的问题。

2. 应急演练的原则

1）符合相关规定。按照国家相关法律法规、标准及有关规定组织开展演练。

2）切合企业实际。结合企业生产安全事故特点和可能发生的事故类型组织开展。

3）注重能力提高。以提高指挥协调能力、应急处置能力为主要出发点组织开展演练。

4）确保安全有序。在保证参演人员及设备设施的安全的条件下组织开展演练。

3. 应急演练的内容

应急演练通常按模拟突发事故情景展开，主要包括以下内容：

1）预警与报告。向相关部门或人员发出预警信息，向有关部门和人员报告事故情况。

2）指挥与协调。成立现场指挥部，调集应急救援队伍和相关资源，开展应急救援行动。

3）应急通信。在应急救援相关部门或人员之间相互传递相关信息。

4）事故监测。对事故现场进行观察、分析、测定，研判事故严重程度、影响范围和变化趋势等。

5）警戒与管制。建立应急处置现场警戒区域，维护现场及周边社会秩序。

6）疏散与安置。对事故可能波及范围内的相关人员进行疏散、转移和安置。

7）医疗卫生。调集医疗卫生专家、卫生应急队伍开展紧急医学救援，并开展卫生监测和防疫工作。

8）现场处置。按照相关应急预案和现场指挥部要求，对事故现场进行控制和处置。

9）社会沟通。召开事故情况通报会（新闻发布会），通报事故有关情况。

10）后期处置。应急处置结束后，开展事故损失评估、事故原因调查、事故现场清理及其他相关善后工作。

11）其他。

4. 应急演练方式

应急演练应按照演练内容、演练形式和演练目的的不同，选择适当的演练方式。

（1）综合演练

综合演练是指建筑施工企业为检验、评价本企业应急救援体系整体应急能力，针对本企业安全生产应急预案中多项或全部应急响应功能，而开展的演练活动。

（2）单项演练

单项演练是指建筑施工企业为检验、评价本企业应急预案中某项应急响应功能或现场处置方案中某几项应急响应功能，针对本企业某项或几项特定环节和功能，而开展的演练活动。

（3）桌面演练

桌面演练是指建筑施工企业针对施工项目现场可能发生的事故情景，利用图纸、沙盘、流程图、计算机、视频等辅助手段，依据本企业应急预案而进行交互式讨论或模拟应急状态下应急行动的演练活动。

（4）现场演练

现场演练是指建筑施工企业在工程项目的施工现场，针对本项目可能发生的生产安全事故，在可能发生事故的生产区域设定事故情景，依据本企业应急预案而模拟开展的演练活动。

（5）应急演练方式的选择

建筑施工企业在选择应急演练方式时，应根据本企业安全生产要求、资源条件和客观实际情况，充分考虑以下因素：

1）本企业应急预案和应急响应程序制定工作的进展情况。

2）本企业常见的事故类型和面临风险的性质和大小。

3）本企业现有的应急资源状况，包括人员、设备、物资和资金等。

4）当选择现场演练或综合演练方式时，必须事先征得工程项目所在地政府及相关主管部门的同意。

5. 建筑企业应急演练的准备

建筑施工企业应根据本企业制订的应急演练计划进行应急演练准备。应急演练准备一般包括以下五个方面。

（1）成立演练组织机构

应急演练通常成立演练领导小组，下设策划组、执行组、保障组、评估组等专业工作组。根据演练规模大小，其组织机构可进行调整。

（2）编制演练文件

应急演练文件一般包括演练工作方案、演练脚本、演练评估方案、演练保障方案和演练观摩手册。

（3）演练工作保障

建筑企业应急演练工作保障主要包括人员保障、经费保障、物资和器材保障、场地保障、安全保障、通信保障和其他保障等。

（4）应急演练情景设计

按照已定演练目标，应进行演练情景设计。

演练情景是指对假想事故按其发生过程进行叙述性说明。情境设计就是针对假想事故的发生过程，设计出一系列情景事件，目的是通过引入这些需要应急组织做出相应响应行动的事件，刺激演练不断进行，从而全面检验演练目标。

（5）制定演练现场规则

演练现场规则是指为确保应急演练人员安全而制定的有关规定和要求。包括制定演练过程中突发事件的应对措施（预案），本次演练的法规符合性、参与演练人员的职责、实际演练过程的控制、演练结束程序等。

6. 建筑企业应急演练的实施

（1）熟悉演练任务和角色

建筑施工企业在演练前应进行演练动员，确保各参演单位和参演人员熟悉各自参演任务和角色，并按照演练方案的要求，组织开展相应的演练准备工作。必要时，可分别召开控制人员、演练模拟人员、评价人员、观摩人员的情况介绍会。演练模拟人员和观摩人员一般需要参加控制人员的情况介绍会。

（2）组织预演

在综合应急演练前，演练组织单位或策划人员可按照演练方案或脚本组织桌面演练或合成预演，熟悉演练实施过程的各个环节。

（3）安全检查

确认演练所需的工具、设备、设施、技术资料以及参演人员到位。对应急演练安全保障方案以及设备、设施进行检查确认，确保安全保障方案可行，所有设备、设施完好。

（4）应急演练

应急演练总指挥下达演练开始指令后，参演单位和人员按照设定的事故情景，实施相应的应急响应行动，直至完成全部演练工作。演练实施过程中出现特殊或意外情况，演练总指挥可决定中止演练。

（5）演练记录

演练实施过程中，安排专人采用文字、照片和录像等手段记录演练过程。记录内容主要包括演练开始与结束时间、演练过程控制情况、参演人员表现、意外情况及其处置等内容。

（6）评估准备

演练评估人员根据演练事故情景设计以及具体分工，在演练现场实施过程中展开演练评估工作，记录演练中发现的问题或不足，收集演练评估需要的各种信息和资料。

（7）演练结束

演练完毕，由演练总指挥发出结束信号并宣布演练结束，参演人员按预定方案集中进行现场讲评或者有序疏散。后勤保障人员对演练现场进行清理、恢复。

（8）意外终止

如演练过程中突发真实的意外事件或特殊情况，经演练领导小组决定，由演练总指挥按照事先规定的程序和指令终止演练，命令参演人员迅速回归其工作岗位，履行其应尽职责。

7. 应急演练评估与总结

（1）应急演练评估

演练评估是指评估人员根据对演练活动的观察和记录，比较演练人员的表现与演练目标要求，提出演练中存在的问题及改进措施，形成演练评估报告。

评估报告的主要内容：演练活动的组织、演练目标完成度、演练执行情况及实施中暴露的问题、预案的合理性、可操作性及存在的缺陷、指挥人员的指挥能力、参演人员的处置能力、演练设备与装备的先进性和适用性、应急物资、应急通信、安全保障是否充分，演练成本与效益等。

演练评估的目的是确定演练是否已经达到演练目标的要求，检验各应急组织指挥人员及应急响应人员完成任务的能力。

（2）应急演练总结

演练结束后，由演练组织单位根据演练记录、演练评估报告、应急预案、现场总结等材料，对演练进行全面总结，并形成演练书面总结报告。

（3）演练资料归档与备案

应急演练活动结束后，将应急演练工作方案以及应急演练评估、总结报告等资料及记录演练实施过程的相关图片、视频、音频等资料归档保存并备案。

8. 持续改进

建筑施工企业在应急演练结束后，应组织应急演练的部门（单位），根据应急演练评估报告、总结报告中对应急预案和应急管理工作（包括应急演练工作）提出的问题和改进建议，提出整改计划，明确整改目标，制定整改措施，落实整改资金，按程序对本单位应急预案进行修订完善、持续改进。

习　　题

1. 建筑施工现场突发生产安全事故后，工程项目部与施工企业各自应当如何上报？并应采取哪些有效措施？应当报告哪些内容？

2. 政府建设行业主管部门接到生产安全事故报告后，应当如何上报？应当报告哪些内容？

3. 生产安全事故的等级是怎样划分的？

4. 什么是迟报、漏报、谎报和瞒报？迟报、漏报、谎报和瞒报生产安全事故的单位及主要负责人应承担哪些法律责任？

5. 认真研读《突发事件应对法》《安全生产法》《建设工程安全生产管理条例》《安全生产许可证条例》《生产安全事故报告和调查处理条例》《关于全面加强应急管理工作的意见》《关于加强安全生产应急管理工作的意见》《生产安全事故应急预案管理办法》及行业行政主管部门颁布的行政法规等法律法规，完成以下两项工作。

① 撰写一篇不少于1000字的文章（自我命题），论述我国应急管理法制体系的基础。

② 分别指出以上法律法规中哪些条款，对安全生产应急管理的哪些方面，从法律法规方面做了哪些强制性规定，进而为建筑施工安全生产应急管理提供了法制保障。

6. 编制建筑施工现场突然发生"高处坠落"紧急情况，应采取的处置措施。

7. 编制建筑施工现场突然发生"触电"紧急情况，应采取的处置措施。

8. 编制某专项（任选）应急预案演练脚本，旨在以脚本作为应急演练工作的实操方案，具体指导、帮助参演人员全面掌握演练内容和进程。脚本主要内容包括（但不限于）：①演练模拟事故情景；②处置行动与执行人员；③指令与对白；④视频背景与字幕；⑤步骤及时间安排；⑥演练解说词等。（建议采用表格形式编制）

9. 编制某专项（任选）应急预案演练工作方案，内容主要包括（但不限于）：①应急演练目的及要求；②应急演练事故情景设计；③应急演练规模及时间；④参演单位和人员主要任务及职责；⑤应急演练筹备工作内容；⑥应急演练主要步骤；⑦应急演练技术支撑及保障条件；⑧应急演练评估与总结。

10. 请将某建筑施工企业处置突发生产安全事件的应急管理措施和具体工作步骤绘制成流程图。

11. 国家标准《生产经营单位生产安全事故应急预案编制导则》初版于2013年发布，成为中国安全生产应急管理领域第一个国家标准。从此，应急预案体系建设进入了"从无到有"的新阶段。7年之后，经修订的新版本于2021年4月1日起开始施行。请在对比研读两个版本的基础上，说说2020年版和2013年版相比，都做了哪些修改？为什么要这样修改？

12. 根据《生产经营单位生产安全事故应急预案编制导则》，从坍塌、高处坠落、触电、火灾、爆炸、车辆伤害等建筑施工行业常见的事故中自选命题，编制一则专项应急预案。同学之间，根据《生产经营单位生产安全事故应急预案评估指南》进行评分。根据《生产安全事故应急演练指南》编制演练脚本。在班级内组织桌面推演。

第7章
建筑施工生产安全事故分析与处理

7.1 建筑施工生产安全事故的特点及类型

建筑施工生产安全事故是指在工程施工现场发生的事故，一般会造成人身伤亡或伤害，或造成财产、设备、工艺等损失。

重大施工事故为重大建筑施工生产安全事故的简称，是指在施工过程中由于责任过失造成工程倒塌或废弃，机械设备破坏和安全设施失效造成人身伤亡或重大经济损失的事故。

特别重大施工事故为特别重大建筑施工生产安全事故的简称，是指造成特别重大人身伤亡或巨大经济损失及性质特别严重、产生重大影响的事故。

7.1.1 建筑施工生产安全事故的特点

1）严重性。建设工程发生施工事故，影响较大，会直接导致人员伤亡或财产的损失，重大施工事故则会导致群死群伤或巨大财产损失。美国曾有报告指出，建筑业雇用的劳动力相当于美国全国总劳动力的 5%，但是却有 11% 的致残事故和 18% 的死亡事故发生于建筑业内。近年来，我国建设工程施工事故死亡人数和事故数仅次于交通、矿山这两个行业，成为人民关注的热点问题之一。因此，对建设工程施工事故隐患绝不能掉以轻心，一旦发生施工事故，其造成的损失将无法挽回。

2）复杂性。建设工程施工生产的特点决定了影响建设工程安全生产的因素很多，造成工程施工事故的原因错综复杂，即使是同一类施工事故，其发生原因也可能会多种多样，这给分析、判断事故性质、原因等增加了复杂性。

3）可变性。建设工程施工中的事故隐患有可能随着时间而不断地发展、恶化，若不及时整改和处理，往往会发展成为严重或重大施工事故。因此，在分析与处理工程施工中的事故隐患时，要重视事故隐患的可变性，应及时采取有效措施，进行纠正、消除，杜绝其发展、恶化为事故。

4）多发性。建设工程中的施工事故，往往在建设工程的某些部位、工序或作业活动经常发生，例如，物体打击事故、触电事故、高处坠落事故、坍塌事故、起重机械事故、中毒事故等。因此，对多发性事故，应注意吸取教训，总结经验，采用有效预防措施，加强事前预控、事中控制。

7.1.2 建筑施工生产安全事故的类型

建筑施工造成人员伤亡的生产安全事故类型较多。以某年全国建筑施工发生人员伤亡的各类生产安全事故为样本，经研究分析，各类事故中，高处坠落、施工坍塌、物体打击、机械伤害（含机具伤害和起重伤害）和触电五种类型事故死亡人数占全部事故总死亡人数的94.77%。其中，高处坠落、施工坍塌、物体打击、机械伤害（含机具伤害和起重伤害）、触电以及其他事故所造成的死亡人数分别占全部事故总死亡人数的 52.85%、14.87%、10.28%、9.34%、7.43% 和 5.23%，如图 7-1 所示。

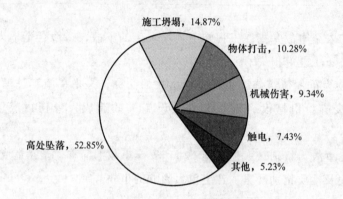

图 7-1 建筑施工生产安全事故类型及所占比例

关于事故发生的部位，在临边洞口处作业发生的伤亡事故的死亡人数占总数的 20.33%；在各类脚手架上作业的事故死亡人数占总数的 13.29%；安装、拆除龙门架（井字架）物料提升机的事故死亡人数占总数的 9.18%；安装、拆除塔式起重机的事故死亡人数占事故总数的 8.15%；土石方坍塌事故的死亡人数占总数的 5.85%；因模板支撑失稳倒塌事故的死亡人数占总数的 5.62%；施工机具造成的伤亡事故死亡人数占总数的 6.8%。42 起三级事故的类别主要是施工坍塌、高处坠落、中毒、触电和机具伤害。施工坍塌事故共发生 20 起，占三级事故总数的 47.62%，死亡 76 人，占三级事故死亡总人数的 43.42%。高处坠落事故共发生 13 起，占三级事故起数的 30.95%，死亡 66 人，占三级事故死亡总人数的 37.71%。中毒窒息事故共 5 起，占三级事故总数 11.9%，死亡 20 人，占三级事故死亡总数的 11.43%。触电事故共 2 起，死亡 7 人，都是由于施工中碰触经过施工现场边缘的外电线路造成的。机具伤害事故共 2 起，死亡 6 人。42 起三级事故分别发生在新建房屋建筑工程、新建市政工程、拆除工程和市政管道维修工程中，发生在城市里的共 26 起，发生在县里的 6 起，发生在村镇的 10 起。

由此可见，建筑施工事故类型仍以"五大伤害"为主，从每起事故的死亡人数看，一次死亡 1~2 人的事故仍占大多数；从事故发生的工程类型来看（以三级事故为分析对象），以新建房屋建筑工程为主；从事故发生的地域来看，以城市居多；从事故发生的频率来看，同类事故重复发生。

7.1.3　建筑业生产安全事故多发原因分析

建筑业事故多发的原因主要有以下几方面：

1）安全生产责任制没有切实落实。很多事故是由于没有按照建筑市场的规定办理建筑施工手续却照样施工，而部分地方政府的建设主管部门的监管没有到位，相关部门沟通不力，事故处理不当，造成很多同类事故。

2）安全技术规范在施工中得不到落实，有的没能按照安全技术规范的要求组织施工；有的虽编制了施工方案，但过于简单，不具备可操作性。

3）有章不循，冒险蛮干。有些工程项目对分项工程既不编写施工方案，也不做技术交底。

4）以包代管，安全管理薄弱。很多工程项目都是低价中标，中标企业为了取得利润将工程转包给低资质的企业，有的中标企业虽然成立了项目班子，但只管协调、收费和整理资料以便交工使用，施工由分包单位自行组织。分包单位为了抢工期和节约资金，便一切从简，工程项目即使有施工组织设计也只是为了投标而编制的，没有用于指导施工。其他的安全制度能免则免，否则也是走形式，还有的企业为了谋取利润而采用挂靠牌子的方式。

5）建筑安全科技人才大量短缺，一线操作人员安全意识和技能较差。当前，工程项目即使是由具有高资质的施工企业中标，其施工基本也是由在劳务市场上招聘来的农民工执行。这些农民工没有经过系统的安全培训，使得建筑施工中安全生产有关的法规、标准只停留在项目管理班子这一层，而落实不到施工队伍身上，操作人员不了解或不熟悉安全规范和操作规程，又因缺乏管理，违章作业现象不能得到及时纠正和制止，事故隐患未能及时发现和整改，这些都是造成事故的重要原因。

以一家有 50 多年历史的建筑企业（集团）的安全技术管理人员分析为例，该企业专兼安全技术管理人员共有 693 人，其年龄、文化程度、技术职称结构如图 7-2 所示。

6）安全监测技术装备、生产设备的安全检测检验落后。建筑企业的技术水平参差不齐，技术装备差别很大。大多数建筑企业安全监测技术装备落后，没有配备相关的安全监测设备，缺乏专门的安全监测技术队伍。由于没有建立有效生产设备市场准入制度，强制性的检测检验很少，在检测仪器设备、检测水平和管理方面与发达国家差距较大。

7）安全生产科技工作投入严重不足。受国家和企业在安全生产总体投入方面的限制，安全科研投入严重不足，严重制约了安全生产科研工作的开展。主要体现在：①安全科技经费不足，难以组织重大安全科技问题攻关，无法跟踪国内外建筑安全科技先进水平，直接影响了建筑安全科研基地的建设和优秀建筑安全科研人才的培养，造成了建筑安全科技资源匮

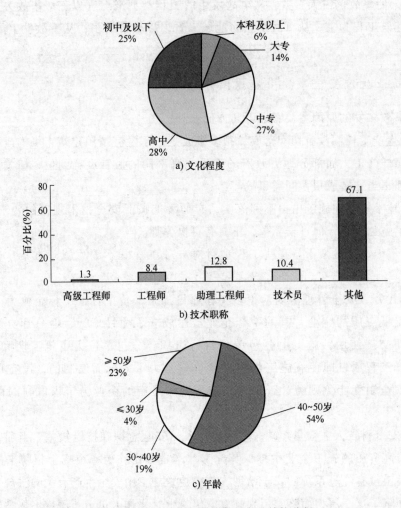

图 7-2　某企业安全技术管理人员结构分析

乏；②企业安全生产经费投入不够，先进安全科研成果难以推广应用。

8）法律法规体系、技术标准规范、条例不健全。

9）针对建筑施工中小企业的安全生产科研工作不够。中小企业为社会和经济发展做出了巨大贡献，但对中小企业的安全科研投入却很少，可供使用的科技成果也很少。因此，中小企业事故多发的局面没有改变。

10）建筑安全生产信息网络建设落后，制约了安全科技发展。信息化、网络化技术发展迅速，已渗透到各个领域。但它们在建筑安全生产管理、安全监察，尤其是在重大危险源监控以及灾害应急救援等方面的应用落后。应该努力发挥现代化技术手段在建筑安全生产管理的作用。

建筑施工现场生产安全事故中常见的高处坠落、施工坍塌、物体打击、机械伤害（含机具伤害和起重伤害）和触电等类型事故的 FTA 分析图如图 7-3～图 7-11 所示。

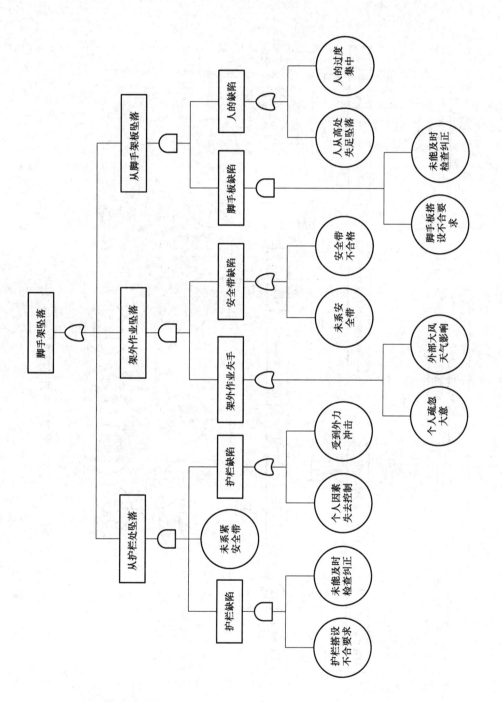

图 7-3 脚手架坠落事故 FTA 分析图

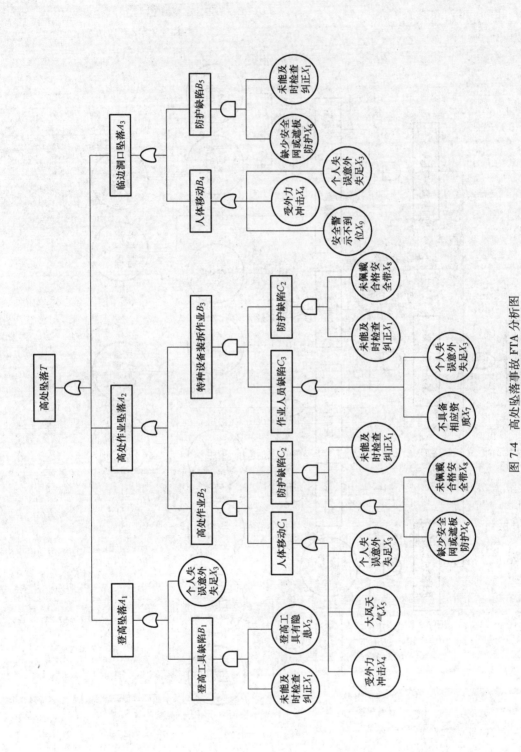

图 7-4 高处坠落事故 FTA 分析图

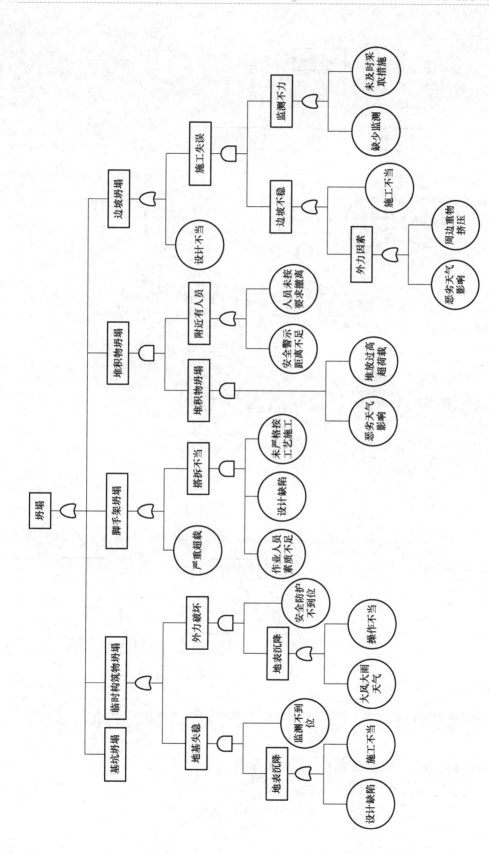

图 7-5　坍塌事故 FTA 分析图

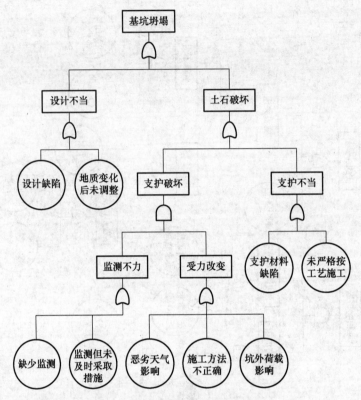

图 7-6 基坑坍塌事故 FTA 分析图

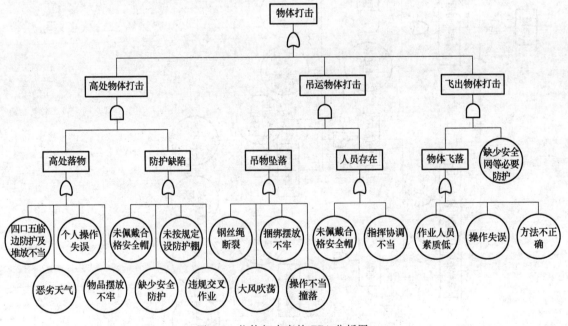

图 7-7 物体打击事故 FTA 分析图

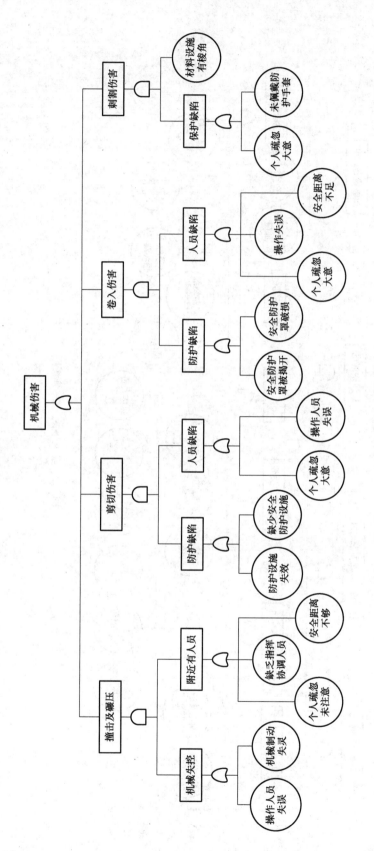

图 7-8　机械伤害事故 FTA 分析图

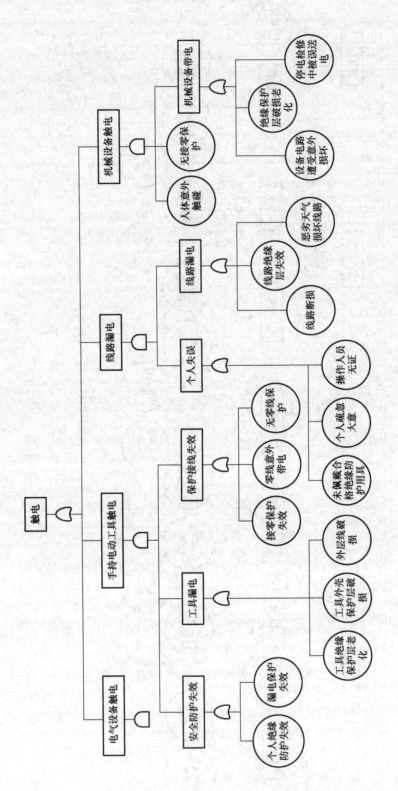

图 7-9　触电事故 FTA 分析图

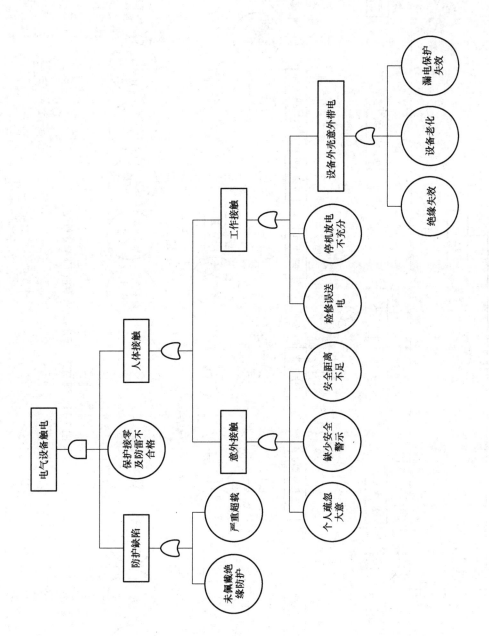

图 7-10　电气设备触电事故 FTA 分析图

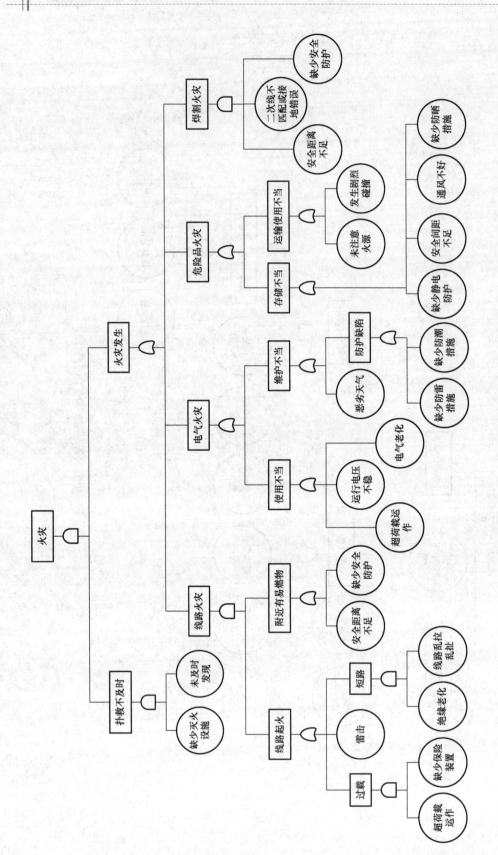

图 7-11 建筑施工现场火灾事故 FTA 分析图

7.2 建筑施工生产安全事故的分类

建筑施工事故可按事故伤亡与损失程度、伤亡事故等级、伤亡事故类别进行分类。

1. 按事故伤亡与损失程度

根据《工程建设重大事故报告和调查程序规定》，按工程建设过程中事故伤亡和损失程度的不同，把重大事故分为四个等级：

1）一级重大事故，死亡 30 人以上或直接经济损失 300 万元以上的。

2）二级重大事故，死亡 10 人以上，29 人以下或直接经济损失 100 万元以上、不满 300 万元的。

3）三级重大事故，死亡 3 人以上、9 人以下，重伤 20 人以上或直接经济损失 30 万元以上，不满 100 万元的。

4）四级重大事故，死亡 2 人以下的，重伤 3 人以上、19 人以下或直接经济损失 10 万元以上、不满 30 万元的。

2. 按伤亡事故等级

根据《企业职工伤亡事故报告和处理规定》，按照事故的严重程度，伤亡事故分为轻伤事故、重伤事故、重大死亡事故、特大死亡事故、急性中毒事故。

1）轻伤和轻伤事故。轻伤是指造成职工肢体伤残，或某些器官功能性或器质性轻度损伤，表现为劳动能力轻度或暂时丧失的伤害。一般是指受伤职工歇工在一个工作日以上，但够不上重伤者。轻伤事故是指一次事故中只发生轻伤的事故。

2）重伤和重伤事故。重伤是指造成职工肢体残缺或视觉、听觉等器官受到严重损伤，一般能引起人体长期存在功能障碍，或劳动能力有重大损失的伤害。重伤事故是指一次事故中发生重伤、无死亡的事故。

3）重大死亡事故：是指一次死亡 1~2 人的事故。

4）特大死亡事故：是指一次死亡 3 人以上（含 3 人）9 人以下的事故。

5）急性中毒事故。急性中毒事故是指生产性毒物一次或短期内通过人的呼吸道、皮肤或消化道大量进入体内，使人体在短时间内发生病变，导致职工立即中断工作，或直接导致死亡。急性中毒事故的特点是发病快，一般不超过一个工作日。

3. 伤亡事故类别

依据 GB 6441《企业职工伤亡事故分类》，按直接致使职工受到伤害的原因，将伤害方式分为 20 类，详见本书 4.3.2 节。

7.3 建筑施工生产安全事故分析

7.3.1 建筑施工生产安全事故原因分类

对建设工程施工事故发生原因进行分析时，应判断出直接原因、间接原因、主要原因等。

（1）直接原因

根据《企业职工伤亡事故分类》，直接导致伤亡事故发生的机械、物质和环境的不安全状态及人的不安全行为是事故的直接原因。

（2）间接原因

事故中属于技术和设计上的缺陷，教育培训不够、未经培训、缺乏或不懂安全操作技术知识，劳动组织不合理，对施工现场缺乏检查或指导错误，没有安全操作规程或不健全，没有或不认真实施事故预防措施，对事故隐患整改不力等。

（3）主要原因

导致事故发生的主要因素是事故的主要原因。

7.3.2　建筑施工生产安全事故原因分析的步骤

1. 整理和阅读调查材料

根据《企业职工伤亡事故分类》附录 A，按以下七项内容进行分析：

1）受伤部位，是指身体受伤的部位。

2）受伤性质，是指人体受伤的类型。

3）起因物，是指导致事故发生的物体、物质。

4）致害物，是指直接引起伤害及中毒的物体或物质。

5）伤害方法，是指致害物与人体发生接触的方式。

6）不安全状态，是指能导致事故发生的物质条件。

7）不安全行为，是指能造成事故的人为错误。

2. 确定事故的直接原因、间接原因、事故责任者

在分析事故原因时，应根据调查所确认的事实，从直接原因入手，逐步深入到间接原因，从而掌握事故的全部原因。通过对直接原因和间接原因的分析，确定事故中的直接责任者和领导责任者，再根据其在事故发生过程中的作用，确定主要责任者。

3. 制定事故预防措施

根据对事故原因的分析，制定防止类似事故再次发生的预防措施，在防范措施中，应把改善劳动生产条件、作业环境和提高安全技术措施水平放在首位，力求从根本上消除危险因素。

在查清伤亡事故原因后，必须对事故进行责任分析，目的在于使事故责任者、单位领导人和广大职工吸取教训，接受教育，改进安全生产工作。

事故责任分析可以通过事故调查所确认的事实，事故发生的直接原因和间接原因，有关人员的职责、分工和在具体事故中所起的作用，追究有关人员应负的责任；按照有关组织管理人员及生产技术因素，追究最初造成不安全状态的责任；按照有关技术规定的性质、明确程度、技术难度，追究属于明显违反技术规定的责任；对属于未知领域的责任不予追究。

根据对事故应负责任的程度不同，事故责任者分为直接责任者、主要责任者、重要责任者和领导责任者。对事故责任者的处理，在以教育为主的同时，还必须根据有关规定，按情节轻重，分别给予经济处罚、行政处分，直至追究刑事责任。对事故责任者的处理意见形成之后，事故责任企业的有关部门必须尽快办理报批手续。

7.4 建筑施工生产安全事故处理依据

进行建设施工事故处理的主要依据有四个方面：

1）事故的实况资料。

2）有关的技术文件、档案。

3）具有法律效力的建设工程合同（包括工程承包合同、设计委托合同、材料设备供应合同、分包合同以及监理合同等）。

4）相关的建设工程法律法规、标准及规范。

其中，前三种是与特定的建设工程密切相关的具有特定性质的依据，第四种是具有很高法律性、权威性、约束性、通用性和普遍性的依据，因此它在工程施工事故的处理事务中，具有极其重要的作用。

7.4.1 事故的实况资料

1. 施工单位的事故调查报告

施工事故发生后，施工单位有责任就所发生的事故进行周密的调查，研究掌握情况，并在此基础上写出调查报告，提交给总监理工程师、建设单位和政府有关管理部门。

在调查报告中应就与施工事故有关的实际情况做详尽说明，其内容包括

1）事故发生的时间、地点。

2）事故状况的描述。

3）事故发展变化情况（其范围是否继续扩大，程度是否已经稳定等）。

4）有关事故的观测记录、事故现场状态的照片或录像。

2. 监理单位现场调查的资料

监理单位现场调查的资料的内容与施工单位调查报告中有关内容相似，可用来与施工单位所提供的情况对照、核实。

7.4.2 与事故相关的技术文件和档案

1. 与设计有关的技术文件

施工图和技术说明等设计文件是建设工程施工的重要依据。在处理事故中，一方面可以对照设计文件核查施工是否完全符合设计的规定和要求；另一方面可以根据所发生的事故情况，核查设计中是否存在问题或缺陷，是否为导致事故的一个原因。

2. 技术文件与资料档案

属于这类技术文件、资料档案有：

1）施工组织设计或专项施工方案、施工计划。

2）施工记录、施工日志等。根据它们可以核查发生事故的工程施工时的情况，如施工时的气温、降雨、风力风向等有关的自然条件，施工人员的情况，施工工艺与操作过程的情况，使用的材料情况，施工场地、工作面、交通等情况，地质及水文地质情况等。借助这些资料可以追溯和探寻事故的可能原因。

3）有关建筑材料、施工机具及设备等的质量证明资料。例如材料批次、出厂日期、出厂合格证或检验报告、施工单位抽检或试验报告等。

4）有关劳动保护用品与安全物资的质量证明资料。例如劳动保护用品、安全防护网、安全工具、材料、设备等的质量证明资料。

5）其他有关资料。

上述各类技术资料对于分析施工事故原因，判断其发展变化趋势，推断事故影响及严重程度，考虑处理措施等都是必不可少的，起着重要的作用。

7.4.3　与事故相关的合同及合同文件

所涉及的合同文件包括工程承包合同，设计委托合同，设备、器材与材料供应合同，设备租赁合同，分包合同，工程监理合同等。有关合同和合同文件在处理施工事故中的作用是，确定在施工过程中有关各方是否按照合同有关条款实施其活动，借以探寻产生事故的可能原因。

7.4.4　与建设工程相关的法律法规和标准规范

1. 建筑市场管理

为了维护建筑市场的正常秩序和良好环境，充分发挥竞争机制，保证建设工程安全和质量，国家和相关部门颁布了一系列法律法规及规章。如《建筑法》《民法典》《招标投标法》《工程建设项目招标范围和规模标准规定》《安全生产法》《建设工程安全生产管理条例》《安全生产许可证条例》《建筑施工企业安全生产许可证管理规定》。

2. 施工现场管理

以《建筑法》和《安全生产法》为基础，建设部1989年发布《工程建设重大事故报告和调查程序规定》，1991年发布《建筑安全生产监督管理规定》和《建设工程施工现场管理规定》，特别是2003年11月国务院颁布的《建设工程安全生产管理条例》，全面系统地对与建设工程有关的安全责任和管理问题做出了明确的规定，可操作性强。它不但对建设工程安全生产管理具有指导作用，而且是全面保证工程施工安全和处理工程施工事故的重要依据。

3. 建筑业资质、安全生产许可证和从业人员资格管理

建设部在2001年发布了《建设工程勘察设计企业资质管理规定》《建筑业企业资质管理规定》和《工程监理企业资质管理规定》等。这类部门规章涉及的主要内容是勘察、设计、施工、监理等单位的等级划分，明确各级企业应具备的条件，确定各级企业所能承担的业务范围，以及其等级评定的申请、审查、批准、升降管理等方面。

《安全生产法》《建设工程安全生产管理条例》《安全生产许可证条例》《建筑施工企业

安全生产许可证管理规定》等法律、法规和规章，明确规定了建筑业企业必须取得安全生产许可证方能从事建筑施工活动。

《建筑法》规定了注册建筑师、注册结构工程师和注册监理工程师等有关人员的资格认证制度。《注册建筑师条例》《注册结构工程师执业资格制度暂行规定》《监理工程师考试和注册试行办法》及有关注册建造师的规定等，对涉及建筑活动的从业者应具有的执业资格、执业范围、权利、义务以及考试、注册办法与注册等级的划分和管理等都做出了明确规定。

《建设工程安全生产管理条例》《建筑施工企业主要负责人、项目负责人和专职安全生产管理人员安全生产考核管理暂行规定》明确了建筑施工企业主要负责人、项目负责人和专职安全生产管理人员必须进行考核任职制，即企业主要负责人、项目负责人和专职安全生产管理人员应具备安全生产知识和安全生产管理能力，经考核合格方能任职。《特种作业人员安全技术培训考核管理办法》对施工单位特种作业人员的安全技术培训、考核，发证管理及持证上岗等做出了明确规定，《建设工程安全生产管理条例》进一步明确了对特种作业人员的管理规定。

4. 标准和规范

《工程建设标准强制性条文》和《实施工程建设强制性标准监督规定》的实施，为《建设工程安全生产管理条例》提供了技术法规支持，是参与建设活动各方执行工程建设强制性标准和政府实施监督的依据，同时也是保证建设工程施工安全的必要条件，是分析处理工程施工事故，判定责任方的重要依据。一切工程建设的勘察、设计、施工、安装、验收都应按现行标准进行，不符合现行强制性标准的勘察报告不得报出，不符合强制条文规定的设计不得审批，不符合强制性标准的材料、半成品、设备不得进场，不符合强制性标准的工程安全和质量，必须整改、处理。

7.5 建筑施工生产安全事故处理程序

各级政府建设行政主管部门调查处理不同等级的建设工程施工重大事故。

重大施工事故由国务院按有关程序和规定处理，按《特别重大事故调查程序暂行规定》（国务院令第 34 号，1989 年发布）、《企业职工伤亡事故报告和处理规定》（国务院令第 75 号，1991 年发布）、《工程建设重大事故报告和调查程序规定》（建设部令第 3 号，1989 年发布）的规定进行报告。

国家建设行政主管部门归口管理全国建设工程重大事故，省、自治区、直辖市建设行政主管部门归口管理本行政辖区内的建设工程重大事故，市、县级建设行政主管部门归口管理一般建设工程事故。

建设工程施工事故调查组由事故发生地的市、县以上建设行政主管部门或国务院有关主管部门等组织成立。特别重大施工事故调查组组成由国务院批准；一、二级重大事故由省、自治区、直辖市建设行政主管部门提出调查组组成意见，报请人民政府批准；三、四级重大施工事故由市、县级行政主管部门提出调查组组成意见，报请相应级别人民政府批准。事故发生单位属国务院部委的，由国务院有关主管部门或其授权部门会同当地建设行政主管部门提出调查组组成意见。

重大施工事故调查组由省、自治区、直辖市建设行政主管部门组织；一般施工事故调查组由市、县级建设行政主管部门组织。

处理事故要坚持"四不放过"的原则，即施工事故原因未查清不放过，职工和事故责任人受不到教育不放过，事故隐患不整改不放过和事故责任人不处理不放过。

建设工程施工事故发生后，一般按以下程序进行调查处理，如图7-12所示。

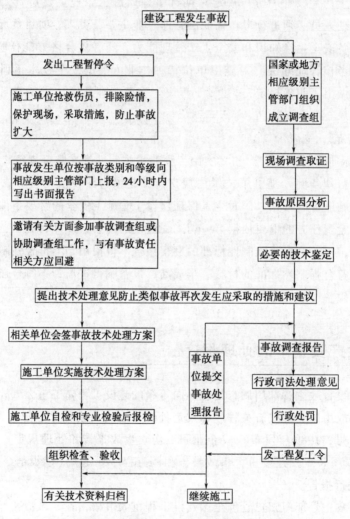

图 7-12　建设工程施工事故处理程序

1) 建设工程施工事故发生后，总监理工程师应签发工程暂停令，并要求施工单位必须立即停止施工。施工单位应立即抢救伤员，排除险情，采取必要的措施，防止事故扩大，并做好标识，保护好现场。同时，要求发生施工事故的施工总承包单位迅速按施工事故类别和等级向相应的政府主管部门上报，并于24小时内写出书面报告。

工程施工事故报告应包括以下主要内容：

① 事故发生的时间、详细地点、工程项目名称及所属企业名称。

② 事故的类别、事故严重程度。

③ 事故的简要经过、伤亡人数和直接经济损失的初步估计。

④ 事故发生原因的初步判断。

⑤ 抢救措施及事故控制情况。

⑥ 报告人情况和联系电话。

2）安全工程师应积极协助事故调查组开展事故调查工作，客观地提供相应证据，若己方无责任，安全工程师可应邀参加调查组，参与事故调查；若己方有责任，则应予以回避，但应配合调查组工作。

3）事故调查组的职责是：

① 查明事故发生的原因、人员伤亡及财产损失情况。

② 查明事故的性质和责任。

③ 提出事故处理及防止类似事故再次发生所应采取措施的建议。

④ 提出时事故责任者的处理建议。

⑤ 检查控制事故的应急措施是否得当和落实。

⑥ 写出事故调查报告。

4）当安全工程师接到施工事故调查组提出的处理意见涉及技术处理时，可组织相关单位研究，并要求相关单位完成技术处理方案。必要时，应征求设计单位意见，技术处理方案必须依据充分，应在施工事故的部位、原因全部弄清的基础上进行，必要时，应组织专家进行论证，以保证技术处理方案可靠、可行，保证施工安全。

5）技术处理方案核签后，安全工程师应要求施工单位制定详细的施工方案，必要时安全工程师应编制工程安全控制实施细则，对关键部位和关键工序进行重点监控。

6）施工单位完成自检后，安全工程师应组织相关各方进行检查验收，必要时可对处理结果进行鉴定。要求事故发生单位整理编写事故处理报告，在审核、签认后将资料归档。

建设工程事故处理报告主要内容包括：

① 职工重伤、死亡事故调查报告书。

② 现场调查资料（记录、图样、照片）。

③ 技术鉴定和试验报告。

④ 物证、人证的调查材料。

⑤ 间接和直接经济损失。

⑥ 医疗部门对伤亡者的诊断结论及影印件。

⑦ 企业或其主管部门对该事故所写的结案报告。

⑧ 处分决定和受处理人员的检查材料。

⑨ 有关部门对事故的结案批复等。

⑩ 事故调查组人员的姓名、职务及签字。

7.6 建筑施工生产安全事故隐患整改处理程序

建设工程施工过程中由于种种主观、客观原因，可能出现施工事故隐患。当发现事故隐患，应按以下程序进行处理，如图7-13所示。

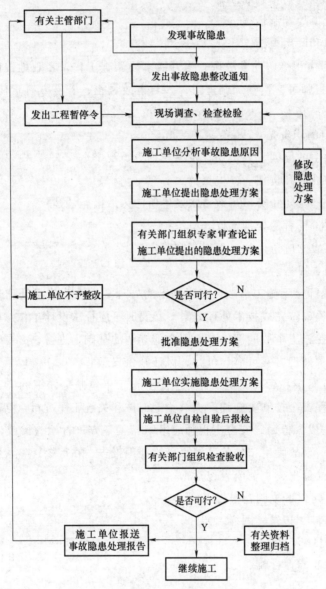

图7-13 建设工程事故隐患处理程序

1）当发现工程施工事故隐患时，应先判断其严重程度，并要求施工单位进行整改，施工单位提出的整改方案，必要时应经设计单位认可。事故隐患处理结果应进行检查、验收。

2）当发现严重事故隐患时，应指令施工单位暂时停止施工，必要时应要求施工单位采取安全防护措施，并报建设单位。同时要求施工单位提出整改方案，必要时应经设计单位认可，整改方案经评审后，施工单位可进行整改处理，处理结果应重新进行检查、验收。

3）施工单位发现事故隐患后，应立即进行事故隐患调查、分析原因，制定纠正和预防措施，制定事故隐患整改处理方案。

事故隐患整改处理方案的内容应包括：

① 存在事故隐患的部位、性质、现状、发展变化、时间、地点等详细情况。

② 现场调查的有关数据和资料。

③ 事故隐患原因分析与判断。

④ 事故隐患处理方案。

⑤ 是否需要采取临时防护措施。

⑥ 确定事故隐患的整改责任人、整改完成时间和整改验收人。

⑦ 涉及的有关人员及其责任。

⑧ 预防该事故隐患重复出现的措施等。

4）分析事故隐患整改处理方案。对事故隐患整改处理方案进行认真深入分析，特别是事故隐患原因分析，找出事故隐患的真正起源点。必要时，可组织设计单位、施工单位、供应单位和建设单位各方共同参加分析。

5）在原因分析的基础上，审核签认事故隐患整改处理方案。

6）施工单位按审定的整改处理方案实施处理并进行跟踪检查。

7）事故隐患整改处理完毕，施工单位应组织人员检查验收，自检合格后报请有关部门组织有关人员对整改处理结果进行严格的检查、验收。

施工单位写出事故隐患处理报告，报告主要内容包括：

① 基本整改处理过程描述。

② 调查和核查情况。

③ 事故隐患原因分析结果。

④ 整改处理依据。

⑤ 审核认可的事故隐患整改处理方案。

⑥ 实施整改处理中的有关原始数据、验收记录、资料。

⑦ 对整改处理结果的检查、验收结论。

⑧ 事故隐患整改处理结论。

7.7 建筑施工生产安全事故案例分析

ETA（Event Tree Analysis）与 FTA（Fault Tree Analysis）是安全工程专业科技人员，在充分熟悉系统，掌握系统内部结构、运行过程及人、物、环境等方面相互作用机理的基础上，利用逻辑思维方法及规律，对系统进行分析，以识别、评价、预测系统的危险性的一种科学方法。安全工程专业的学生通过专业技术基础课程（如安全系统工程学）的学习，应该已经熟练掌握了这种方法，下面应用 ETA 与 FTA，对建筑施工过程（现场）发生较为频繁、后果严重的几类生产安全事故，如高处坠落、施工坍塌、物体打击、机械伤害（含机具伤害和起重伤害）和触电等进行事故分析，如图7-14~图7-53所示。

1. 建筑施工现场火灾事故

建筑施工现场，由于堆放大量的易燃材料，施工过程中使用或安装大量易燃物，因此，一旦明火控制不当，与易燃物接触就会引发火灾。

图7-14a是对引发建筑施工现场火灾的事件树分析图，图7-14b是根据条件绘制的事故树分析图。

由图7-14b可看出，此事件树包含 A_1 和 A_2 两个子事件树。

A_1 表示火灾子事件树，它包含19个基本事件。

A_2 表示楼层（或高架上）上人员未疏散事故树，包含8个基本事件。

（1）对 A_1 的分析

根据结构重要度分析，为了防止施工现场火灾的发生，需要在以下五个方面加以预防控制。

1）消除燃烧三要素 X_{20}（可燃物、助燃物、火源）同时发生。空气中的氧气是最广泛的助燃物，施工现场是不可能进行控制的。那么应重点控制火源和可燃物，特别是要妥善管理易燃物（易燃油）。

2）结构重要度占第二位的是 X_{12}，X_{13}，X_{14}，即监护的作用。监护得当，就不会造成易燃物燃烧，不会产生火警。因此，施工现场固定用火点（如焊接）是重点防范区。主体结构施工中的焊接作业，一定要派人看火，多层房屋施工还要加派看火人员，以防火花落入易燃物，引发火灾。冬季气候较干燥，施工时尤应注意，可安排安全员或看火监护人员巡回检查，及时发现隐患，采取适当措施。

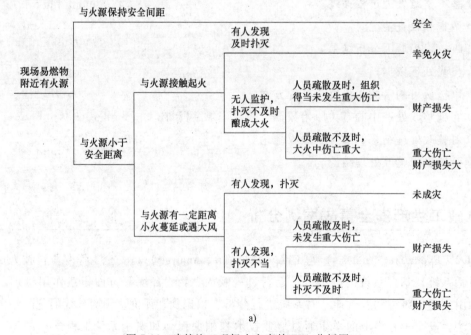

a)

图7-14　建筑施工现场火灾事故 FTA 分析图

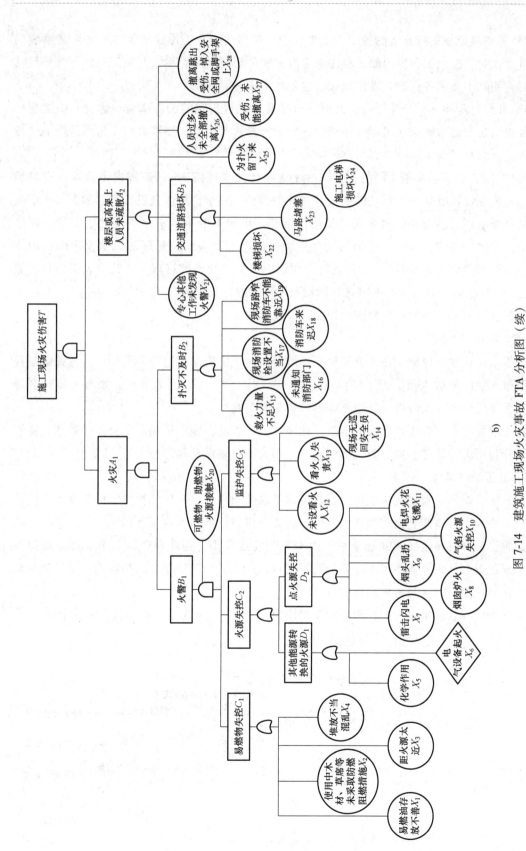

图 7-14　建筑施工现场火灾事故 FTA 分析图（续）

b)

3）要对易燃物进行有效的控制，加强管理。使用前应分类堆放或入库，并注意堆放间距和位置，对工程上正在使用的，要注意采取必要的防燃措施，尽量与使用火源点保持足够的距离，使其不与火源接触，即使起火，也能减少火势。

4）如果已经起火并开始蔓延，及时扑灭是避免造成火灾的关键措施。因此，施工现场必须保持消防道路通畅。现场还要按规定设置消火栓、灭火器，要堆放一定量的砂等消防设备、设施、器材。

5）对施工现场要加强火源的控制。一是焊接作业点周围3m的范围内不应堆放有易燃物；二是现场设置吸烟室，禁止随处吸烟和乱扔烟头；三是预防电气设备引起的火灾，电气起火的主要原因包括短路、过负荷、接触电阻热、电火花和电弧、电热工具表面热、过电压、涡流热等。因此，一定要正确安装和正确使用电气设备；四是预防化学作用引起的火灾，如生石灰遇水（或受潮），氧化钙和水作用生成氢氧化钙的过程中，放出大量的热，温度可达700℃左右，旁边如有木料等易燃物，即可突然起火。

这样从以上五个方面对火源进行控制，可预防火灾的发生。

（2）对A_2的分析：

根据结构重要度分析，在火灾发生蔓延过程中，最主要的是避免人员伤害，其关键是要及时疏散危险区域的人员。为了做到这一点，从X_{22}，X_{23}，X_{24}可以看出，要有人员疏散通道，并保证通道畅通无障碍，其他基本事件也应避免发生。

施工现场的火灾事故是重大的事故，危害性大，因此，施工现场一定要加强管理，特别是易燃物和用火的管理。加强防范措施，一旦起火，可以做到及时扑灭。

2. 高压触电事故

建筑施工期间，大量建筑材料、特别是钢筋混凝土构件、机械、机具、电气设备等要运到工地，装卸、运输作业比较频繁。其中，构件及机械设备的运输要使用汽车式起重机或轮胎式起重机，有时还用履带式起重机，由于施工场地窄小，构件有时需要堆放在高压线下方，造成起重机吊装作业不得不在高压线下进行，这是一项违章作业，当接近或接触高压线就会产生高压放电，极易造成高压触电。

高压触电事故发生过程和机理如图7-15所示，图7-16是高压触电事故FTA分析图。

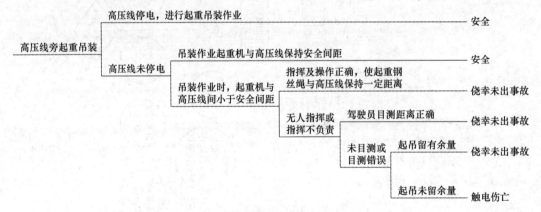

图7-15 高压触电事故发生过程和机理

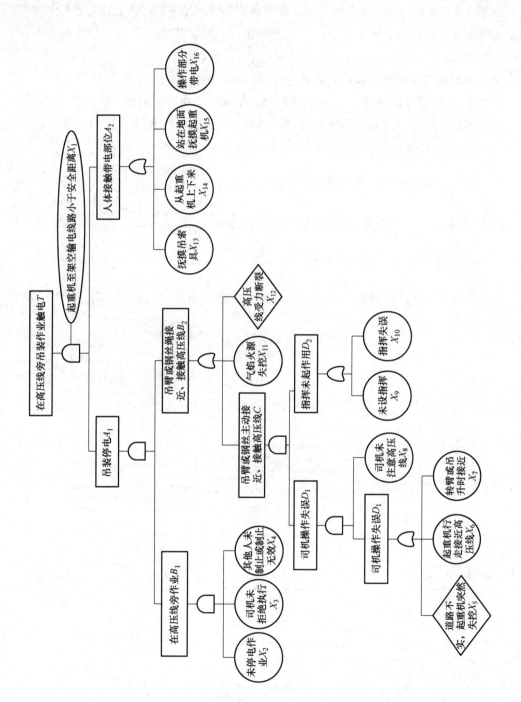

图 7-16 高压触电事故 FTA 分析图

由图可知，要防止这类事故，首先要坚决杜绝违章在高压下进行吊装作业。即使有作业命令，吊装司机和吊装工也有权拒绝执行；其次要防止司机操作失误，在高压线附近作业，司机必须注意起重机系统与高压线间的水平、垂直距离是否大于安全距离；同时进行吊装作业时，必须设置认真负责，了解高压线危害情况的指挥人员，作业中必须密切注视作业情况，不得大意和玩忽职守。

3. 高处作业触碰高压电致人员伤亡事故

建筑施工中，有时遇到高压线从工地上空经过，给高处作业造成困难，甚至造成高压触电致人员伤亡事故。图 7-17 是高处作业触碰高压电致人员伤亡事故 ETA 分析图，图 7-18 是高处作业触碰高压电致人员伤亡事故 FTA 分析图。

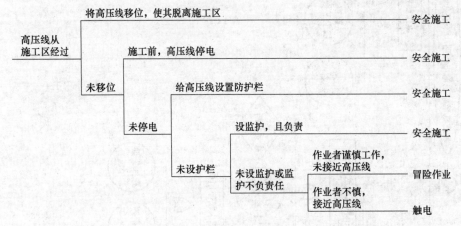

图 7-17　高处作业触碰高压电致人员伤亡事故 ETA 分析图

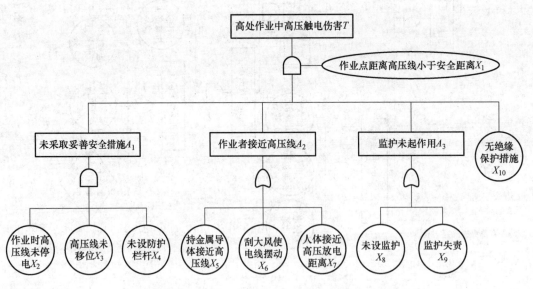

图 7-18　高处作业触碰高压电致人员伤亡事故 FTA 分析图

4. 脚手架作业导致人员伤亡事故

主体结构施工过程中，几乎每个施工人员都要接触脚手架，脚手架直接影响到施工人员的安全，因此有必要对其进行安全性分析。

脚手架作业导致人员伤亡事故 ETA 分析图如图 7-19 所示，脚手架作业导致人员伤亡事故 FTA 分析图如图 7-20 所示。

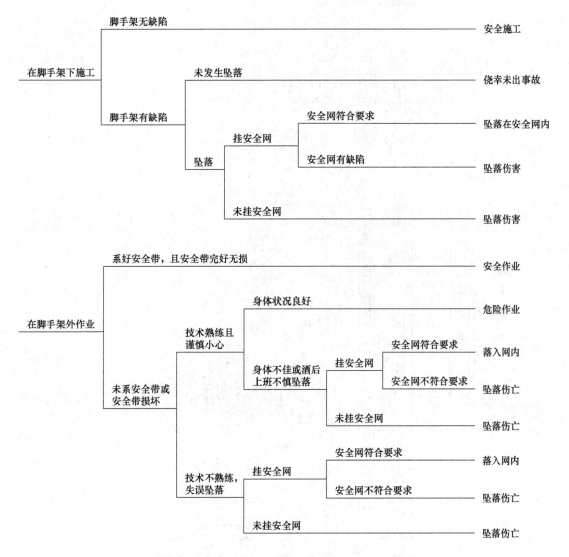

图 7-19　脚手架作业导致人员伤亡事故 ETA 分析图

由于事故树共有 55 个基本事件，规模较大，进行整体全面分析也较困难。为简化分析，将事故树的某些中间事件（B_1，B_2，B_3，B_4，B_5，B_6）作为省略事件先做整体分析，然后再分别对各省略事件进行具体分析。

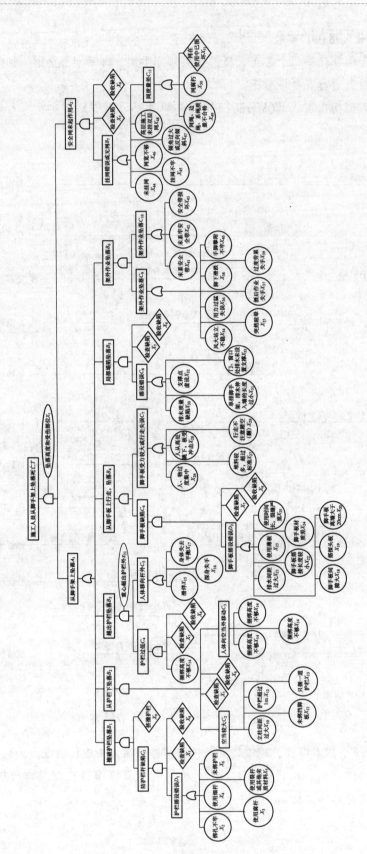

图 7-20 脚手架作业导致人员伤亡事故 FTA 分析图

对于中间事件 B_1 的分析，根据结构重要度顺序分析，可以得到的结论是基本事件 X_1，X_7，X_8 最重要，实际情况也是如此。在脚手架支设完毕，安全网挂好后，安全技术部门组织有关部门和人员对安全网和脚手架进行检查、验收是非常关键的两个环节。确保安全网真正发挥作用，是坠落人员不致落地致死（伤）的最后一道保护。因此必须选择对工作高度负责、踏实认真的同志担当此重任，把握这两个环节就能使 X_{48}，X_{49}，X_{50}，X_{51}，X_{52}，X_{53}，X_{54}，X_{55} 等事件不发生或少发生，即使发生也易纠正。同时，检查验收对整个脚手架的质量也起着关键的作用，这可从 B_1、B_2、B_3、B_4、B_5 等子树（子系统）的具体分析中体现出来。另一个最重要的事件是 X_1，即坠落高度和受伤部位，它关系到坠落后是死是伤，即建筑物越高，越危险，发生死亡事故的可能性越大。因此越是高层建筑物越应格外注意防坠落事故的发生。至于 $B_2 \sim B_6$ 则是要防止各种坠落事故的发生，将在下面具体分析时讨论。$X_{48} \sim X_{50}$ 则要求从挂网方面入手防止坠落者落地，这就要求高处施工必须按规定挂网、按规定挂牢网，挂质量等符合要求的安全网。这个径集的事件较多，但每一环都必须认真做好，这是保证职工不会发生坠落致伤、致残、致死的最后一道防线。

对 B_1 进行定性分析，根据重要度排列顺序，为防止挤撞护栏坠落，最根本措施是保证护栏搭设质量，因此脚手架搭设完工后必须认真检查，严格验收，发现绑扎不牢，使用腐杆、细杆，裂杆或未绑护栏等情况，要坚持返工，保证质量。同时工作中应避免挤撞，以防意外。

对子系统（中间事件）B_2 进行分析，人从护栏处坠落，影响的因素较多，共有 9 个事件，根据重要度的排列顺序，为防止从护栏下坠落，首要的仍要注意检查验收。即要检查立柱间距是否符合要求，护栏捆绑是否过高，是否有偷工减料。工人作业时不宜突然起立、防止头昏晕倒，脚手架上应保持通道畅通、整洁，行动时谨慎小心，以防摔倒或受意外冲击等。

对 B_3 进行分析，这是越出护栏坠落的中间事件，影响的因素有 6 个事件，从重要度的排列顺序，可以得到的结论是除 X_7，X_8 以外，X_{17}（护栏高度不够）和 X_{21}（重心超出护栏外）是最重要的。因此，要特别注意护栏的高度，架子搭设时，要严格按高度捆绑护栏，检查验收时一定要严格把关，这一点可以使大多数人不会出现"重心超出护栏外"的情况。另外，对于脚手架上的施工人员，不宜探身作业，防止滑绊或身体失去平衡。

对 B_4 进行分析，这是从脚手板上行走坠落的中间事件，影响的因素是 14 个事件，根据结构重要度排列顺序的分析，得到的结论：X_7，X_8 在此树中仍占据最重要的位置。这时，检查、验收的内容则是脚手板之间，脚手板离墙的距离是否过大，是否搭有探头板，排木间距是否过大，脚手板搭接长度是否过小，脚手板质量、厚薄程度及是否有裂缝等。其次，施工人员在脚手架上作业应防止人、物过度集中或堆料较多，不要从高处下跳，以防架板受到过大冲击力，行走时也要注意以防踩空或踩翻脚手板。

对 B_5 进行分析，这是局部塌陷坠落的中间事件，影响的因素有 6 个事件，根据结构重要度排序的分析，X_7，X_8 处在显著重要位置。即要从检查、验收方面把好安全关，防止局部塌陷坠落事故发生，对排木质量，排木伸入脚手架长度、支撑点，门窗口排木支撑都要认真检查，发现问题，及时纠正。

对 B_6 进行分析，这是架外作业坠落的中间事件，其重要度排序是首先系好安全带，安全带质量要进行检查并系牢固，其次防止失手。风大时不能作业，高处作业头晕、身体过度疲乏者、饮酒者都不得架上作业，作业时，不能用力过猛，手要攀牢，脚要防止打滑。

从以上各子树分析情况看，防止从脚手架上坠落，最重要的是安全网质量好，挂牢，挂的方法正确，其次是准确无误的检查验收。

5. 吊篮运输作业导致人员伤亡事故

吊篮是施工中常用的简易提升运输工具。由于安全设施不够完备，绝对禁止人员乘坐吊篮。一般发生的事故有以下几种类型：吊篮重物坠落伤害，乘坐吊篮坠落伤害，在吊篮上作业坠落伤害，吊篮挤压伤害和搭拆吊篮设施坠落伤害，下面对这些事故类型进行事件树和事故树分析。

根据其内容，绘制了五个事件树，如图 7-21a～e 所示，使用吊篮伤害事故树如图 7-21f 所示。

根据对事故树各事件结构重要度的分析，可以得出其排列顺序，X_{12}（吊篮或附近有人）最重要。且所有最小割集中都有 X_{13}，这说明对吊篮吊物坠落伤害来说，吊篮下或附近有人是最危险的，因此，要防止此类伤害，必须确保在吊篮提升时，吊篮下或附近不能有人。

未设安全装置（X_{21}）处于第二位，它的发生对出现吊篮坠落有较大影响，必须给予充分注意。只有设置可靠的安全保险装置，才能确保吊篮不发生坠落事故。因此，应尽可能设置吊篮（盘）停车安全装置和吊篮钢丝绳断后安全装置。

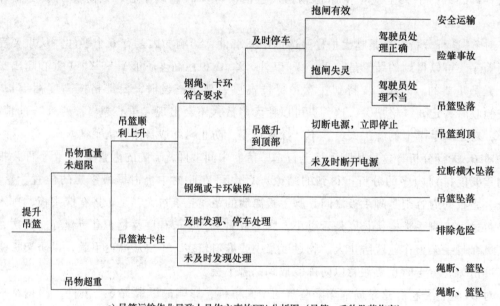

a) 吊篮运输作业导致人员伤亡事故ETA分析图（吊篮、重物坠落伤害）

图 7-21　吊篮运输作业导致人员伤亡事故事故 ETA/FTA 分析图

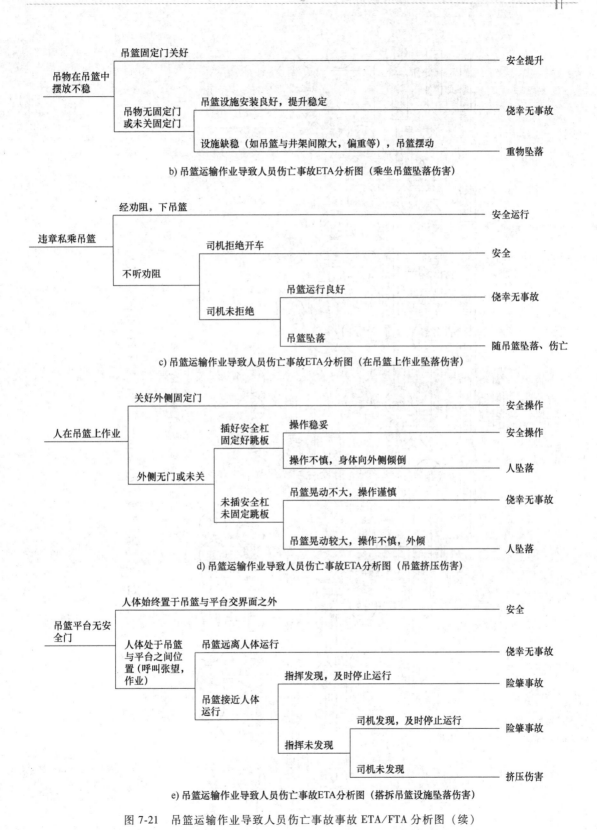

b) 吊篮运输作业导致人员伤亡事故ETA分析图（乘坐吊篮坠落伤害）

c) 吊篮运输作业导致人员伤亡事故ETA分析图（在吊篮上作业坠落伤害）

d) 吊篮运输作业导致人员伤亡事故ETA分析图（吊篮挤压伤害）

e) 吊篮运输作业导致人员伤亡事故ETA分析图（搭拆吊篮设施坠落伤害）

图 7-21　吊篮运输作业导致人员伤亡事故事故 ETA/FTA 分析图（续）

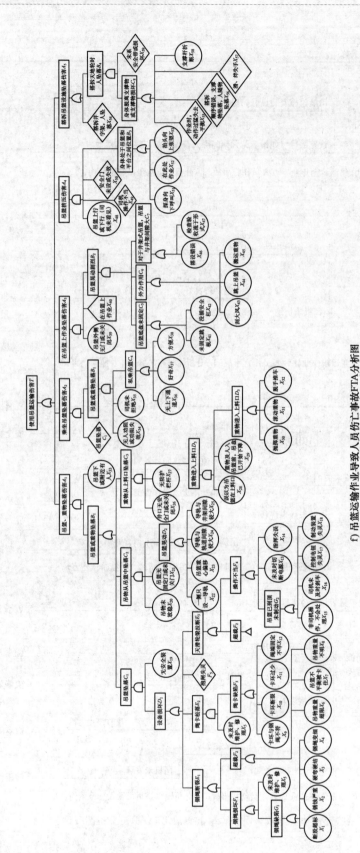

f）吊篮运输作业导致人员伤亡事故FTA分析图

图7-21 吊篮运输作业导致人员伤亡事故ETA／FTA分析图（续）

重要度处于第三位的是 X_5（未及时维护、修理），这对防止发生钢绳缺陷和绳卡缺陷是至关重要的。因此，在起重机安装完毕和使用过程中定期全面检查钢绳和绳卡是否完好无损。

第四位是 X_{20}（吊物在吊篮中未摆放稳）和 X_{21}（吊篮无安全门或未关门）。由吊物从吊篮中坠落来看，尽管其他事件较多，但只要控制这两个事件中的一个，就可不发生这类事故。因此，用吊篮运输，必须有安全门，而且要关好门，物体摆放要稳妥，以免因晃动而发生坠落。

第五位是 X_6（吊物重量超限）、X_7（吊篮不平衡被卡住），X_8（吊物重量不明）、F_5（抱闸失灵）。前述 4 项事件是造成吊篮超载和失控的原因。超载在此树中发现两处，是钢绳断裂和天滑轮梁拉断的原因。为了防止吊篮坠落，应装设负荷限制器，一旦超载，吊篮则不能运行、避免拉断钢绳或拉断横木。

第六位是 X_{13}（未及时切断电源）和 X_{14}（指挥失误）。这是防止吊篮提升超限发生坠落的最后手段，因此要求卷扬机司机熟悉和掌握处理异常状态的能力。另外，指挥人员应认真负责。

第七位事件较多。它们要求起重机安装工、维修工认真安装和维护各重要部位。如钢、卡环、吊篮与井架的间隙、导轮与轨道间隙、吊篮重心、导轨数等。

其他事件，因割集中基本事件数量较多，由它们构成事故的机会并不多。

对 A_2 进行分析，这是乘吊篮坠落的子事件树，它包含了 6 个基本事件，根据结构重要度的分析，关于吊篮坠落，前面已分析，因此，这里 X_{35}（司机未杜绝）和 X_{34}（无人劝阻或劝阻无效）是最重要的。一定要求司机绝不允许任何人私乘吊篮，这样就可避免乘吊篮坠落。另外，应使全体职工都明确，乘吊篮有极大危险性，必须形成人人遵章守纪，坚决制止私乘吊篮。

对 A_3 进行分析，这是在吊篮上作业坠落的中间事件，共有 9 个基本事件，根据重要度排序其结论如下述。

对前 4 个事件来说，在吊篮上作业（X_{40}）是正常事件，无须克服，其他三个事件都在单事件最小径集。即关好吊篮外侧门或吊篮搭设无误或检查验收认真负责均可有效防止在吊篮上作业坠落，处于第二位的 X_{41}（未固定跳板）和 X_{42}（没插安全杠），这些是使吊篮稳定的保证，必须予以注意。

对 A_4 进行分析，这是吊篮挤压伤害的中间事件，从这株子树可以直接看到。防止吊篮挤压伤害的根本措施是开卷扬机的司机所处的位置必须能通观整个吊篮系统，操作时全神贯注。发现紧急情况能及时停车（使 X_{48} 不发生），指挥必须站在有利于观察的位置，并和司机保持密切联系。同时，吊篮应设安全门，防止升降时手推车或材料物体散落或与井架碰撞。井架、高车架等的吊篮（盘）两侧必须设 1.2m 高的网式护栏，地面进料口设自动升降式钢筋网门。每楼层进口处平台还需设安全门，以防任何人越入，防止 X_{49} 发生。吊篮不在本层不能打开安全门，使 X_{50} 不发生。

对 A_5 进行分析，这是搭拆吊篮坠落的子树。搭拆井架或高车架吊篮系统坠落形式之一是搭拆井字架时坠落（X_{54}），这种坠落形式与搭拆脚手架坠落相似。

另一种坠落形式是搭拆天地滑轮系统时坠落，防止这种事故的重要措施是系好安全带。作业时绝不能持侥幸心理，麻痹大意。使用机械吊运时应设天地轮，天地轮必须加固，还应遵守机械吊装安全操作规程。架子拆除过程中应注意架子缺扣、崩扣，杆件裂口及搭设不合理的地方，避免踩在滑动的杆件上和有缺陷的支撑杆件上。同时注意架子的稳定性，如有危险，应及时采取相应的安全措施。

6. 使用可移式电动工具导致事故

基础阶段的混凝土振捣、钢筋的焊接、土方的回填夯实，需要使用振捣器、电焊机、打夯机等可移式电动（器）工具。这类作业由于移动性大、工地情况复杂，常有遇水，遇雨，工人被硬物和棱角锋利物体轧伤、刺伤、受挤压等情况发生，许多工人反映，由于遇水受潮，即使戴着绝缘手套、穿绝缘鞋，也会出现轻微触电的手麻感。而且，从死亡重伤事故的统计看出，这类事故的主要危险是触电伤亡。

使用可移式电动（器）工具导致事故 ETA 分析如图 7-22 所示，其 FTA 分析如图 7-23 所示。

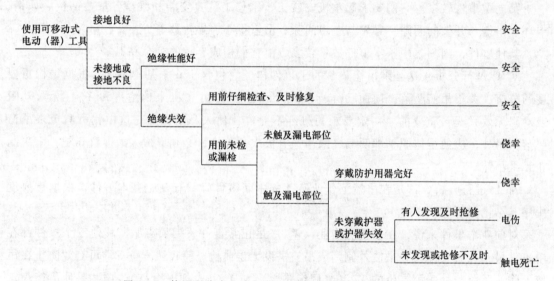

图 7-22　使用可移式电动（器）工具导致事故的 ETA 分析图

使用可移式电动工具触电事故树由 3 个子事故树组成，即 A_1，A_2 及 A_3 三株事故树。它们共包含有 25 个基本事件。从图上可以分析得出，要想杜绝触电事故的发生，可以有 7 种途径。

其中 X_{20}，X_{21}，X_{22}，X_{26} 是单个独立的事件，根据结构重要度排列顺序，可以认为它们是最重要的。因此，使用前应对电动工具的电源设施、工（器）具及防护设施认真检查，发现问题应及时修理，即可避免漏电现象。另外三个基本事件都强调了人身的个体防护，因此应尽量使用绝缘垫及保证穿戴防护手套和绝缘鞋，并应经常检查它们的绝缘性能是否良好，做到这些，即可确保在漏电情况下万无一失。另一种防触电措施是保护接地（或接零），对于施工现场情况复杂且经常移动的电动（器）工具，一定要有可靠的接零（或接地）系统，并且要经常检查，发现问题及时解决。

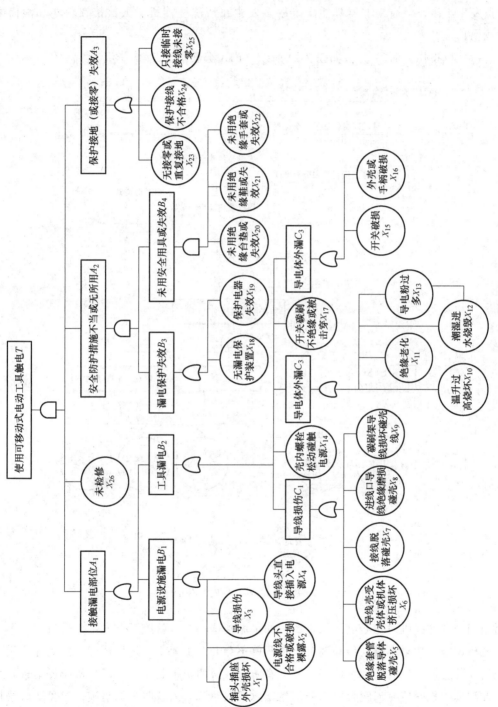

图 7-23 使用可移动式电动工具导致事故发生的 FTA 分析图

7. 冲洗搅拌机挤伤人事故

混凝土浇筑作业除使用振捣器发生的触电伤害较为常见外，混凝土搅拌机挤伤（亡）人事故虽发生不多，但后果非常严重，事故多发生在清洗搅拌机时人被挤在料斗和滚筒之间，造成伤亡。

冲洗搅拌机挤伤人 ETA 分析如图 7-24 所示，FTA 分析如图 7-25 所示。

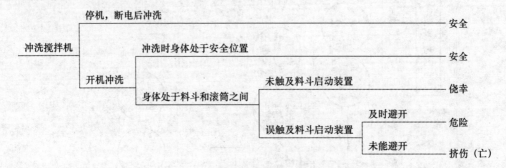

图 7-24　冲洗搅拌机挤伤人 ETA 分析图

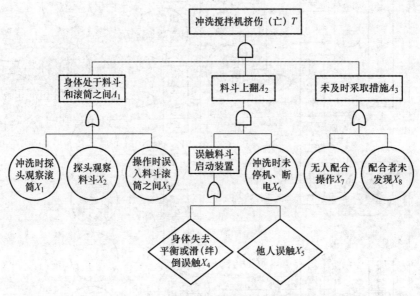

图 7-25　冲洗搅拌机挤伤人 FTA 分析图

由图知冲洗搅拌机时切断电源最重要，如果做到这一点，就绝不会发生挤伤事故。第二个最小径集说明，如果不触动启动装置，料斗就不会升，也就不会发生擦伤。因此建议设计时应把启动装置放在远离搅拌滚筒处，并配有防误触及的防护装置。第四个最小径集进一步指出，冲洗搅拌机时应有人配合，以便发生紧急情况时，有人及时采取措施，避免造成恶性事故，对操作工，则应加强教育，避免发生 X_1，X_2，X_3 所表示的冒险行为。

8. 电气装修作业触电伤害事故

施工现场除使用电动（器）工具以外，还有许多用电设备和照明设施。因此，时常有电动（器）工具、设备、设施的安装和维修工作。由于施工现场多为露天作业，气候条件差，施工人员流动性大，常有不懂电气知识的各类人员动用电气设施装修，这导致建筑施工发生的触电伤害或死亡较多。现就电工或非电工在电气安装和维修中的触电事故进行分析，电气装修作业触电伤害 ETA 分析图如图 7-26 所示，FTA 分析图如图 7-27 所示。

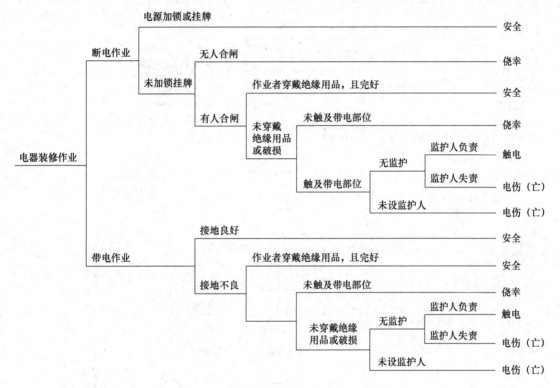

图 7-26　电气装修作业触电伤害 ETA 分析图

可以看出，保护接地是否合格对电气装修作业的安全是至关重要的。因此，电气装修作业前，首先务必要检查接地系统是否符合要求；其次是穿戴防护用品，无论是带电还是不带电作业都有触电可能，但只要自身绝缘良好，就不会造成伤害，应当教育全体职工，凡是接触或使用电气设备，自身务必绝缘，作业前，检查绝缘用品是否性能良好；第三位重要的是断电装修前，必须充分放电；第四，必须指定认真负责的监护人员，以拦阻违章作业人员。

9. 各类洞口作业致人员伤亡事故

在施工中，常见的洞口有电梯口、楼梯口、大于 20cm×20cm 的设备或管道预留口，以及阳台口采光井口等（通常简称"四口"），这些部位很容易造成施工人员坠落伤亡。特别是一些大型公共建筑中，洞口较多，室内光线较暗，施工人员稍不留意就会发生伤害事故，因此施工中对各类洞口的防护是重要的内容。下面对其可能发生的伤害事故进行分析。

建筑施工中，在各类洞口作业致人员伤亡事故 ETA 分析图如图 7-28 所示，FTA 分析图如图 7-29 所示。

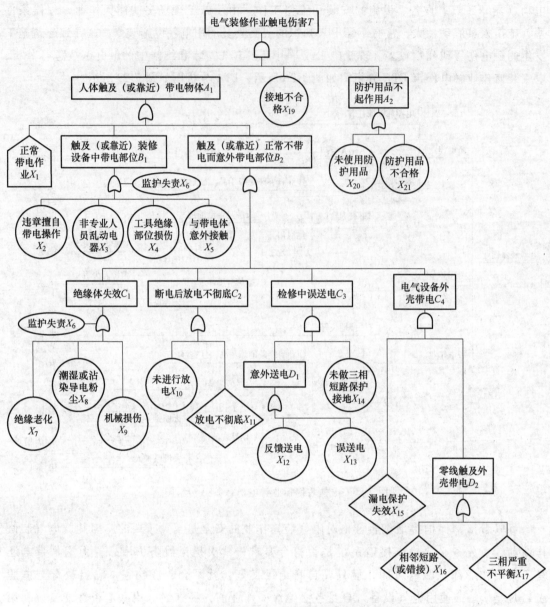

图 7-27　电气装修作业触电伤害 FTA 分析图

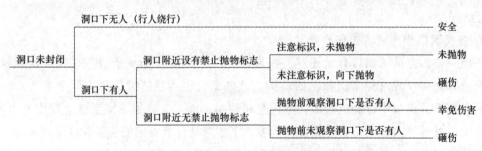

图 7-28　各类洞口作业致人员伤亡事故 ETA 分析图

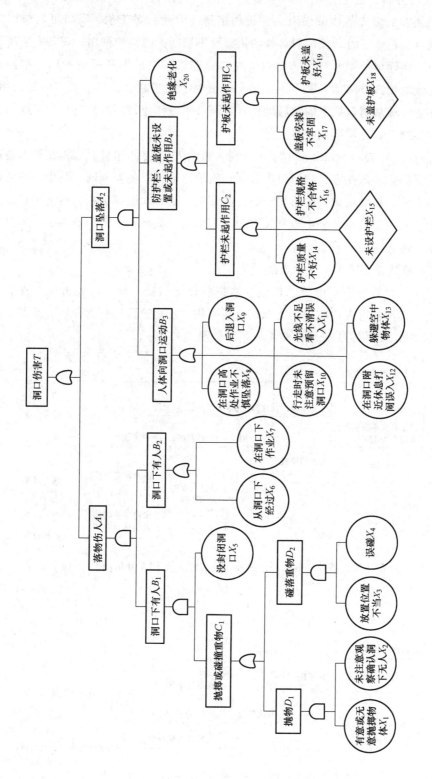

图 7-29 各类洞口作业致人员伤亡事故 FTA 分析图

对子树 A_1 进行分析，这是有6个基本事件的中间事件。根据对子事故树的重要度分析，可知封闭洞口是预防从洞口落物砸伤人最关键的措施。因此，对于预留洞口可制作固定盖板，或在钢筋混凝土板施工时，预留洞口处的钢筋暂不切断，做防护网用，设备安装时再割除；对于电梯口、楼梯口、阳台口、通廊、采光口等洞口，应做围栏或防护门、架网。其次，洞口下应尽量避免人员活动，采用围栏是有效措施。如需路经洞口下方，应尽快通过，以免立体交叉作业时被从洞口掉下的物料砸伤。在洞口附近作业，不能从洞口向下抛物，也不能在洞口附近堆物，以免碰落或振落。

对 A_2 进行分析，A_2 表示洞口坠落的子事故树，包含13个基本事件，根据结构重要度排列顺序的结果，要防止坠落伤害，预留口下方必须支设符合要求的安全网。其次，预留口周围的护栏和洞口上的盖板是最重要的防护设施，必须按严格要求围好护栏，盖上护板，并认真检查设置情况。第一个最小径集中事件较多，不发生的可能性小，但作业人员、班组长仍要注意监督检查，防止事故的发生。

10. 高处支拆模板作业致人员伤亡事故

主体结构施工工程需要浇筑混凝土框架。浇筑前要支模板，浇筑后要拆模，支拆过程中，主要伤害为支拆模板时人体坠落伤害和被模板砸伤。现对这两种伤害分析并绘制了两个ETA分析图如图7-30和图7-31所示，FTA分析图如图7-32所示。

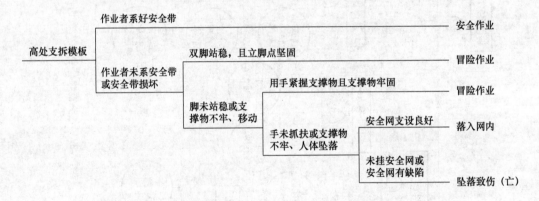

图 7-30　高处支拆模板作业致人员伤亡事故 ETA 分析图

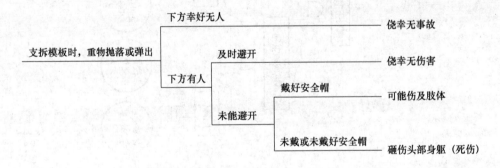

图 7-31　高处支拆模板作业时抛（弹）重物致人员伤亡事故的 ETA 分析图

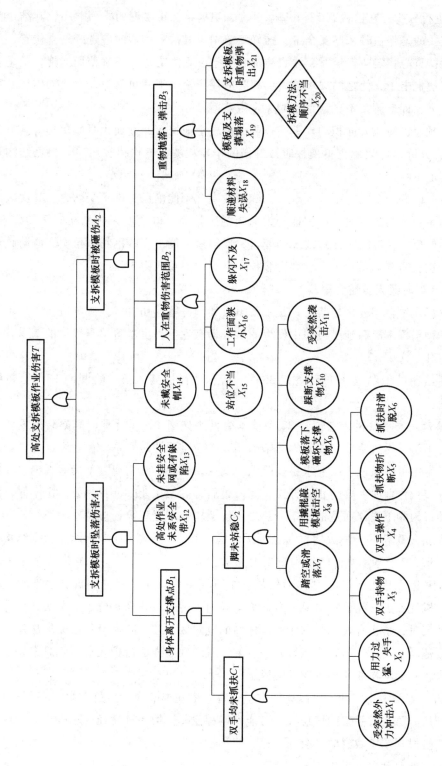

图 7-32 高处支拆模板作业致人员伤亡事故 FTA 分析图

为了便于分析，将事故树分成 A_1 和 A_2 两个事故子树分析。

先对 A_1 进行分析，它包含有 13 个基本事件，根据结构重要度的排列顺序，其结论为防坠落伤害最重要的是作业时系好安全带，挂好安全网。其次是作业时应选好站立位置，站立姿势正确，保持重心稳定；行走时，注意防滑、踩空、踩断支撑；正确使用撬棍，防止击空和由于惯性被撬棍击中，使之站立不稳，拆板时应注意模板下落可能对支撑物的破坏。再者是手应抓扶牢靠，即使脚站不稳，也可避免发生坠落。

注意拆模顺序，避免大面积的模板支撑剥离混凝土而塌落，造成人身坠落伤害。

对 A_2 进行分析，A_2 表示支拆模板时被砸伤的子事故树，这株树较简单，根据结构重要度排序，得到如下结论。

支拆模板，戴好安全帽是头等大事，正确佩戴安全帽能确保头部不受伤害。其次人的站立位置应避开重物下落的方向，应创造较为适当的工作面，以便使人能站在安全的位置上。同时，在支拆模板时，应随时注意情况的变化，以躲避可能出现的落物。再次，应防止重物弹出、坠落，这就需要加强职工安全教育和技术培训，避免人为失误。

11. 拆脚手架时致人员伤亡事故

这种事故都发生在工程扫尾阶段，其主要事故类型是坠落伤害、抛掷物砸伤、脚手架倒塌伤害。这三种伤害事故和施工过程中发生的事故均有发生。可以看出事故树的基本事件是三个子事故树 A_1，A_2，A_3。

根据条件绘制的 ETA 分析图如图 7-33a~c 所示，根据具体条件绘制的 FTA 分析图如图 7-34 所示。

A_1 表示坠落伤害事故树，它包含 22 个基本事件，如图 7-33a 所示，根据结构重要度的排列顺序，为了防止拆脚手架可能发生的坠落伤害，最重要的是要系好保险绳，并且要保证其完好无损，绝不可不系或不按要求系保险绳。其次，喝酒、有病或过度疲劳者绝对不能从事拆架作业，多人作业时，要防止被杆件碰撞。最后，拆架作业时，身体要固定牢靠，防止因支撑物移动或因脚下滑绊而造成坠落。总之，拆架作业十分危险，应特别小心。

A_2 表示抛掷物砸伤的子事故树，它包含 9 个基本事件，如图 7-33b 所示。根据结构重要度顺序分析结果，9 个基本事件的结构重要度系数是相等的，并且 A_2 还分为 3 个子事故树（即 3 个中间事件）。因此，防止抛掷砸伤从三个方面着手预防。首先，拆脚手架时，应杜绝抛掷杆件、机件和工具等重物，要用绳捆绑牢固向下传送，并谨防脱手。其次，为了预防万一，拆脚手架时，禁止有人在下方作业。标明的危险区，防止有人穿行或突然从建筑物内出来进入危险范围。最后，拆脚手架时，一定要设置责任心强的监护人员，随时查看危险区周围情况，防止一切非作业人员进入危险区。

A_3 表示脚手架倒塌伤害的子事故树，它包含有 6 个基本事件，如图 7-33c 所示。根据对结构重要度分析，防止脚手架倒塌伤人，可能有四种途径。第一种途径要求脚手架上或架下无人，在施工阶段是难于做到的。第二、三、四种途径中，拆脚手架的指挥人员的工作很重要，指挥者一定要明确提出拆脚手架（特别是重要、结构复杂的脚手架）的程序，防止拆脚手架的过程中发生操作失误。此外，绝不可过早拆除连接建筑物的系杆系统，这是保持脚

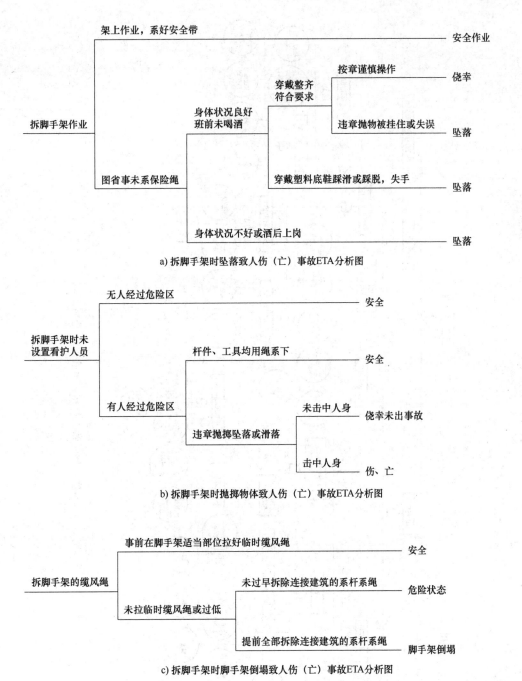

a) 拆脚手架时坠落致人伤（亡）事故ETA分析图

b) 拆脚手架时抛掷物体致人伤（亡）事故ETA分析图

c) 拆脚手架时脚手架倒塌致人伤（亡）事故ETA分析图

图 7-33　拆脚手架时致人员伤亡事故 ETA 分析图

手架稳定的重要安全措施。再次是防止拆除缆风绳的失误。在脚手架下部尚未拉好临时缆风绳的情况下，不能过早拆除上部的缆风绳，拉临时缆风绳的位置不能太低，以防止上部晃动、倒塌，更不能不拉临时缆风绳，只有这样，才不会发生脚手架倒塌事故。

　　总之，拆除脚手架时事故较多，这里仅提出坠落、砸伤和倒塌三种主要伤害加以分析，其他事故不再赘述。

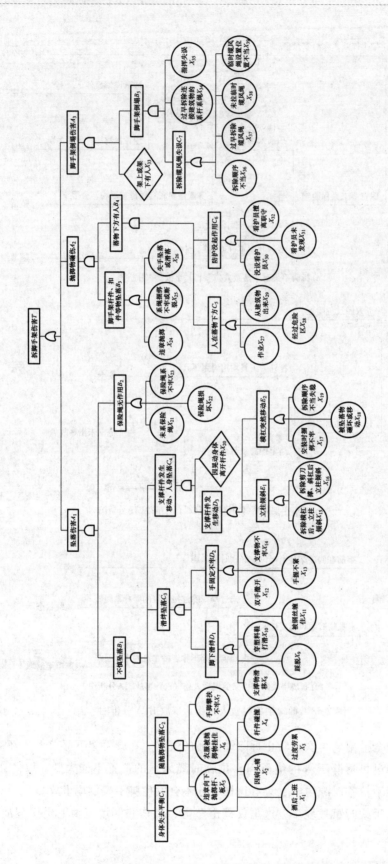

图 7-34 拆脚手架时致人员伤亡事故 FTA 分析图

12. 外用升降机作业致人员伤亡事故

外用升降机是一种能载人又能运货的提升装置，这类系统发生的事故主要是由于人们不注意及安全设施不完善造成落入井筒坠落事故，乘升降机时发生的随机坠落事故和人员被升降机挤切伤害。现对这一系统进行安全分析如下：

根据条件绘制出 ETA 分析图如图 7-35 所示，绘制出 FTA 分析图如图 7-36 所示。

从事件树和事故树分析情况看，有无安全门对人误入落井至关重要。因此，外用升降机井口要装安全门，升降机未到位，安全门应保持关闭状态。另外，井口安全门附近应安装照明，设标志以防误入井筒。防挤切伤害，主要应防止升降机坠落时从机内向外跳。因此，升降机要有护门，且关闭后方能运行。防随机坠落，主要应保证升降机安全装置灵敏可靠，即断绳保护装置、楔形刹车装置有效，为减轻坠落伤害，井下应装缓冲装置。其他事件，如钢绳的紧固程度、磨损锈蚀等情况在 FTA 中处于第三位重要地位，也应密切注意，经常保养、检修，以防损坏。最好对整个系统确定安全运行检查表，以备专业性安全检查用或日常维修时备查，操作时应准备备忘录。

13. 塔式起重机作业时倾翻致人员伤亡事故

图 7-37 是根据一起典型的塔式起重机作业时倾翻致人员伤亡事故绘制的 FTA 分析图。根据事故树结构重要度分析，可从图上看出：X_{17}（未及时检查、纠正）最重要，X_1（无人指挥或违章指挥）次之，X_8（重量限制器失灵）第三，X_{21}（六级以上大风或其他外力）、X_{22}（无人发现、未及时纠正）第四，而 X_2，$X_9 \sim X_{16}$，X_{23}，X_{24} 居第五位……因此，要防止塔式起重机倾翻，必须从安装后加强检查，防止发生安装失误或缺陷；安排熟悉安全规程的专门人员担任塔式起重机指挥，防止或杜绝违章指挥，违章操作；为防止超载事故发生，重量限制器应保持灵敏可靠；停机后认真检查是否有失误，如起重机臂杆、吊钩、平衡箱是否放在非工作状态位置，夹轨器是否锁紧、是否断开电源，控制器是否拨到零位。开启高处指示灯等，以防受大风或其他外力影响而倾翻。设计制造缺陷是不容忽视的，起重机到货时，要认真试验，以便发现问题及时处理或退货。

14. 龙门架作业时致人员伤亡事故

使用龙门架作业伤害的主要类型：从龙门架吊盘上掉物砸伤、龙门架倾倒坠落伤害。现用 FTA 对其分析。从事故图中可以看出它包含 3 个子树（中间事件）A_1，A_2，A_3。

A_1 表示从龙门架吊盘上坠落子树，它包括 6 个基本事件，根据结构重要度分析，可以得出要使在吊盘上作业不发生坠落，就要插好安全杠或其他安全保护装置。其次是龙门架安装质量要保证，偏差要小，要不使吊盘导轮脱槽。

A_2 表示从吊盘上掉物砸伤的子事故树，它包含的基本事件是 4 个，可直接看出吊物不稳定和吊盘晃动是物体坠落的原因。因此，吊物时，必须放置稳定，无法放稳的最好捆绑结实，吊盘晃动有多种因素，不再详细分析。

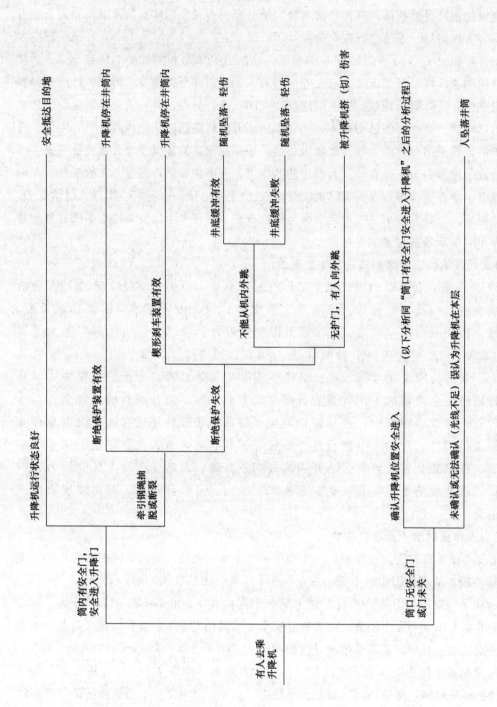

图 7-35 外用升降机作业致人员伤亡事故 ETA 分析图

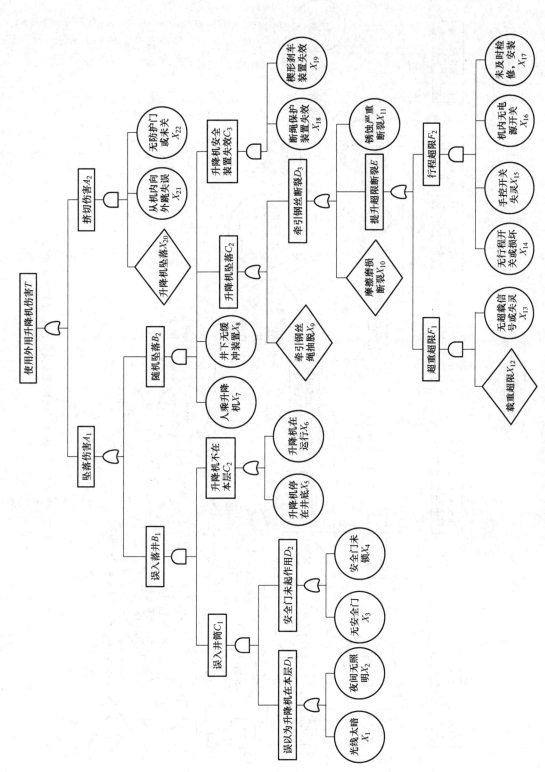

图 7-36 外用升降机作业致人员伤亡事故 FTA 分析图

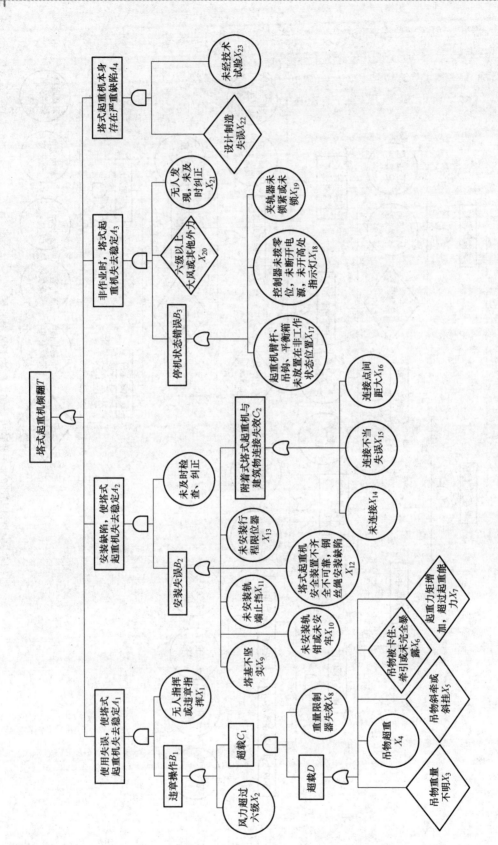

图 7-37 塔式起重机作业时倾翻致人员伤亡事故 FTA 分析图

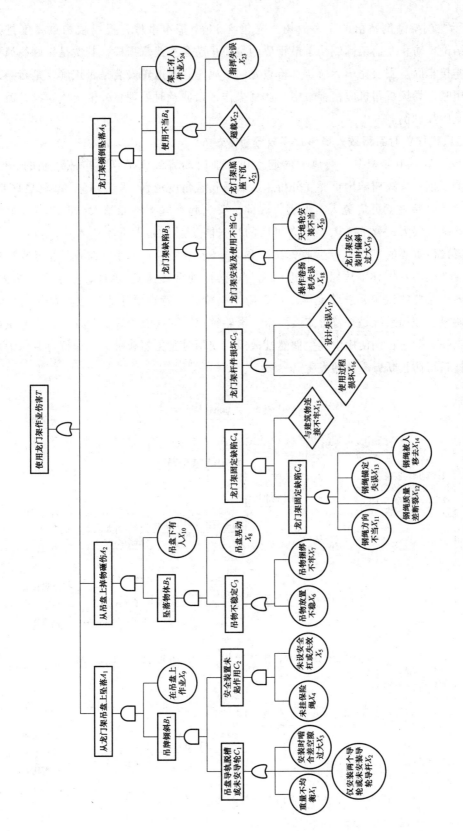

图 7-38 龙门架作业时致人员伤亡事故 FTA 分析图

A_3 表示龙门架倾倒坠落的子事故树，它包含 14 个基本事件，根据结构重要度排列顺序，得出结论：防止龙门架倾倒伤害最重要的是防止超载和违章指挥，其次是拉好缆风绳并与建筑物连接牢固。安装完毕后应认真检查龙门架底座，天地轮安装是否正确、是否与地面垂直。使用时，卷扬机司机应精神集中，认真操作，以便及时处理意外情况。这样，就可有效地防止龙门架倾倒。

15. 起重机作业时断臂致人员伤亡事故分析

图 7-39、图 7-40 是根据一起典型的起重机作业时断臂致人员伤亡事故绘制的 ETA 与 FTA 分析图。根据事故树结构重要度分析，从人员伤害角度观察，X_{19}，X_{20}，X_{21} 是最重要的，即发现危险及时躲避就可避免人员伤害，因此，要求起重臂下不能站人。但对于大型起重机，其活动范围很大，臂下无人是不太可能的，只能从避免起重机断臂入手，防止事故发生，即从第二位重要的事件 X_5（验收失误）和 X_{19}（检查失误）入手，防止发生起重机制造缺陷和安装缺陷的发生（事故树的分析也说明这两件的重要性）。因此，一定要严格验收，认真做好各项必要的试验，安装完毕以后，应严格检查，特别要注意，检查钢绳的穿绕方法，钢绳质量，变幅系统是否符合安装要求，滑轮轴销、连接螺栓等。此外，加强起重机的维护保养工作，防止长期使用中发生偶然性故障，使用时避免超载吊运，保持过载保护系统完好，这样就可防止断臂事故的发生。

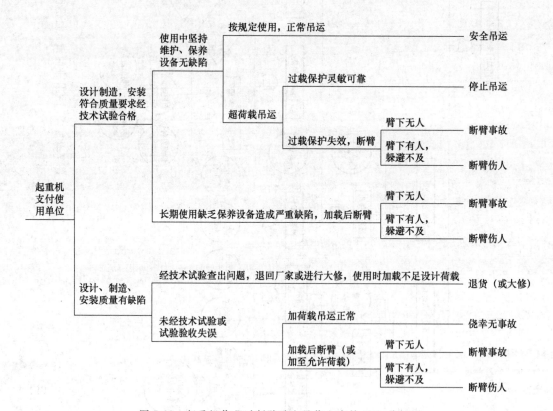

图 7-39　起重机作业时断臂致人员伤亡事故 ETA 分析图

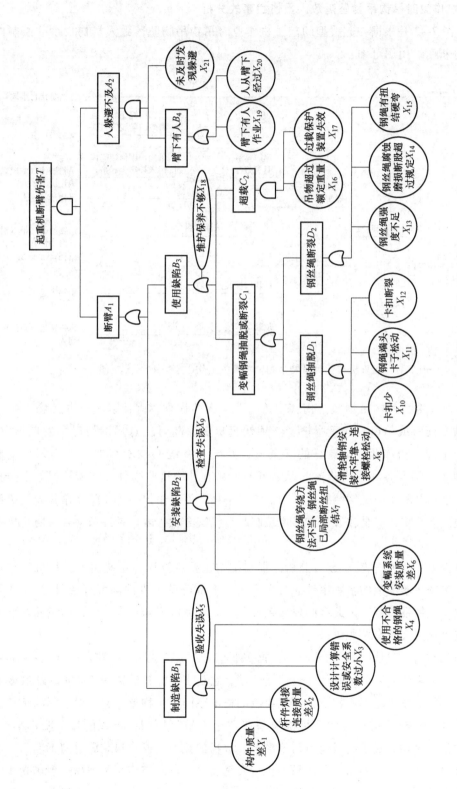

图 7-40 起重机作业时断臂致人员伤亡事故 FTA 分析图

16. 起重机作业时吊钩吊物坠落致人员伤亡事故分析

图 7-41、图 7-42 是根据一起典型的起重机作业时吊钩吊物坠落致人员伤亡事故绘制的 ETA 与 FTA 分析图。由图可知：

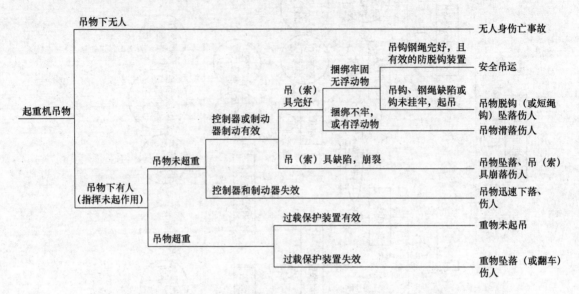

图 7-41　起重机作业时吊钩吊物坠落致人员伤亡事故 ETA 分析图

X_{13} 和 X_{14} 在起重机吊钩吊物坠落伤害中占有非常大的比重，因此起重臂和吊物下绝对不能有无关人员通过或停留。起重指挥者必须认真负责，随时注意周围情况，发现异常，立即采取有效措施。指挥者应是熟练的起重工，并受过系统的技术培训。除 X_{13} 和 X_{14} 事件以外，其他事件都是各种吊物坠落的原因事件，只有杜绝这些事件，才能从根本上防止坠落。为此，吊钩要配备防脱钩装置，吊物捆绑要牢靠，不得歪拉斜吊，防止吊豁。司机和有关人员必须接受系统的安全教育，有必要编制起重机安全检查表定期逐条检查，防止机械故障。

对中间事件 C_1（子事故树）进行分析。根据结构重要度顺序，这些由于各种机械损坏引起的吊钩、吊物坠落事故的基本事件非常重要，绝大部分基本事件都可直接引起 C_1 的发生，这些事件都应加强控制。因此有必要按系统、分系统编制安全检查表，以防遗漏重要项目，也可用安全检查表对有关职工进行安全教育。

对 F_1 进行分析，即过载因素的分析。根据重要度分析，在防止由于起重机超负荷而发生事故中，超负荷限位装置灵敏有效起着关键作用，它是多项保护的第一道防护，能有效地防止超重起吊事故的发生。起重机发生超载事故的根本原因是吊物超过起重机实际的负荷能力。在起重作业中，起重信号工和司机都应坚持"十不吊"原则：指挥信号不明不准吊，斜牵斜挂不准吊，吊物重量不明或超负荷不准吊，散物捆扎不牢或物料装放过满不准吊，吊物上有人不准吊，埋在地下的物体不准吊，机械安全装置失灵或带病时不准吊，现场光线阴暗看不清吊物起落点不准吊，棱刃物与钢丝绳直接接触无保护措施不准吊，六级以上强风不

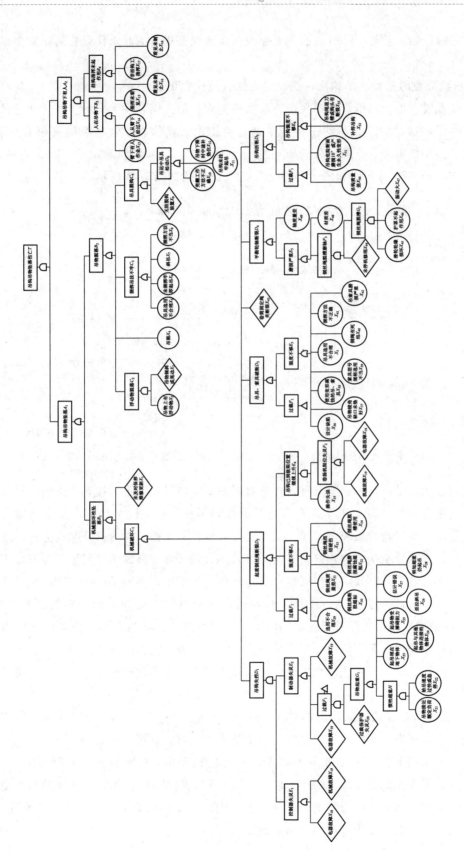

图 7-42　起重机作业时吊钩吊物坠落致人员伤亡事故 FTA 分析图

准吊。坚持这些原则，就可消除过载的主要原因，就能保证正常的起重作业，防止安全事故的发生。

17. 起重机作业时吊物、吊钩挤、撞、钩甩致人员伤亡事故

起重机作业时，由于司机、指挥人员、起重机下人员的失误会发生多种事故，如起吊或摘钩时挤伤，吊物摆动撞伤，吊钩吊物低空运行时钩甩或撞伤害，索具断崩（砸）伤害，运行中失控，撞挤伤害等。其综合分析如下述。

根据条件绘制 ETA 分析图如图 7-43 所示，FTA 分析图如图 7-44 所示。

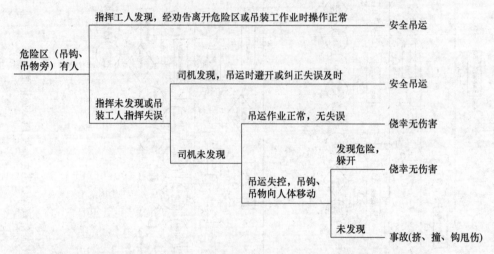

图 7-43　起重机作业时吊物、吊钩挤、撞、钩甩致人员伤亡事故 ETA 分析图

从事故树看出，吊钩、吊物附近有人是危险因素，除吊装工需进行挂钩、安装构件，脱钩作业外，其他任何与吊装工作无关人员应尽量做到不在这些危险区停留，如果必须在吊钩、吊物旁停留，应尽量缩短停留时间，而且要有人监督、指挥，事先选好撤离方向。受这类伤害的人中，大部分是从事起重安装工作的工人，因此，首先要加强对起重工、安装工人的安全教育，使其熟悉安全技术操作规程。未经培训的起重工，不准从事吊装作业，对于配合结构安装的工人，不要去挂钩、摘钩，并要密切注意吊物的运动方向，避免意外事故。ETA 和 FTA 都明确指出了指挥监督的重要作用。当起重信号工（指挥员）发现危险区有无关人员应及时提出警告，起重信号工应责任心强、精通业务、发出的信号准确、制止司机低空吊运等违章操作，对于司机违章和机械设备故障应加强教育和及时排除，从整体考虑系统的安全问题。

18. 从建筑物外沿坠落致人员伤亡事故

建筑施工中，还有可能发生从建筑物外沿坠落事故，对此进行分析如下：

根据条件绘制的 ETA 分析图如图 7-45 所示，绘制的 FTA 分析图如图 7-46 所示。

如图所示，最安全的是不发生初始事件（人处于建筑物外沿），如果一定要站在外沿作业，则应注意站稳，防止受外力冲击。此外，护栏完好，安全网有效，可防止坠落和伤害。在建筑物外沿工作还要注意生理和心理因素的影响。

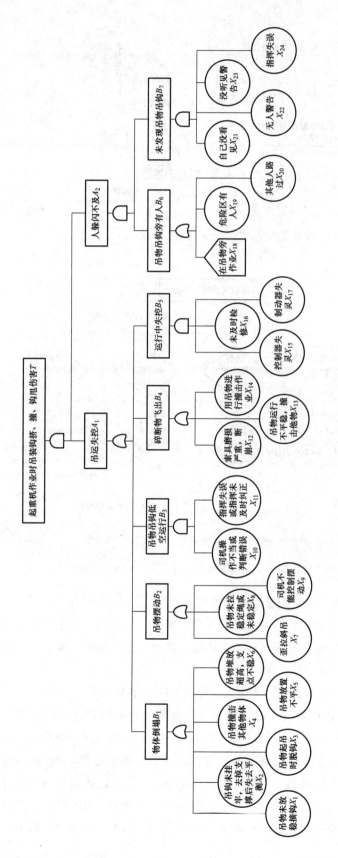

图 7-44 起重机作业时吊物、撞、钩甩致人员伤亡事故 FTA 分析图

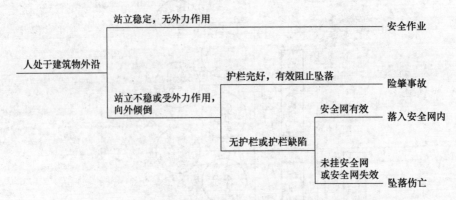

图 7-45　从建筑物外沿坠落致人员伤亡事故 ETA 分析图

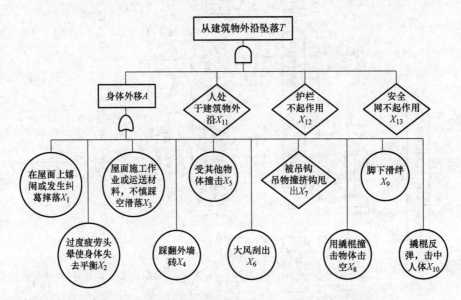

图 7-46　从建筑物外沿坠落致人员伤亡事故 FTA 分析图

19. 作业人员或物从运料平台上坠落致人员伤亡事故

运料平台是卷扬机提升物料的转运站台，人员、物料来往频繁。由于平台与井架吊篮间存在活动结合部，再加上有时搭设不严格，在这里常发生人和物的坠落事故。现就这类事故分析如下：

根据条件绘制 ETA 分析图如图 7-47 所示，绘制 FTA 分析图如图 7-48 所示。

从事故树看出，X_{18}（检查验收失误）最重要，在检查验收时要认真检查跑道、护身栏或防护板、安全网等防护措施，发现质量问题应及时消除，这就可以避免伤害事故。第 6 个最小径集指明，搭设平台应按规定设置防护栏等，一般平台两侧要有 1.2m 高的防护栏杆或至少绑扎两道护身栏和一道挡脚板，平台的运料口要设安全门。防护措施所用的材料应能满足材质的要求，不能使用劣质的材料。搭设安全网是第二道防护，有条件时，应设置牢固的安全网以确保安全，对于在平台上运料作业的人员，应小心操作，注意自身防护。

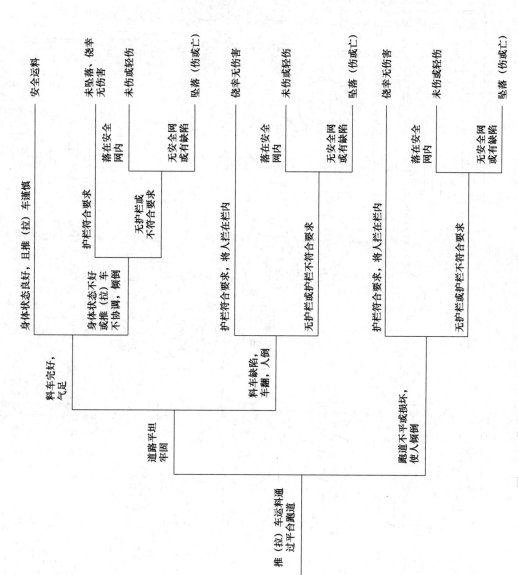

图 7-47 作业人员或物从运料平台上坠落致人员伤亡事故 ETA 分析图

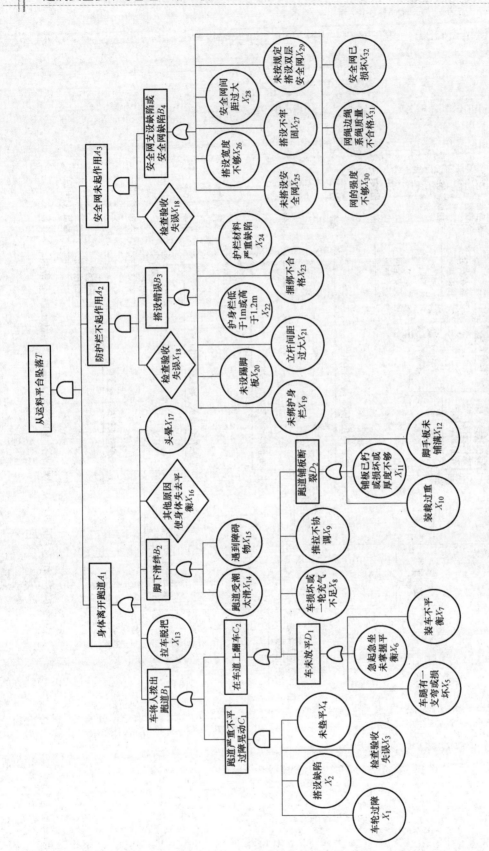

图 7-48 作业人员或物从运料平台坠落致人员伤亡事故 FTA 分析图

20. 高处落物致人员伤（亡）事故

在建筑施工中，为了充分利用空间和时间，保证工期要求，多采用立体交叉作业，由于建筑施工的特点，也需要高处作业。高处落物打击事故是常见、多发性事故。任何人都不准从高处向下抛、投物料，各工种进行作业要及时清理渣土杂物，以防无意碰落或风吹落，现场职工必须戴安全帽，按规定设置安全网、防护棚，这也减少事故发生的重要手段。现分析如下：

根据条件绘制 ETA 分析图如图 7-49 所示，绘制 FTA 分析图如图 7-50 所示。

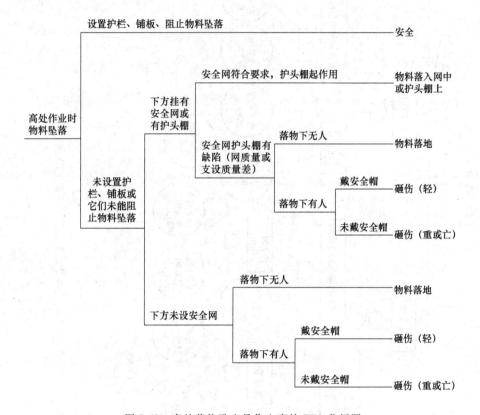

图 7-49　高处落物致人员伤亡事故 ETA 分析图

这是高处落物砸伤致死的事故树，包含有 19 个基本事件，根据结构重要度的排列顺序。结论从最小径集和基本事件重要度顺序看，X_1 最重要，高处落物，加速度很大，必须高度重视。其次，施工人员戴安全帽是至关重要的。按要求挂好安全网，认真检查网的质量、挂法、覆盖面是否符合要求。同时应在施工面外沿设防护，在危险区内设立安全标志，加强警戒，防止有人进入危险区和在危险区内作业。从结构重要度分析，X_2，X_3，X_6，X_7，X_8，X_9，X_4 似乎不重要，但对那些经常野蛮作业的单位，这些事件却很重要。此外，应杜绝从高处向下抛掷物体，高处放置的构件、砖、材料、工具等物一定要远离建筑物边沿，重物也应支稳。

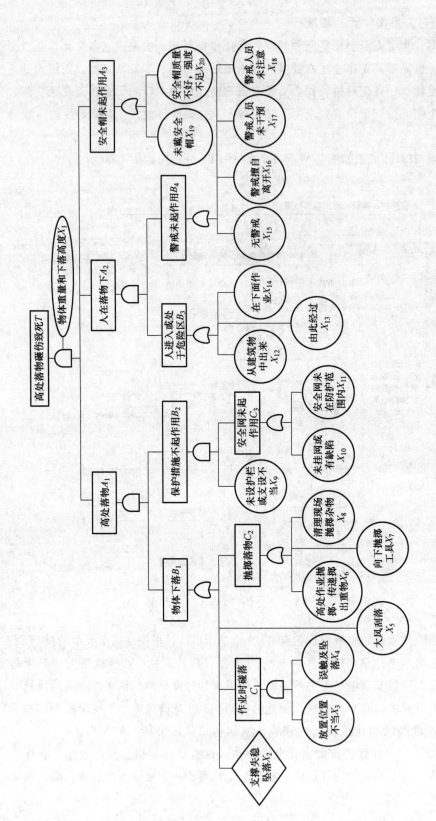

图 7-50　高处落物致人员伤亡事故 FTA 分析图

21. 敷设临时照明线路致人员伤亡事故

为了加快工程进度，施工单位常轮班、加班、掌灯夜战，经常需敷设临时照明线。在内部装修阶段，当粉刷墙壁、打磨地面时，由于有水湿度大，非电工不按规定拉线和操作时，极易发生触电伤害。因此对其分析（图 7-51）。

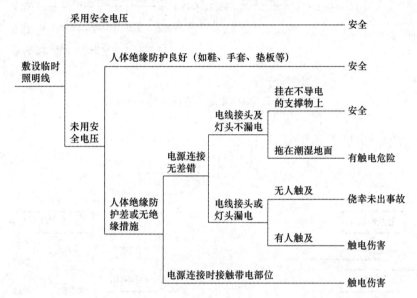

图 7-51 敷设临时照明线路致人员伤亡事故 ETA 分析图

从图上可分析出，首先，临时照明线要采用安全电压，才能保证安全接线、安全用电。其次，接线时应穿戴好防护用品，垫上绝缘垫或站在不导电的物体上，身体远离墙壁和其他导体，不让电流流过身体。最后，请电工拉线时应小心操作，线固定后，不要随便移动，不要把线放在潮湿的有导电介质的环境中。

22. 土方坍塌埋人事故

土方工程的主要事故是土壁滑坡坍塌，特别是对于挖掘较深、底面较窄的人工土方挖掘作业，更容易造成施工人员的伤亡。

土方坍塌埋人事故的 ETA 分析图如图 7-52 所示，FTA 分析图如图 7-53 所示。对事故树图进行结构重要度分析，可知挖土深度和塌方程度（如塌方的数量、面积、土边堤是塌落还是滑动、坍落的速度等）最重要。因此，挖土超过 2m 以上的较深的土方工程，必须根据土质情况、土的含水量大小、开挖方式、施工期的气候、边坡上面荷载状况、土方施工的延续时间等确定土方工程的施工方案。其中，重要的内容是边坡的大小以及是否采用支撑和支撑的支设方法。X_{15}，X_{16} 指出当有塌方危险的情况下，在整个施工过程中，要经常进行认真检查，如发现隐患，应及时采取措施，进行防范，且要教育职工按操作规程办事。人工挖土应禁止挖"神仙洞"，土壁支撑必须牢靠，所放的坡度必须符合施工组织设计的要求，并切实观察边坡土体的变化。要有人经常监护坑（沟）内人员的作业情况，如发现意外，可及时通报，施工作业人员可进行躲避，无躲避处的，必要时应禁止继续作业。

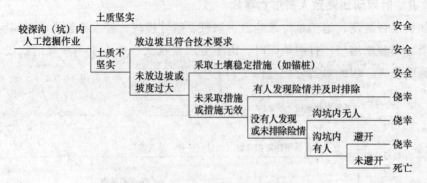

图 7-52　土方坍塌埋人事故 ETA 分析图

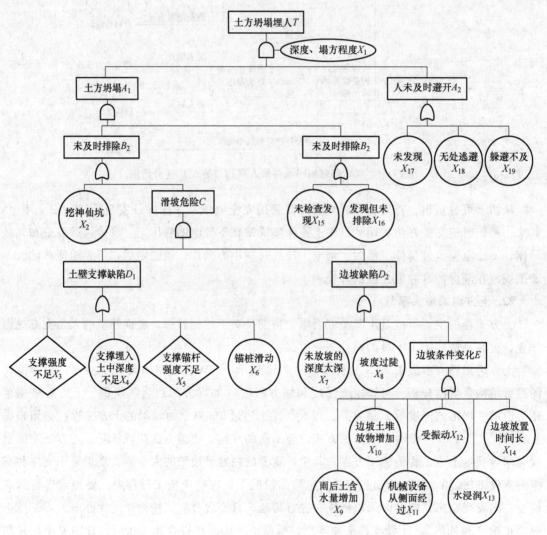

图 7-53　土方坍塌埋人事故 FTA 分析图

习　题

1. "坍塌"是建筑施工过程中发生概率较大的生产安全事故之一。请绘制 ETA 与 FTA 分析图，分析引发下列一起坍塌事故的发生原因，并提出安全防范措施。

（1）事故概况

某年 7 月 18 日，在某市中水回流工程 A 标段工地上，某市政工程公司正在做工程前期准备工作，主要了解地下管线情况、土质情况及实施管道的土方开挖。8 时 30 分，开始管道沟槽开挖作业。9 时 30 分左右，当挖掘机挖沟槽至 2m 深时，突然土体发生塌方，当时正在坑底进行挡土板支撑作业的作业人员李某避让不及，身体头部以下被埋入土中。事故发生后，现场项目经理立即组织人员进行抢救，虽经多方全力抢救但未能成功，15 时 20 分左右，李某在该市某中心医院死亡。

（2）事故原因分析

分析发生这起伤亡事故的直接原因和间接原因。

1）直接原因：施工过程中土方堆置未按规范要求，即单侧堆土高度不得超过 1.5m、离沟槽边距离不得小于 1.2m 的要求进行堆置，实际堆土高度达 2.5m，距沟槽边距离仅 1m。现场土质较差，现场为回填土，约 4.5m 深，且紧靠开挖的沟槽，其中夹杂许多垃圾，土体松散。

2）间接原因：施工现场安全措施针对性较差。未能考虑员工逃生办法，对事故预见性较差，麻痹大意。施工单位领导安全意识淡薄，对三级安全教育、安全技术交底、进场安全教育未能引起足够重视。

发生这起伤亡事故的主要原因：施工过程中土方堆置不合理；开挖后未按规范规定在深度达 1.2m 时，及时进行分层支撑，实际是施工开挖 2m 后，才开始支撑挡板；现场土质较差，土体很松散。

（3）防范措施

1）暂时停止施工，施工单位进行全面安全检查及整改。

2）召开事故现场会对职工进行安全教育，举一反三，提高安全意识。

3）施工单位制定有针对性的施工安全技术，严格按施工技术规范和安全操作规程作业，对作业人员进行安全技术交底，配备足够的施工保护设施。

4）明确和落实岗位责任制。

5）监理单位应加强施工过程的监理。

2. 请绘制 ETA 与 FTA 分析图，分析引发下列一起井架倒塌伤亡事故的发生原因，并提出安全防范措施。

（1）事故概况

某住宅建筑，7 层砖混结构，由某建筑公司承建。某年 7 月 7 日 14 时 50 分左右，3 名架子工正在从事井字架搭设。当井字架安装到 26m 高度时，3 名在井字架上的架子工突然发现井架有倒塌的危险，立即从井架上翻爬下来，就在这一瞬间，井架突然向东边方向倾斜，3 名架子工随井架的倒塌一起从 23m 高处坠落，项目经理王某闻讯后立即组织工人将伤员送医院抢救，经医院全力抢救无效，3 名作业人员全部死亡。

（2）事故原因分析

发生这起井架倒塌伤亡事故的直接原因：从事井架搭设的 3 名工人，仅有 1 名工人有架子工操作证，另 2 人均无操作证；井架已搭至 26m 高度，按规定井架超过 15m 高度应用 2 道缆风绳，实际施工中仅用 1 道钢丝绳作缆风绳，且每根缆风绳锚桩只用 1 根钢管，深度最大的仅 1.2m、最小的仅 0.8m，按规定井架如果用钢管桩必须使用联锚桩（即 2 根钢管），每根桩的深度必须超过 1.7m，事故井架的缆风绳数量和锚桩的设置严重违反有关规定。

（3）防范措施

1）加强对建筑施工现场的安全管理，重点应加强对施工现场项目负责人的安全教育、培训和管理，提高安全意识和现场安全管理能力。

2）架子工必须经过培训和考核，持证上岗，严禁无证从事井字架的搭设和拆除作业。

3）施工过程中，应将井字架的搭设和拆除作为安全施工管理的重点。

4）应严格遵守架子工安全技术操作规程和井字架搭设的安全技术规程，严禁违章指挥和违章作业。

3. "坠落"是建筑施工过程中发生概率较大的生产安全事故之一。请绘制 ETA 与 FTA 分析图，分析引发下列一起坠落事故的发生原因，并提出安全防范措施。

（1）事故概况

某综合业务楼工程，总建筑面积为 31000m²，地上 7 层，高 25m，地下 1 层，结构形式为后张法预应力框架结构。整栋大楼分为东西两个楼，中间设后浇带断开，西楼中央 768m²，范围从 3 层楼面到 7 层屋顶为共享空间，共享空间顶为井字梁（宽 0.5m，高 2m），梁网配玻璃，自重 650t，且高出 7 层楼顶 3m。该工程项目施工由某一级建筑安装总公司承建。

某年 10 月 19 日，建设单位、设计单位和施工单位召开 6 层以上的技术交底会。某年 10 月底开始，随 3~7 层楼的内脚手架，逐步搭设共享空间混凝土大梁模板支架，共享空间长为 32m，宽为 24m，从 3 层楼面往上高度为 16.7m。共享空间 7 层楼顶的 4 只角向内挑出 4 块 10cm 厚、32m² 的非预应力反吊板，距上方混凝土大梁 1m，即这 4 块非预应力板是采取反吊工艺，将其两边反吊固定在共享空间顶层混凝土大梁上。在支模过程中将梁的一侧模板支架直接设在 4 块非预应力板上。

次年 1 月 15 日 9 时，开始由东向西浇灌混凝土，直至中午，经检查，未发现任何异常。16 时 40 分左右，约浇灌 140m³ 混凝土（即近工程总量 2/5）。此时木工队长蒋某听工人反映，说是感觉到靠东面已浇好的一根大梁动了一下，即上梁检查，发现大梁下沉 2~3cm，少数钢立管变形弯曲，部分扣件爆裂，浇好部分大梁下的钢管支撑已发生移位而不垂直了。这时，项目经理包某指派工人准备加固模板支架，同时，请施工员王某向分公司电话汇报。

公司领导吩咐，停止浇灌，撤离人员，放掉一些混凝土以减轻上部负载。包某通知灌浆工撤离现场，同时组织 30 余名木工上操作面拆模、放混凝土、拆混凝土泵管。没隔多久，约在 18 时 15 分，已浇好的混凝土大梁随支架失稳从东面开始直至全部坍塌，在上面作业的 30 名工人随混凝土大梁一起坠落，造成项目经理包某等 6 人死亡、7 人重伤、7 人轻伤的重大伤亡事故。

（2）事故原因分析

这起伤亡事故的直接原因：

1）架设 32m 长、24m 宽、16.7m 高的共享空间顶层混凝土大梁的超高模板支架，未按设计计算编制分阶段施工方案而仅按常规模板支架；四周的支架利用原来 3~7 层的脚手架，略加加固；立杆、横杆采用 1.5in 钢管，立杆间距 80cm（偏大），水平层高 1.6m，底层高达 1.8m（偏高），且无扫地杆，横向、纵向剪刀撑不足；分层立杆驳接处薄弱，且上下不垂直；共享空间 4 只角的上方的混凝土大梁模板支架直接支在 4 块非预应力板上，致使现浇混凝土模板支架强度和稳定性不够，造成系统失稳。

2）当出现异常情况时，缺乏经验，又不讲科学，盲目蛮干，指派 30 余名工人上现浇大梁操作面拆模，人为地增加了施工负载，以致人员随混凝土大梁和模板支架一起坍塌而造成重大伤亡。

发生这起重大伤亡事故的主要原因：

1）施工单位违反了《建设工程施工现场管理规定》中第十条"施工单位必须编制建设工程施工组织设计"的规定，没有编制共享空间顶层混凝土大梁的分段施工方案就盲目施工。

2）施工单位缺乏一系列的内外部技术监督，以致没有一道关卡对共享空间大梁的施工方案进行严格审查把关。

3）施工单位、建设单位和有关部门都缺乏经验，对上述共享空间大梁的模板支架搭设，对这个超高支撑系统的技术复杂性和难度也没有引起重视，没有提出问题。

（3）防范措施

1）施工单位切实加强施工生产的技术管理。

2）施工单位应加强安全和技术培训，不断提高各级管理人员和施工人员的法制观念、安全意识、质量意识和管理水平。

3）建设工程项目施工必须严格执行《建设工程施工现场管理规定》，必须编制好施工组织设计，并按有关权限、程序审批后才能施工，对违者要严肃处理。

4）施工单位加强内部管理，必须建立一套完整、有效的安全技术保证体系。

5）加强建设工程项目的工程监理。同时，要进一步加大行业管理的力度，对违反社会监督规定而擅自施工的坚决予以处理。

6）要求各建筑设计单位进一步端正设计思想。在设计的全过程中始终贯彻"科学、合理、优化"的设计思想，不给施工单位带来施工上不必要的麻烦，同时还要认真进行技术交底，关键部位、关键工艺要详细交底，并提出施工方案的建议，切实把好设计和施工指导关。

4. 下面是一起高处坠落事故的概况，请用 ETA 与 FTA 图，分析引发这起高处坠落事故的发生原因，并提出安全防范措施。

（1）事故概况

某年 8 月 4 日，在某高层楼工地上，项目经理部安排木工张某、王某拆除楼内电梯井隔离防护，由于木工在支设 21 层电梯井时东北角少预留一个销轴洞，因此在设置 21 层防护隔离时，东北角的搁置点采用一根 $\phi48$ 钢管从 20 层支撑至 21 层作为补救措施。由于张某、王某在作业时，均未按要求使用安全带操作，而且颠倒拆除程序，先拆除了 20 层隔离，张某将用于补救措施的钢管一起拆掉，之后拆除了 21 层隔离。9 时 30 分，张某在进入电梯井东北角拆除防护隔离板时，只有 3 个搁置点的钢管框架发生倾翻，人随防护隔离一起从 21 层高处坠落至电梯井底。事故发生后，工地负责人立即派人将张某送至医院，但因张某伤势严重经抢救无效，于当日 11 时 30 分死亡。

（2）事故原因分析

分析发生这起伤亡事故的直接原因和间接原因。

1）直接原因：安全防护隔离设施在设置时有缺陷，规定使用 4 根固定销轴而实际只设 3 根，而且补救钢管已先行拆除。

2）间接原因：施工现场检查、监督不力，未能及时发现存在的隐患；安全教育不力，造成职工安全意识和自我防范能力差。

3）主要原因：操作人员违章作业，违反先上后下的拆除作业程序，自我保护意识差，高处作业未系安全带，加之安全防护设施存在隐患。

（3）防范措施

1）召开事故现场会，举一反三，进行全体职工的安全生产教育，增强安全意识及自我保护的基本能力，杜绝违章作业。

2）组织架子工对施工现场电梯井隔离设施、临边防护栏杆、通道防护棚、脚手架等安全防护设施进行全面检查，对查出的问题按"四定"原则，即定整改责任人、定整改措施、定整改完成时间、定整改验收进行处理。

3）安排木工对预留洞口进行加盖并固定。

4）加强对现场人员的安全教育，提高现场人员的安全法制意识，严格遵守各项安全生产的法律法规和操作规程，杜绝违章指挥、违章作业。

5. 下面是一起高处坠落事故的概况，请用 ETA 与 FTA 图，分析引发这起高处坠落事故的发生原因，并提出安全防范措施。

（1）事故概况

某市银行大厦，建筑面积 21000m²，共 18 层，框架结构，由该市某建筑工程公司承建。某年 10 月 12 日 15 时左右，该工地工人王某、李某、曹某 3 人在附房 5 楼拆除模板与脚手架。王某在拆除 5 楼东侧临边脚手下排架时，因自己单独操作，不慎被钢管带动坠地，经抢救无效死亡。

（2）事故原因分析

发生该事故的直接原因：2 楼无挑网防护，现场防护不到位；单人在 5 楼临边部位作业；操作人员未系安全带，无辅助人员配合操作。

发生该事故的间接原因：现场管理不严，安全管理人员业务知识不强，工作不到位，操作人员缺少防护知识，冒险蛮干，安全技术交底针对性不强，安全生产责任制未真正落实，缺乏安全教育。

（3）防范措施

1）要加强临边防护栏杆的设置和增设挑网，重点部位禁止单人操作，应加强监控。

2）要认真进行安全技术交底，并加强检查与督促。

3）要认真落实安全生产责任制，严格用工管理制度。

4）要加强培训教育，增强施工人员的自我防范意识与专业知识。

6. 下面是一起高处坠落事故的概况，请用 ETA 与 FTA 图，分析引发这起高处坠落事故的发生原因，并提出安全防范措施。

（1）事故概况

某住宅楼，建筑面积 42000m²，共 6 层，砖混结构。某年 4 月 14 日下午，瓦工钟某搭设 3 楼脚手架。16 时 10 分左右，钟某未系安全带，站在自放且没有任何固定，长约 1.4m、宽约 0.25m 的钢模板上操作，钢模板搭在脚手架 2 根小横杆上，中间又放 1 根活动的短钢管未加固定。当竖起一根 6m 长、约 24kg 重的钢管立杆与扣件吻合时，由于钢管部分向外伸出，钟某虽用力吻合数次，试图使其准确到位，但未能如愿，因外斜力过大使其在脚手板上失去重心，随钢管从 8.4m 高处一同坠落，坠落时头面部先着地，跌落于地面施工的跳板上，安全帽跌落在 2m 以外的地方。现场人员急送钟某到医院抢救，终因失血过多，于 18 时 30 分死亡。

（2）事故原因分析

发生该伤亡事故的直接原因：钟某安全意识淡薄，未经脚手架搭设技能培训，无操作上岗证，对操作的规章制度遵守不严；虽戴安全帽，但未系安全带；不按操作规程施工，在搭设过程中对关键部位操作要领不清。

发生该伤亡事故的间接原因：架子工负责人严重违章指挥，在钟某不具有架子工操作证，不系安全带和无安全防护的情况下，置安全操作规程于不顾，安排无证人员进行高处脚手架搭设；项目经理部未核验特殊工种操作证，忽视对特种作业人员的管理。

（3）防范措施

1）加强职工安全教育和特种作业人员培训工作，使职工有识别和排除危险作业的能力，提高职工安全意识，加强对特种作业人员的专业培训考核制度，经考核合格后方能上岗，保证安全生产。

2）企业必须有切实可行的安全生产管理制度和安全管理网络体系。明确各级管理人员和安全人员的安全生产责任，提高企业及人员的素质，坚实安全工作基础，杜绝盲目指挥、违章操作现象。

3）施工现场的安全防护要按规定、规程和标准制定切实可行的措施，各种安全防护要到位，以确保操作人员的安全，高处作业人员必须系安全带。

7. 下面是一起塔式起重机事故的概况，请用 ETA 与 FTA 图，分析引发这起事故的发生原因，并请阅读图 7-42，指出图中哪些装置起到了"超负荷限位"的作用？在上述工作基础上，在老师指导下，到建筑施工工地现场调查，编制一份防范塔式起重机作业事故的安全技术管理措施。

（1）事故概况

某综合楼，建筑面积 8000m^2，共 7 层，框架结构。某年 9 月 3 日 16 时左右，因场地狭小，该工地采用未经检测的塔式起重机卸运预制构件厂运来的楼板。楼板长 3.2m，宽 0.5m，重约 600kg，每块为一吊。张某和丁某 2 人负责楼板挂钩，当起吊的第 2 吊楼板在降落至第 1 吊楼板堆上空 0.6m 左右时，旋转吊臂第 1 节和第 2 节之间的右下部连接轴销在旋转时突然脱落，导致吊臂向顺时针方向扭曲坠落，当时王某正在 7 层屋面上凿混凝土，准备避让时被塔式起重机悬臂击中其前胸肩部。在巨大惯性撞击下，王某向后仰倒，头部撞在圈梁模板的钢筋及对穿螺栓上，头后脑颅被击破，塔式起重机悬臂坠落时又压在王某大腿上。事故发生后，王某被迅速送往医院抢救，终因伤势过重，于当天 17 时 10 分死亡。

（2）事故原因分析

发生该事故的直接原因：塔式起重机安装和投入使用前，安全员及起重机机操人员检查不负责、不仔细，没有发现月牙板脱落，连接轴销未按规定使用开口销钉，在吊装预制板时，销钉脱落，吊臂弯曲变形，击中正在楼面上施工的王某。

发生该事故的间接原因：该公司未按规定及时报验塔式起重机，塔式起重机在未经检测的情况下，盲目投入使用；公司对该工地的安全生产工作管理不严，尽管多次检查，但未发现塔式起重机悬臂存在隐患；对大型机械设备的管理不到位；该工地对机械的检查、维修和保养重视不够，特别是塔式起重机安装把关不够，检查不严，措施不力。

（3）防范措施

1）严格执行《塔式起重机安全规程》（GB 5144—2006）和《建筑机械使用安全技术规程》（JGJ 33—2012）的有关规定，杜绝同类和其他事故的发生。

2）加强大型机械设备安装（拆装）申请、审批、验收和检测制度。所有大型机械设备安装、拆除必须经审批符合要求后方可安装、拆除，并有关部门验收检测合格后方可使用，严禁违规指挥、盲目使用的现象。

3）加强安全生产管理法规的学习，提高全体职工的安全意识。

8. 下面是一起吊篮事故的概况，请用 ETA 与 FTA 图，分析引发这起事故的发生原因，并提出安全防范措施。

（1）事故概况

某商贸综合楼，建筑面积 4500m²，共 6 层，框架结构。某年 4 月 6 日下午，钢筋工丁某、电工陈某、电焊工平某，3 人进行竖向电渣埋弧焊作业，焊接 5 层框架柱钢筋。17 时 30 分左右，焊接作业结束下班，平某将焊接工具放入手推车，并把手推车推上停靠在 4 层楼面的简易龙门架吊篮，见地面无人开卷扬机，平某就经门架立柱下爬至地面。这时丁某、陈某走上吊篮，准备搭乘吊篮下楼。平某下到地面后，没有查看吊篮上是否有人就开动了卷扬机。当吊篮下降 1m 多时，卷扬机停转，吊篮停止下降，平某迅速按动提升按钮将吊篮向上提升。在此瞬间，钢丝绳突然断裂，丁某、陈某 2 人随吊篮从 16.8m 处坠落至地面，丁某经抢救无效于次日死亡，陈某受重伤。

（2）事故原因分析

事故现场勘察情况：事故发生时，丁某站在斗车后面，陈某站在斗车前面，卷扬机距离龙门架导向轮只有 10m，且绳筒上的钢丝绳排列不整齐。断裂钢丝绳断口附近有断丝和明显扭曲痕迹。

这起事故的直接原因：违反《起重机用钢丝绳检验和报废实用规范》（GB/T 5972—2006）规定，使用已达报废标准的钢丝绳，致使该钢丝绳因吊篮运动突然变化产生的冲击力而断裂。

这起事故的间接原因：丁某、陈某违章搭乘龙门架吊篮；工地所用的龙门架为非专业厂家生产，没有安装断绳保护装置等各项安全保险装置；工地未安排专人开卷扬机，平某未经培训，不懂卷扬机的性能及安全操作规程，擅自开机；卷扬机与导向轮之间的距离不足 15m，导致钢丝绳在卷扬机绳筒上排列混乱，使钢丝绳在受力时产生扭曲、断丝，加速了钢丝绳的损坏进程。

（3）防范措施

1）严格执行《龙门架及井架物料提升机安全技术规范》（JGJ 88—2010）和《起重机用钢丝绳检验和报废实用规范》（GB/T 5972—2006），确保物料提升机械各种装置符合要求。

2）物料提升的操作工必须经过培训，并且定人定机，做到持证上岗，不串岗，不违章开机。

3）落实各级各类人员安全生产责任制，加强对安全管理人员、特种作业人员和机械操作人员的管理，加强监督检查。

4）加强工人安全教育和培训，提高工人的安全意识和自我防护能力，及时制止违章作业、违法指挥、违反劳动纪律的行为。

9. 下面是一起触电事故的概况，请用 ETA 与 FTA 图，分析引发这起事故的发生原因，并提出安全防范措施。

（1）事故概况

某商业楼，建筑面积 50000m²，共 7 层，框架结构，内设采光井、电梯等设施，由某装饰工程队承建该建筑的室内装修工程。某年 2 月 1 日，工人张某当时正与其他工人一起在 4 层客房卫生间进行管沟开槽作业，照明系统采用普通插口灯头接单相橡胶电线、220V 电压、200W 灯泡、无固定基座的行灯。11 时 30 分左右，其他工人下班，张某在没切断电源的情况下，移动照明灯具，并与其他工人分开，另找作业面，继续作业。12 时，另一工人李某需要爬梯，在寻找爬梯过程中，看见张某身体靠在墙上，坐在积水中口吐白沫，身体上有电线，灯头脱落，灯泡已碎，疑似触电。李某立即通知其他工人，拉闸断电，移开电线，将张某抱到干燥地方，送到医院抢救。经医院检查张左手下腕内侧有约 5cm×3cm 的电击烧伤斑迹，因电击时间长，发现不及时及现场抢救措施不当等原因，抢救无效死亡。

（2）事故原因分析

分析造成触电死亡事故的直接原因和间接原因。

1）直接原因：张某违反操作规程作业，在没有切断电源，未戴绝缘手套和未穿绝缘鞋时，左手抓住电线灯泡拖拉移动普通照明设备，造成电线与灯头受力脱开，电线裸露触及左手腕。

2）间接原因：现场设施不完善，临时照明灯具无固定基座，手持照明灯未使用 36V 及以下的安全电压供电，照明专用回路无漏电保护装置，发生漏电不能自动切断电源而使伤者及早脱离电源。

造成触电死亡事故的主要原因：该工程内部装饰，要用的手提电动工具较多，电源的接驳点多，用电量较大，实施作业前对现场用电未引起足够的重视，用电无方案、无措施。没有按照《施工现场临时用电安全技术规范》（JGJ 46—2005）的要求完善三级配电两级保护及动力电源与照明电源分开设置。设置的用电设备、电箱位置，末端开关箱的位置，相对固定漏电保护装置不符合照明使用要求，一旦漏电不能及时断电。

（3）防范措施

1）临时用电设备在 5 台及 5 台以上或设备总容量在 50kW 以上应编制临时用电施工组织设计或方案。

2）动力配电箱与照明配电箱应分别设置，如在同一配电箱内，动力与照明线路也应分路设置，照明回路应装设参数相匹配的漏电保护装置。

3）潮湿积水、易触及带电体场所的照明电源电压不得大于 24V，使用行灯的灯体与手柄应坚固、绝缘、耐热、耐潮，灯头与灯体结合牢固，灯泡外部有金属保护网，电线采用单相三线橡胶线。

4）使用电气设备前必须穿戴和配备相应劳动保护用品，电工配备绝缘手套和绝缘鞋，移动和维修电气设备必须切断电源并派人监护。

5）掌握必要的救护常识，触电者脱离电源后，应尽量现场抢救，先救后搬，让伤者静卧于干燥通风处，进行人工呼吸。

10. 下面是一起使用可移式电动工具导致触电事故的概况，请用 ETA 与 FTA 图，分析引发这起事故的发生原因，并提出安全防范措施。

（1）事故概况

某年 10 月 1 日，在上海某建筑公司承建的某别墅小区工地上，项目经理部钢筋组组长罗某和班组其他成员一起在 F 形 38 号房绑扎基础底板钢筋，并进行固定柱钢筋的施工作业。因用斜撑固定钢筋柱较麻烦，钢筋工张某就擅自把电焊机装在架子车上拉到基坑内，停放在基础底板钢筋网架上，然后将电焊机一次侧电线插头插进开关箱插座，准备用电焊固定柱钢筋。当张某把电焊机焊把线拉开后，发现焊把到钢筋桩距离不够，于是就把焊把线放在底板钢筋架上，将电焊机二次侧接地电缆绕在小车扶手上，并把接地连接钢板搭在车架上。当脚穿破损鞋的张某双手握住车扶手去拉架车时，遭电击受伤倒地。事故发生后，现场负责人立即将张某急送医院，经抢救无效死亡。

（2）事故原因分析

分析发生这次事故的直接原因和间接原因。

1）直接原因：钢筋班组工人张某在移动电焊机时，未切断电焊机一次侧电源，把焊把线放在钢筋网架上，将电焊机二次侧接地连接钢板搭在车架上，在空载电源作用下，经二次侧接地钢板、车架、人体、钢筋、焊把线形成通电回路，张某鞋底破损不绝缘。

2）间接原因：职工未按规定穿着劳动保护用品，自我保护意识差，项目经理部对施工机具的管理无人负责，对作业人员缺乏针对性安全技术交底。

发生这次事故的主要原因则是项目经理部未按规定对电焊机配置二次侧空载降压保护装置，在基础等潮湿部位施工未采取有效的防止触电的措施，使用前也未按规定对电焊机进行验收，致使存在安全隐患的机具直接投入施工，张某无证违章作业。

（3）防范措施

1）严格执行施工机具的管理制度，对投入使用的机械设备必须进行验收，杜绝存在安全隐患的机具投入作业。

2）施工现场必须编制详细的临时用电施工组织设计，重点落实专人负责检查、检验、维修。

3）加强对职工的教育和培训，增强自我保护意识，按规定配备个人劳动保护用品并在施工中正确使用。

4）加大对施工现场危险作业过程的安全检查和监控力度，发现违章指挥、违章作业应及时制止。

11. 下面是一起机械伤害事故的概况，请用 ETA 与 FTA 图，分析引发这起事故的发生原因，并提出安全防范措施。

（1）事故概况

某年 4 月 24 日，在某建筑公司施工工地上，主楼正进行抹灰施工，现场使用 1 台混凝土搅拌机拌制抹灰砂浆。上午 10 时 20 分左右，由于从搅拌机出料口到主楼北侧现场抹灰施工点约有 230m 的距离，需用 2 台翻斗车进行水平运输，而抹灰工人较多，砂浆供应不及时，工人在现场停工待料。抹灰工长王某非常着急，到砂浆搅拌机边督促拌料（当时搅拌机操作员为备料不在搅拌机旁），王某去备料口查看搅拌机内的情况，并将头伸入料口内，结果被正在爬升的料斗夹到其头部后，人跌落在料斗下，料斗下落后又压在王某的胸部，造成头部大量出血。事故发生后，现场负责人立即将王某急送医院，经抢救无效，于当日 12 时左右死亡。

（2）事故原因分析

分析发生这次事故的直接原因和间接原因。

1）直接原因：抹灰工长王某安全意识不强，在搅拌机操作工不在场的情况下，违章作业，擅自开启搅拌机，且在搅拌机运行过程中将头伸进料口内，导致料斗夹到其头部。

2）间接原因：施工单位对施工现场的安全管理不严，施工过程中对安全工作检查督促不力；对职工的安全教育不到位，安全技术交底未落到实处，导致抹灰工擅自进行砂浆搅拌；搅拌机操作工为备料而不在搅拌机旁，给无操作证人员违章作业创造条件；施工作业人员安全意识淡薄，缺乏施工现场的安全知识和自我保护意识。

发生这次事故的主要原因：抹灰工长王某违章作业，擅自操作搅拌机。

（3）防范措施

1）必须建立各级安全生产责任制，施工现场各级管理人员和作业人员都应按照各自职责严格执行规章制度，杜绝违章作业的情况发生。

2）施工现场的安全教育和安全技术交底应落到实处，要让每个施工作业人员都知道施工现场的安全生产纪律和各自工种的安全操作规程。

3）现场管理人员必须强化现场的安全检查力度，加强对施工危险作业的监控。

4）应根据现场实际工作量的情况配置和安排充足的人力物力，保证施工的正常进行。

5）施工作业人员应提高自我防范意识，明确自己的岗位和职责，不能擅自操作自己不熟悉或与自己工种无关的设备设施。

12. 下面是一起施工电梯运行事故的概况，请用 ETA 与 FTA 图，分析引发这起事故的发生原因，并提出安全防范措施。

（1）事故概况

某年 10 月 16 日 17 时 30 分，在上海某建筑企业承包的高层工地，瓦工班普工杨某在完成填充墙上嵌缝工作后，站在建筑物 15 层施工电梯通道板中间 2 根通道竖管边准备下班。当时施工电梯笼装着混凝土小车向上运行，电梯操作工听到上面有人呼叫，就将电梯开到 16 层楼面，发现 16 层没有人，就再启动电梯往下运行，在下行至不到 15 层处，正好压在将头部与上身伸出通道竖管探望施工电梯运行情况的杨某头部左侧顶部，以致其当场昏迷。当电梯笼内人员发现在 15 层连接运料平台板的电梯稳固撑上有人趴在上面，及时采取措施，将伤者送往医院抢救，但杨某因头部颅脑外伤严重，抢救无效死亡。

（2）事故原因分析

分析发生这次事故的直接原因和间接原因。

1）直接原因：杨某在完成填充墙上嵌缝工作后，擅自拆除通道竖管的临边防护措施，将头部与上身伸入正在运行的施工电梯轨迹中。

2）间接原因：分包项目经理部施工电梯管理制度不健全，安全教育培训不够，安全检查不到位；作业班长安排工作时，未按规定做好安全监护工作；总包单位对施工现场的安全管理力度不够，未严格实施总包单位对现场管理的具体要求，对安全隐患整改的监督不力。

发生这次事故的主要原因：施工企业安全管理松懈，安全措施制定不严格，对施工人员的安全教育培训工作不够深入。

（3）防范措施

1）总包单位必须加强对施工现场各分包单位和安全生产管理的监管力度，强化安全生产责任制，健全和实施安全生产的规章制度。

2）施工企业必须加强对职工的安全教育与培训，提高职工的自我保护意识，加强施工作业前有针对性的安全技术交底工作，杜绝各类违章现象。

3）总包单位与施工企业针对事故发生原因，举一反三，实施现场全面安全检查，制定有效的安全防护措施，严格按体系要求与安全防护设施进行检查与检验工作，杜绝隐患。

13. 下面是一起拆除模板事故的概况，请用 ETA 与 FTA 图，分析引发这起事故的发生原因，并提出安全防范措施。

（1）事故概况

某市住宅楼，共 18 层，框架结构，由具有一级资质的某建筑公司承建。某年 5 月 19 日下午，柏某等 3 人在工地北面双笼电梯西侧道路处清理钢模板。双笼电梯从 13 层西侧阳台边爬升过程中，由于 14 层阳台梁底（标高 37.37m）的一块钢模板（1500mm×200mm）和支撑钢管伸出过长而受阻碍。中午，架子工谢某将爬升受阻的情况向项目工程师蒋某汇报，当时蒋某答复让架子工自己拆模板，而架子工未答应。下午上班后，架子工谢某看到木工王某刚好在该处脚手架上加固 14 层阳台的支模板，因此，谢某就向王某说明这个模板和钢管妨碍爬升，王某就一手抓钢管，一手拿锤子自行拆除这块钢模板。因为钢模板与混凝土之间隔着木板，使得钢模板没有水泥浆的粘吸附着力，当王某用锤子击打掉回形卡后，钢模板自行脱落。由于拆除时没有采取任何防护措施，因此钢模板正好从 13 层阳台与脚手架的空当中掉落，钢模板在下落过程中碰到 12 层阳台导致下落的方向改变，弹出坠落至建筑物水平距 9.8m 处，击中了正在该处清理钢模板的柏某头部，并击破安全帽，造成柏某脑外伤。事故发生后，现场人员当即拦车将柏某急送医院抢救，因抢救无效，于当日 15 时 15 分死亡。

（2）事故的原因分析

发生这次事故的直接原因：木工王某未按高处拆模的安全操作规程拆除钢模板，《建筑施工高处作业安全技术规范》（JGJ 80—2016）规定：对施工现场作业可能有坠落的物料，应及时拆除或采取固定措施。而木工王某在没有采取安全防护措施的情况下，违章拆除钢模。

发生这次事故的间接原因：现场管理协调不力，安全防护设施不到位。其一，当架子工反映脚手架爬升受到阳台模板阻碍问题时，项目工程师未及时安排有经验的工人清除障碍；其二，在上部有人作业的情况下，下部却安排工人作业，且未实行交叉作业安全防护；其三，脚手架与阳台、墙体有空当，没有满封；其四，安全挑网未及时按每隔 4 层设一道；其五，地面人员作业无安全防护棚。

经现场勘察，立模时木工没有按爬架尺寸要求控制模板钢管的外露尺寸，没有按工艺要求选用钢模，随意用木板代替，因此模板安装不恰当是这起事故的又一间接原因。

（3）防范措施

1）加强安全生产教育，使得施工现场的每一位管理人员、每一个工人都能保持警觉，自觉遵章守纪，抵制和防止违章指挥、违章作业。

2）强化安全检查，及时发现和消除安全事故隐患，确保安全施工。

3）悬挑脚手架的建筑工程，必须按规定设置水平挑网，设置安全通道，设置地面人员安全作业棚。

14. 下面是一起高处落物伤人事故的概况，请用 ETA 与 FTA 图，分析引发这起事故的发生原因，并提出安全防范措施。

（1）事故概况

某年 6 月 22 日，某市某高层建筑由该市某建筑公司施工。进行外墙装饰工程时，外墙抹灰班组为图施工操作方便，经班长同意后，拆除该大楼西侧外脚手架顶排朝下第 3 步围挡密目网，搭设了操作小平台。9 时 40 分左右，抹灰工牛某在取用抹灰材料时，发现小平台上料口空当过大，准备将一块小木板放置在小平台空当上。在旋转时，因小木板后段上的一根钢丝钩住了脚手架密目网，牛某想用力甩掉小木板的钢丝，不料用力太大而失手，小木板从 90m 高度坠落，正好击中施工现场的普工李某的头部。事故发生后，现场负责人立即将李某送医院抢救，但因伤势过重，救治无效而死亡。

（2）事故原因分析

发生这次事故的直接原因和间接原因：

1）直接原因：抹灰工牛某在小平台上放置小木板时，因用力过大失手掉下，导致木板从 90m 高度坠落，击中底层的李某。

2）间接原因：施工单位管理人员未落实安全防护措施，导致作业班组长擅自搭设不符规范的操作平台；缺乏对作业人员遵章守纪的教育，现场管理和安全检查不力。

发生这次事故的主要原因：外墙抹灰班长只图操作方便，擅自同意作业人员拆除脚手架密目网，在脚手架外侧违章搭设操作小平台。

（3）防范措施

1）施工单位召开全体职工事故现场会，进行安全意识和遵章守纪教育，强调有关规章制度，加强安全管理和安全检查制度，杜绝各类事故发生。

2）施工单位对肇事班组进行处罚。

3）施工单位立即组织施工现场安全检查，对查出的事故隐患，限期整改并组织复查。

4）施工单位组织好专职安全管理人员加强现场安全检查的巡视，对违章作业、违章指挥加大执法力度。

15. 请指出图 7-42 中起到"超负荷限位"作用的装置。

参 考 文 献

[1] 李国豪. 中国土木建筑百科辞典 [M]. 北京：中国建筑工业出版社，2000.

[2] 同济大学，西安建筑科技大学，东南大学，等. 房屋建筑学 [M]. 5版. 北京：中国建筑工业出版社，2016.

[3] 李必瑜. 房屋建筑学 [M]. 武汉：武汉工业大学出版社，2000.

[4] 王新泉. 建筑概论 [M]. 2版. 北京：机械工业出版社，2019.

[5] 王保国，王新泉，刘淑艳，等. 安全人机工程学 [M]. 2版. 北京：机械工业出版社，2016.

[6] 徐志胜，姜云鹏. 安全系统工程 [M]. 3版. 北京：机械工业出版社，2016.

[7] 田水成，景国勋. 安全管理学 [M]. 2版. 北京：机械工业出版社，2016.

[8] 王新泉，邬燕云. 安全生产标准化教程 [M]. 北京：机械工业出版社，2011.

[9] 栗继祖，赵耀江. 安全法学 [M]. 3版. 北京：机械工业出版社，2016.

[10] 孙熙，蒋永清. 电气安全 [M]. 北京：机械工业出版社，2010.

[11] 李振明. 工业生产过程与管理 [M]. 2版. 北京：机械工业出版社，2023.

[12] 王明贤，汪班桥，刘辉. 安全生产信息化技术 [M]. 北京：机械工业出版社，2015.

[13] 曹庆贵. 安全评价 [M]. 北京：机械工业出版社，2017.

[14] 杨金铎，房志勇. 房屋建筑构造 [M]. 北京：中国建材工业出版社，2000.

[15] 建筑设计资料集编委会. 建筑设计资料集：1-5 [M]. 2版. 北京：中国建筑工业出版社，1994.

[16] 吴科如. 建筑材料 [M]. 上海：同济大学出版社，1998.

[17] 湖南大学，天津大学，同济大学，等. 建筑材料 [M]. 4版. 北京：中国建筑工业出版社，1997.

[18] 江正荣. 简明施工工程师手册 [M]. 北京：机械工业出版社，2004.

[19] 实用建筑施工手册编写组. 实用建筑施工手册 [M]. 北京：中国建筑工业出版社，2005.

[20] 中国建筑工程总公司. 建筑工程施工工艺标准汇编 [G]. 北京：中国建筑工业出版社，2005.

[21] 赵志缙. 建筑施工 [M]. 2版. 上海：同济大学出版社，2005.

[22] 范宏. 建筑施工技术 [M]. 北京：化学工业出版社，2005.

[23] 北京土木建筑学会. 智能建筑工程施工操作手册 [M]. 北京：经济科学出版社，2005.

[24] 李顺秋. 建筑施工技术与机械 [M]. 北京：中国建筑工业出版社，2003.

[25] 杜荣军. 建筑施工脚手架实用手册 [M]. 北京：中国建筑工业出版社，1994.

[26] 潘全祥. 建设工程施工现场综合考评手册 [M]. 北京：中国建筑工业出版社，1998.

[27] 上海建工集团总公司. 上海建筑施工新技术 [M]. 北京：中国建筑工业出版社，1999.

[28] 秦春芳. 建筑施工安全技术手册 [M]. 北京：中国建筑工业出版社，1991.

[29] 广州市建筑集团有限公司. 实用建筑施工安全手册 [M]. 北京：中国建筑工业出版社，1999.

[30] 《建设工程施工安全技术操作规程》编委会. 建设工程施工安全技术操作规程 [M]. 北京：中国建筑工业出版社，2009.

[31] 建设部. 建筑施工企业安全生产许可证管理规定 [M]. 北京：中国建筑工业出版社，2004.

[32] 建设部工程质量安全监督与行业发展司. 建设工程安全生产技术 [M]. 北京：中国建筑工业出版社，2004.

[33] 建筑施工企业安全生产资料大全编委会. 建筑施工企业安全生产资料大全 [M]. 北京：中国建材工业出版社，2006.

[34] 华夏认证中心有限公司. 建筑施工企业一体化管理体系的建立与实施：质量、环境、职业健康安全管理体系标准应用 [M]. 北京：中国标准出版社，2005.

[35] 汪班桥，段旭. FTA 在基坑锚杆脱黏安全评价中的应用研究 [J]. 安全与环境学报，2013，13（4）：236-239.

[36] 中华人民共和国建设部. 地铁及地下工程建设风险管理指南 [M]. 北京：中国建筑工业出版社，2007.

[37] 建筑施工手册编写组. 建筑施工手册 [M]. 5版. 北京：中国建筑工业出版社，2013.

[38] 中国施工企业管理协会. 施工经营管理手册 [M]. 北京：中国建筑工业出版社，1988.

[39] 孙桂林，臧吉昌. 安全工程手册 [M]. 北京：中国铁道出版社，1989.

[40] 赵志缙，赵帆. 高层建筑基础工程施工 [M]. 3版. 北京：中国建筑工业出版社，2005.

[41] 胡世德. 高层建筑结构施工 [M]. 上海：上海科学技术出版社，1989.

[42] 机械工业部生产管理局. 事故树分析与应用 [M]. 北京：机械工业出版社，1986.